JSP 设计与开发

（第3版）

主　编　陈　磊　　徐受蓉

副主编　尚　晋　　董　明

　　　　赵叶青　　刁　绫

参　编　冯　林　　蒋文豪

　　　　舒　蕾　　罗少甫

主　审　桑　军

北京理工大学出版社

BEIJING INSTITUTE OF TECHNOLOGY PRESS

内 容 简 介

本教材详细介绍了基于 Java 的 Web 开发所需的基础知识和技术,主要内容包括 JSP 概述、Web 开发基础、JSP 语法基础、JSP 内置对象、JDBC 技术、JavaBean 技术、Servlet 技术、标准标签库 JSTL、Struts 应用、Spring 框架应用、Ajax 技术应用、学生课绩管理系统等。

教材根据 Java Web 程序员的岗位能力要求和学生的认知规律组织内容。通过 56 个完整的案例(案例视频可通过访问课程网站或扫描书中二维码直接观看),系统地介绍了 JSP 设计与开发所涵盖的技术,将理论知识介绍和实践技能训练有机结合,"教、学、做"一体,适合理实一体化的教学模式。同时,在该课程的精品课程网站上提供了完备的教学资源。

本书可作为计算机类专业的教材,也可以作为计算机培训班的教材,以及 Web 程序员的参考书。

图书在版编目(CIP)数据

JSP 设计与开发/陈磊,徐受蓉主编. —3 版. —北京:北京理工大学出版社,2019.11 (2021.8 重印)

ISBN 978 − 7 − 5682 − 7849 − 2

I. ①J… II. ①陈… ②徐… III. ①JAVA 语言 – 网页制作工具 – 教材 IV. ①TP312.8 ②TP393.092.2

中国版本图书馆 CIP 数据核字(2019)第 251154 号

出版发行 / 北京理工大学出版社有限责任公司
社　　址 / 北京市海淀区中关村南大街 5 号
邮　　编 / 100081
电　　话 / (010)68914775(总编室)
　　　　　(010)82562903(教材售后服务热线)
　　　　　(010)68944723(其他图书服务热线)
网　　址 / http://www.bitpress.com.cn
经　　销 / 全国各地新华书店
印　　刷 / 三河市天利华印刷装订有限公司
开　　本 / 787 毫米 × 1092 毫米　1/16
印　　张 / 19.5
字　　数 / 458 千字
版　　次 / 2019 年 11 月第 3 版　2021 年 8 月第 5 次印刷
定　　价 / 73.00 元

责任编辑 / 高　芳
文案编辑 / 高　芳
责任校对 / 周瑞红
责任印制 / 李志强

软件技术专业自主学习平台介绍

软件技术专业自主学习平台是一个集合了软件技术专业核心课程的学习管理系统。该平台集合了"JSP 设计与开发""Android 应用软件开发""J2EE 技术与应用"等省级精品课程和院级精品课程，提供课程的视频、课件、素材、源码、仿真环境等教学材料，还提供聊天室、论坛等互动交流平台，更提供课程题库等测验环节以方便学习者学习、交流和评测。

平台主要实现了课程管理、作业管理、论坛管理、测验管理、资源管理、互动评价等功能，功能结构图如下。

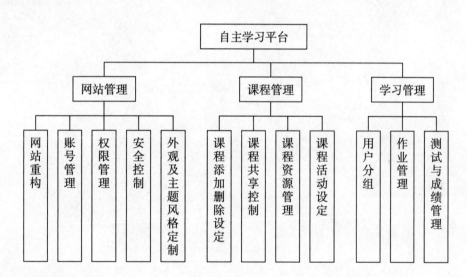

平台资源列表如下：

平台首页	课程分类	课程标准	课时教案	授课计划	配套教材	配套课件
案例导学	案例视频	案例源码	互动评价	在线实验	仿真环境	自我测验
在线考试	题库	作品展示	微课程	在线问答	聊天室	行业新闻

软件技术专业自主学习平台以社会建构主义教学法为其设计的理论基础。它允许师生或学生彼此间共同思考，合作解决问题。从这些过程中，与他人互动，或与教师互动时，学生很自然就能建立概念，因为他们在交谈时，共同创造出一个可论述的世界，和一个共同架构，在其中可以产生沟通。最终实现"集体智慧"和"集体认知"。

软件技术专业自主学习平台把翻转课堂教学模式和慕课（MOOC）的优点融合在一起，从而革新了传统的教学方式和组织形式，更加有利于提高学生的自主学习能力，培养学生小组协作能力和与人沟通的能力。提出了基于 MOOC 的翻转课堂教学模式，为开展其他课程的翻转课堂教学提供了借鉴价值。

软件技术专业自主学习平台适用于大中专学生进行软件技术专业课程的自主学习，为师生之间的教学交流及资源共享搭建了平台，为从事软件开发的工程人员提供技术支持。

软件技术专业自主学习平台网址为：http://www.cqepc.cn:8887。

该平台不仅可以在普通计算机上访问，还可以通过移动终端进行访问，如需利用此平台开展教学，进行教师权限和学生权限的分配，请联系 10710121@qq.com。

此外，我们还发布了微信公众平台方便用户随时随地进行学习，平台二维码如下。

前　言

为了适应软件企业对学生的要求，满足社会对软件人才的需要，让学生动手开发一个实际项目，在任务中不断动手实践，通过任务驱动学习新的知识，教材基于这一目的进行编写。本书是重庆市示范性高等职业院校重点建设专业（软件技术专业）的特色教材，是"JSP设计与开发"精品课程的配套教材，是"任务驱动、案例教学、理实一体化"教学方法的载体，突出职业特色和实践特色，侧重于培养学生软件设计、代码编写、软件文档编写规范等能力。

JSP（全称为Java Server Page）是由Sun公司于1999年6月推出的一种基于Java的Web开发技术，可以无缝地运行在UNIX、Linux、Windows等操作平台上，是目前热门的跨平台动态Web应用开发技术。它充分继承了Java的众多优势，包括一次编写随处运行的承诺、高效的性能以及强大的可扩展力。特别是结合Servlet和JavaBean技术，使得JSP技术较其他Web开发技术有显著的优势。

本教材在编写思想上，以适应高职高专教学改革的需要为目标，以企业需求为导向，充分吸收国外经典教材及国内优秀教材的优点，结合高职院校计算机教育的教学现状，进行内容的组织和编写。

在内容安排上，充分体现先进性、科学性和实用性，尽可能选取最新、最实用的技术，并依照学生接受知识的一般规律，通过设计详细、可实施的项目化案例，帮助学生掌握要求的知识点。

在教材形式上，利用网络等现代技术手段实现立体化的资源共享，为教材配套课程创建专门的网站，并提供题库、素材、录像、课件、案例分析，实现教师和学生在更大范围内的教与学互动，及时解决教学过程中遇到的问题。

本系列教材采用案例式的教学方法，以实际应用为主，理论够用为度。教材中知识点的结构模式为"理论知识介绍→案例（任务）提出→案例要点分析→具体操作步骤→案例总结（理论总结、功能介绍、方法和技巧等）"。

本教材由重庆航天职业技术学院陈磊、徐受蓉老师任主编，重庆师范大学尚晋老师、重庆航天职业技术学院董明、赵叶青、刁绫老师任副主编，教材第1章由徐受蓉编写；第2章由赵叶青编写；第3章由董明编写；第6章由尚晋编写；第4章、第5章、第7章、第9章、第10章由陈磊编写；第8章由重庆航天职业技术学院蒋文豪编写；第11章由刁绫编写；第12章由冯林（重庆航天火箭电子技术有限公司）编写；徐受蓉、刁绫负责全书代码测试。陈磊、董明、赵叶青、冯林完成了本课程的视频录制工作。

本教材配有慕课学习平台：http：//www.cqepc.cn：8887。

编　者

目　　录

第1章　**JSP 概述** ··· 1

1.1　Web 程序设计模式与运行原理 ······························· 1

1.2　JSP 页面与 JSP 运行原理 ·································· 4

1.3　搭建 JSP 运行环境 ·· 8

1.4　集成开发环境介绍 ·· 12

1.5　本章习题 ·· 16

第2章　**Web 开发基础** ······································· 19

2.1　常用 HTML 标记 ·· 19

2.2　表单 ·· 25

2.3　页面布局 ·· 28

2.4　JavaScript 简介 ·· 35

2.5　上机实训 ·· 42

2.6　本章习题 ·· 42

第3章　**JSP 语法基础** ······································· 45

3.1　JSP 页面基本结构 ·· 45

3.2　JSP 注释 ·· 46

3.3　JSP 脚本元素 ··· 48

3.4　JSP 指令元素 ··· 53

3.5　JSP 标准操作元素 ·· 57

3.6　上机实训 ·· 63

3.7　本章习题 ·· 63

第4章　**JSP 内置对象** ······································· 66

4.1　内置对象概述 ··· 66

4.2　out 对象 ·· 66

4.3　request 对象 ·· 68

4.4　response 对象 ·· 75

4.5　session 对象 ·· 82

4.6　application 对象 ·· 86

4.7　Cookie 对象 ·· 89

4.8　其他内置对象 ··· 92

4.9　上机实训 ·· 93

4.10　本章习题 ·· 93

第5章　**JDBC 技术** ··· 96

5.1　JDBC 概述 ·· 96

5.2　JDBC API 简介 ……………………………………………………… 98
5.3　连接数据库 …………………………………………………………… 105
5.4　访问数据库 …………………………………………………………… 110
5.5　数据库操作典型应用 ………………………………………………… 116
5.6　上机实训 ……………………………………………………………… 121
5.7　本章习题 ……………………………………………………………… 122

第 6 章　JavaBean 技术 …………………………………………………… 125
6.1　JavaBean 概述 ……………………………………………………… 125
6.2　创建和使用 JavaBean ……………………………………………… 126
6.3　JavaBean 的典型应用 ……………………………………………… 134
6.4　上机实训 ……………………………………………………………… 148
6.5　本章习题 ……………………………………………………………… 148

第 7 章　Servlet 技术 ……………………………………………………… 152
7.1　Servlet 概述 ………………………………………………………… 152
7.2　编写、配置及调用 Servlet ………………………………………… 154
7.3　Servlet 技术原理 …………………………………………………… 156
7.4　使用 Servlet 实现 MVC 开发模式 ………………………………… 162
7.5　Servlet 典型应用 …………………………………………………… 168
7.6　上机实训 ……………………………………………………………… 175
7.7　本章习题 ……………………………………………………………… 175

第 8 章　标准标签库 JSTL ………………………………………………… 179
8.1　JSTL 概述 …………………………………………………………… 179
8.2　表达式语言（EL）…………………………………………………… 181
8.3　JSTL 核心标签库 …………………………………………………… 189
8.4　其他 JSTL 标签 ……………………………………………………… 202
8.5　上机实训 ……………………………………………………………… 211
8.6　本章习题 ……………………………………………………………… 211

第 9 章　Struts 应用 ……………………………………………………… 213
9.1　Struts 概述 ………………………………………………………… 213
9.2　简单的 Struts 应用 ………………………………………………… 220
9.3　Struts 的工作流程 ………………………………………………… 229
9.4　上机实训 ……………………………………………………………… 231
9.5　本章习题 ……………………………………………………………… 231

第 10 章　Spring 框架应用 ……………………………………………… 232
10.1　Spring 简介 ………………………………………………………… 232
10.2　Spring 的控制反转 ………………………………………………… 237
10.3　在 Spring 中实现 MVC ……………………………………………… 243
10.4　Spring 中的数据库操作 …………………………………………… 247
10.5　上机实训 …………………………………………………………… 257

10.6　本章习题 ………………………………………………………………… 257

第 11 章　Ajax 技术应用 ………………………………………………… 258

11.1　Ajax 概述 ………………………………………………………………… 258

11.2　Ajax 的工作原理 ………………………………………………………… 263

11.3　Ajax 的典型应用 ………………………………………………………… 268

11.4　上机实训 ………………………………………………………………… 279

11.5　本章习题 ………………………………………………………………… 279

第 12 章　学生课绩管理系统 …………………………………………… 280

12.1　系统概述 ………………………………………………………………… 280

12.2　数据库设计 ……………………………………………………………… 285

12.3　系统的实现 ……………………………………………………………… 288

12.4　系统关键代码实现 ……………………………………………………… 296

参考文献 …………………………………………………………………… 301

第1章 JSP 概述

【学习要点】

- Web 程序设计模式与运行原理
- JSP 页面与 JSP 运行原理
- JSP 运行环境的配置
- 集成开发环境简介

1.1 Web 程序设计模式与运行原理

在学习 JSP 编程技术之前，需要对 Web 程序设计模式有所了解。Web 程序的运行方式不同于单机的 Windows 应用程序，本书主要从 Web 服务、浏览器/服务器模式与动态网页技术 3 个方面作简要介绍。

1.1.1 Web 服务器与动态网页

互联网中有数以亿计的网站，用户可以通过浏览这些网站获得所需要的信息。例如，用户在浏览器的地址栏中输入"http://www.sina.com.cn"，浏览器就会显示新浪网的首页，从中可以查看新闻等信息。那么新浪网首页的内容是存放在哪里的呢？新浪网首页的内容是存放在新浪网服务器上的。所谓服务器，就是网络中的一台主机，由于它提供 Web、FTP 等网络服务，因此称其为服务器。

用户的计算机又是如何将存在网络服务器上的网页显示在浏览器中的呢？当用户在地址栏中输入新浪网地址（URL，统一资源定位符）的时候，浏览器会向新浪网的服务器发送 HTTP 请求，这个请求使用 HTTP 协议，其中包括请求的主机名、HTTP 版本号等信息。服务器在收到请求信息后，将回复的信息（一般是文字、图片等网页信息，也就是 HTML 页面）准备好，再通过网络发回给客户端浏览器。客户端的浏览器在接收到服务器传回的信息后，将其解释并显示在浏览器的窗口中，这样用户就可以进行浏览了。整个过程如图 1-1 所示。

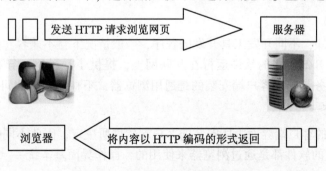

图 1-1 浏览网页的过程

在这个"请求—响应"过程中，如果在服务器上存放的为静态 HTML 网页文件，服务器就会原封不动地返回网页的内容。如果存放的是动态网页，如 JSP、ASP、ASP. NET 等文件，则服务器会执行动态网页，执行的结果是生成一个 HTML 文件，然后再将这个 HTML 文件发送给客户端浏览器，客户浏览器将其解释为用户见到的页面。

因此，动态网页和静态网页的根本区别在于服务器端返回的 HTML 文件是事先存储好的还是由动态网页程序生成的。静态网页文件里只有 HTML 标记，没有程序代码，网页的内容是事先写好并存放在服务器上的；动态网页文件不仅含有 HTML 标记，而且还含有程序代码，当用户发出请求时，服务器由动态网页程序即时生成 HTML 文件。动态网页能够根据不同的时间、不同的用户生成不同的 HTML 文件，显示不同的内容。

1.1.2　浏览器/服务器结构及其优点

随着网络技术的不断发展，单机的软件程序已经难以满足网络计算机的需求，因此，基于网络的软件架构应运而生。早期常用的网络架构为"客户/服务器"（Client/Server，C/S）模式。使用这种架构编写的软件分为客户端和服务器端两部分，需要分别在客户机和服务器上进行安装。这种模式在用户数据录入等方面很有优势，也降低了系统的通信开销，但是也有一定的缺点，如开发和维护成本较高，可移植性较差等。

互联网的普及使得用于上网浏览的浏览器已经成为操作系统中不可缺少的一部分，浏览器的功能越来越强大，甚至可以取代"客户/服务器"架构的客户端软件，成为统一的客户端。这样，程序员就可以只编写运行在服务器上的软件，浏览器代替 C/S 模式中的客户端软件，客户通过浏览器与服务器端软件进行交互并得到运行结果，这种软件架构就是"浏览器/服务器"（Browser/Server，B/S）模式。B/S 模式主要是利用了不断成熟的 WWW 浏览器技术，结合动态网站制作技术，通过通用浏览器实现了原来需要复杂的专用软件才能实现的强大功能，节约了开发成本，是一种全新的软件系统构造技术。随着互联网的不断发展，B/S 架构已经成为当今应用软件的首选体系结构。

B/S 模式的应用程序相对于传统的 C/S 模式的应用程序来讲无疑是一个巨大的进步，主要优点如下。

1. 开发、维护成本较低

就 C/S 模式的软件而言，当客户端的软件需要升级的时候，所有客户端都必须进行升级安装或者重新安装，而 B/S 模式的软件只需要在服务器端发布，客户端浏览器无须维护，因而极大地降低了开发和维护成本。

2. 可移植性高

C/S 模式的软件，不同开发工具开发的程序，一般情况下互不兼容，主要运行在局域网中，移植困难，而 B/S 模式的软件运行在互联网上，提供了异种网、异种机、异种应用服务的联机、联网服务基础，客户端安装的是通用浏览器，不存在移植的问题。

3. 用户界面统一

C/S 模式软件的客户端界面由所安装的客户端软件所决定，因此不同的软件客户端界面不同，而 B/S 模式的软件都是通过浏览器来使用的，操作界面基本统一。

1.1.3　JSP 与其他 Web 开发技术

在简单介绍了 Web 服务器、动态网页和 B/S 模式的 Web 应用程序结构的优点之后，那么，哪些技术可用于 B/S 模式的 Web 应用程序开发？目前使用较多的技术有 JSP、ASP、ASP. NET、PHP 等。本节对它们进行简单的介绍和比较。

JSP 全称为 Java Server Pages，是 Sun 公司倡导、多家公司参与、1999 年提出的一种 Web 服务技术标准。它的主要编程脚本为 Java 语言，同时还支持 JavaBeans/Servlet 等技术，利用这些技术可以建立安全、跨平台的 Web 应用程序。JSP 技术具有以下优点。

1. 跨平台性

由于 JSP 的脚本语言是 Java 语言，因此它具有 Java 语言的一切特性。同时，JSP 也支持现在的大部分平台，拥有"一次编写，到处运行"的特点。

2. 执行效率高

当 JSP 第一次被请求时，JSP 页面转换成 Servlet，然后被编译成 *. class 文件，以后（除非页面有改动或 Web 服务器被重新启动）再有客户请求该 JSP 页面时，JSP 页面不再被重新编译，而是直接执行已编译好的 *. class 文件，因此执行效率高。

3. 可重用性

可重用的、跨平台的 JavaBeans 和 EJB（Enterprise JavaBeans）组件，为 JSP 程序的开发提供了方便。例如，用户可以将复杂的处理程序（如对数据库的操作）封装到组件中，在开发中可以多次使用这些组件，提高了组件的重用性。

4. 将内容的生成和显示进行分离

使用 JSP 技术，Web 页面开发人员可以使用 HTML 或者 XML 标记来设计和格式化最终页面。生成动态内容的程序代码封装在 JavaBeans 组件、EJB 组件或 JSP 脚本段中。在最终页面中使用 JSP 标记将 JavaBeans 组件中的动态内容引入。这样，可以有效地将内容生成和页面显示分离，使页面的设计人员和编程人员可以同步进行工作，也可以保护程序的关键代码。

ASP 是 Active Server Pages 的缩写，是微软在早期推出的动态网页制作技术，包含在 IIS（Internet 信息服务）中，是一种服务器端的脚本编写环境，使用它可以创建和运行动态、交互的 Web 服务器应用程序。在动态网页技术发展的早期，ASP 是绝对的主流技术，但是它也存在着许多缺陷。由于 ASP 的核心是脚本语言，决定了它的先天不足，其无法进行像传统编程语言那样的底层操作；由于 ASP 通过解释执行代码，因此运行效率较低；同时由于脚本代码与 HTML 代码混在一起，不便于开发人员进行管理和维护。随着技术的发展，ASP 的辉煌已经成为过去，微软也已经不再对 ASP 提供技术支持和更新，ASP 技术目前处于被淘汰的边缘。

PHP 从语法和编写方式上来看与 ASP 类似，是完全免费的，最早是一个开放源码的小软件，随后逐渐发展起来，是因为越来越多的人意识到它的实用性。Rasmus Lerdorf 在 1994 年发布了 PHP 的第一个版本。从那时起它就飞速发展，在原始发行版上经过无数的改进和完善，现在已经发展到 5.0 版。PHP + MySQL + Linux 的组合是最常见的，因为它们都可以免费获得。但是 PHP 的弱点也是很明显的，例如 PHP 不支持真正意义上的面向对象编程，接口支持不统一，缺乏正规支持，不支持多层结构和分布式计算等。

ASP. NET 是微软继 ASP 后推出的全新的动态网页制作技术，目前最新版本为 . NET5. 0。在性能上，ASP. NET 比 ASP 强很多，与 PHP 相比，也存在明显的优势。ASP. NET 可以使用 C#、VB. NET、Visual J#等语言来开发，程序开发人员可以选择自己习惯或熟悉的语言进行开发。ASP. NET 依托于 . NET 平台先进而强大的功能，从而极大地简化了编程人员的工作量，使得 Web 应用程序的开发更加方便、快捷，同时也使得程序的功能更加强大，是 JSP 技术的有力竞争对手。

1.2　JSP 页面与 JSP 运行原理

JSP 页面的组成、Web 服务目录和运行原理是读者学习 JSP 的基础，本节对其作简单的介绍。读者在这里了解 JSP 页面和执行原理即可，详细内容将在后续章节中介绍。

1.2.1　案例：第一个 JSP 页面

一个 JSP 页面是由普通的 HTML 标记和 JSP 标记，以及通过"<%""%>"标记加入的 Java 程序片段组成的页面。JSP 页面按文本文件保存，文件名要符合 JSP 标识符的规定，即文件名可以由字母、数字、下划线或美元符号组成，并且第一个字符不能是数字，文件扩展名为 jsp。用户可以用记事本或其他文本编辑工具，如 EditPlus，来编辑 JSP 文件，文件保存的编码选择 ANSI。

【案例功能】向客户端输出"这是我的第一个 JSP 程序"页面。

【案例目标】掌握 JSP 页面的基本框架结构。

【案例要点】HTML 标识、JSP 语言。

【案例步骤】

案例视频扫一扫

（1）新建一个文本文件，名称为 myfirst，并将后缀名改为 .jsp。

（2）编写 myfirst. jsp 源代码文件。

【源码】myfirst. jsp

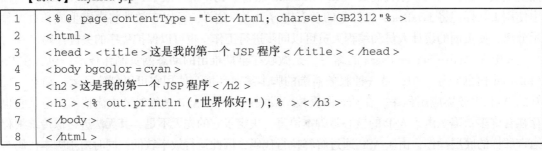

```
1    <%@ page contentType = "text/html; charset = GB2312"%>
2    <html>
3    <head> <title>这是我的第一个 JSP 程序</title></head>
4    <body bgcolor = cyan>
5    <h2>这是我的第一个 JSP 程序</h2>
6    <h3> <% out.println ("世界你好!"); %> </h3>
7    </body>
8    </html>
```

【代码说明】

● 所有黑体标识都是 HTML 标签。

● 在 <%...%> 中嵌入的是 JSP 源码。

（3）将 myfirst. jsp 文件保存到 Tomcat 6.0 安装目录下的 webapps \ ROOT 子目录中，本教材 Tomcat 6.0 的安装目录为 D：\ Program Files \ Apache Software Foundation \ Tomcat 6.0。则页面保存目录为 D：\ Program Files \ Apache Software Foundation \ Tomcat 6.0 \ webapps \ ROOT，页面运行结果如图 1-2 所示。

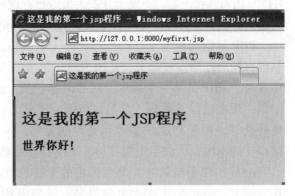

图 1-2　页面运行效果

1.2.2　JSP 运行原理

在上述案例中，用户在客户端浏览器中输入 http://127.0.0.1：8080/myfirst.jsp，浏览器就会显示页面的内容。那么包含 HTML 标记、JSP 标记和 <%...% > 的 JSP 页面是如何显示到客户浏览器中的呢？回答这个问题前，需要了解 JSP 的运行原理。

用户在客户端浏览器中输入 http://127.0.0.1：8080/myfirst.jsp，就会对 Web 服务器上的 myfirst.jsp 页面产生请求。当服务器上的 myfirst.jsp 页面第一次被请求时，JSP 引擎首先转译 JSP 页面文件，形成一个 Java 文件（本质上是一个 Java Servlet 的 Java 文件，关于 Servlet，后续章节还要介绍，在这里，读者可以简单地将其理解为执行在服务器端的 Java 小程序），这个 Servlet Java 文件的文件名是 myfirst_jsp.java，存储在 Tomcat 安装目录的 work \ Catalina \ localhost \ ... \ org \ apache \ jsp 子目录中，然后 JSP 引擎调用 Java 编译器编译这个文件，形成 Java 的字节码文件 myfirst_jsp.class，存放在相同的目录中；编译完成之后，JSP 引擎就会执行 myfirst_jsp.class 字节码文件，响应客户的请求，执行 myfirst_jsp.class 的结果是发送给客户端一个 HTML 页面。当这个页面再次被请求时，JSP 引擎将直接执行这个编译了的字节码文件来响应客户的请求。当多个用户请求同一个 JSP 页面时，Tomcat 服务器为每个客户启动一个线程，该线程负责执行常驻内存的字节码文件来响应客户请求。JSP 的运行原理如图 1 - 3 所示。

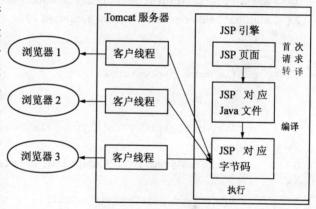

图 1 - 3　JSP 的运行原理

下面是 JSP 引擎生成的 myfirst_jsp.java 文件的内容（读者可以从 Tomcat 6.0 安装目录的 work \ Catalina \ localhost \ ... \ org \ apache \ jsp 目录中找到该文件及其对应的字节码文件）。

```
1    package org.apache.jsp;
2
3    import javax.servlet.*;
4    import javax.servlet.http.*;
5    import javax.servlet.jsp.*;
6    import java.util.*;
7
8    public final class myfirst_jsp extends org.apache.jasper.runtime.HttpJspBase
9        implements org.apache.jasper.runtime.JspSourceDependent {
10
11     private static final JspFactory _jspxFactory =
12   JspFactory.getDefaultFactory();
13
14     private static java.util.List _jspx_dependants;
15
```

```
16    private javax.el.ExpressionFactory _el_expressionfactory;
17    private org.apache.AnnotationProcessor _jsp_annotationprocessor;
18
19    public Object getDependants(){
20      return _jspx_dependants;
21    }
22
23    public void _jspInit(){
24      _el_expressionfactory =
25  _jspxFactory.getJspApplicationContext(getServletConfig().getServletContext()).
26  getExpressionFactory();
27      _jsp_annotationprocessor =(org.apache.AnnotationProcessor)
28  getServletConfig().getServletContext().getAttribute(org.apache.
29  AnnotationProcessor.class.getName());
30    }
31
32    public void _jspDestroy(){
33    }
34
35    public void _jspService(HttpServletRequest request, HttpServletResponse
36  response)
37          throws java.io.IOException, ServletException {
38
39      PageContext pageContext = null;
40      HttpSession session = null;
41      ServletContext application = null;
42      ServletConfig config = null;
43      JspWriter out = null;
44      Object page = this;
45      JspWriter _jspx_out = null;
46      PageContext _jspx_page_context = null;
47
48
49      try {
50        response.setContentType("text/html; charset=GB2312");
51        pageContext = _jspxFactory.getPageContext(this, request, response,
52              null, true, 8192, true);
53      _jspx_page_context = pageContext;
54      application = pageContext.getServletContext();
55      config = pageContext.getServletConfig();
56      session = pageContext.getSession();
57      out = pageContext.getOut();
58      _jspx_out = out;
59
60      out.write(" \r");
```

```
61      out.write("\n");
62
63  String path = request.getContextPath();
64  String basePath =
65  request.getScheme ( ) + "://" + request.getServerName ( ) + ":" + re-
    quest.getServerPort
66  ( ) + path + "/";
67
68      out.write("\r\n");
69      out.write("<!DOCTYPE HTML PUBLIC \" - //W3C//DTD HTML 4.01
70  Transitional//EN\" > \r\n");
71      out.write("<html > \r\n");
72      out.write("<head > \r\n");
73      out.write("<base href = \"");
74      out.print(basePath);
75      out.write("\" > \r\n");
76      out.write("\r\n");
77      out.write("<title >这是我的第一个 JSP 程序 </title > \r\n");
78      out.write("</head > \r\n");
79      out.write("\r\n");
80      out.write("<body bgcolor = cyan > \r\n");
81      out.write("<h2 >这是我的第一个 JSP 程序 </h2 > \r\n");
82      out.write("<h3 >");
83  out.println("世界你好!");
84      out.write("</h3 > \r\n");
85      out.write("</body > \r\n");
86      out.write("</html >");
87    } catch(Throwable t){
88      if(!(t instanceof SkipPageException)){
89        out = _jspx_out;
90        if(out != null && out.getBufferSize()! = 0)
91          try { out.clearBuffer(); } catch(java.io.IOException e){}
92        if(_jspx_page_context ! = null)
    _jspx_page_context.handlePageException(t);
      }
    } finally {
      _jspxFactory.releasePageContext(_jspx_page_context);
    }
  }
```

下面是客户端浏览器看到的源码。

```
1   <% @ page contentType = "text/html;charset = GB2312" % >
2   <html >
3   < head > < title >这是我的第一个 JSP 程序 < /title > < /head >
4   < body bgcolor = cyan >
5   < h2 >这是我的第一个 JSP 程序 < /h2 >
6   < h3 > < % out.println("世界你好!"); % > < /h3 >
7   < /body >
8   < /html >
```

分析客户端 HTML 代码和服务器端 Java 文件代码，可以看到 out. write（"..."）用于向客户端输出 HTML 代码，JSP 页面对应 Java 文字码文件的主要工作如下。

（1）把 JSP 页面中的 HTML 标记发给客户端浏览器。

（2）负责处理 JSP 页面中的 JSP 标记，并将处理结果发给客户端浏览器。

（3）负责执行"<%"和"% >"之间的 Java 程序，并将执行结果发给客户端浏览器。

1.2.3　JSP、JavaBean 和 Java Servlet 的关系

Java Servlet 是 Java 语言的一部分，它提供了一组用于服务器端编程的 API。习惯上称使用 Java Servlet API 的相关类和方法所编写的 Java 类为 Servlet 类，Servlet 类生成的对象为 Servlet 对象。Servlet 对象可以运行在配置有 JSP 运行环境的服务器上，访问服务器的各种资源，这极大地扩展了服务器的功能。

JSP 是晚于 Java Servlet 产生的，它是为了克服 Java Servlet 的缺点，以 Java Servlet 技术为基础的 Web 应用开发技术标准。JSP 提供了 Java Servlet 的绝大多数优点，是 Java Servlet 技术的成功应用，不过 JSP 只是 Java Servlet 技术的一部分，而不是 Java Servlet 的全部。JSP 可以让 JSP 标记、Java 语言代码嵌入到 HTML 语句中，这样就大大地简化和方便了网页的设计和修改，但 JSP 页面最终会被编译成 Servlet 并执行，以响应客户端的请求。

JavaBean 被 Sun 公司定义为一个可重用的软件组件。实际上 JavaBean 就是一种 Java 类，通过封装属性和方法成为具有某种业务逻辑处理能力的类，它一般负责 Web 应用系统的业务逻辑处理部分。JavaBean 类实例化的对象简称为 Bean。JSP 提供访问 JavaBean 组件的 JSP 动作标记。JSP 动作标记简单、方便，有效地分离了 JSP 页面的表示部分和业务逻辑、数据处理部分，因此使程序设计人员和页面设计人员可以同时工作。

较小规模的 Web 应用可以采用 JSP + JavaBean 模式。在 JSP + JavaBean 模式中，JSP 负责页面的实现、页面预处理和跳转控制，JavaBean 负责业务逻辑和数据处理。对于模式较大的 Web 应用，就需要采用 JSP + JavaBean + Servlet 模式。在 JSP + JavaBean + Servlet 模式中，JSP 负责页面处理（View），JavaBean 负责业务逻辑和数据处理（Model），Servlet 负责预处理和分发页面的请求（Control）。关于这些模式的具体应用将在后续章节中讲述。

1.3　搭建 JSP 运行环境

1.3.1　安装和配置 JDK

Sun 公司提供了一个免费的 Java 软件开发工具包 JDK（Java Development Kit），该工具包

包含了编译、运行及调试 Java 程序所需要的工具，此外还提供了大量的基础类库，供编写程序使用，它是开发 Java 程序的基础。Sun 公司将 JDK1.2 以后版本通称为 Java2。如后来推出的 1.3、1.4、1.5 及 1.6（又称 6.0）等版本都属于 Java2 范畴。现在 JDK 通常又称为 J2SDK（Java2 Software Development Kit）。

1. JDK 的安装

Sun 公司为不同的操作系统平台，如 Windows、UNIX/Linux 等，提供了相应的 Java 开发包。用户可到 Sun 公司站点 http://java.sun.com 下载最新的适应于相应操作系统的开发包。本书中使用 Windows 操作系统环境下的 jdk1.6.0 作为所有程序的开发环境。本书中 JDK 安装目录为 D:\Program Files\Java。安装完成后，在 D:\Program Files\Java 目录中会有 jdk1.6.0 和 jre1.6.0 两个子目录，jdk1.6.0 为 Java 开发工具目录，jre1.6.0 为 Java 运行环境目录。

2. JDK 的配置

安装完 JDK 后，需要在 Windows 操作系统中为 JDK 设置几个环境变量，以便系统能够自动查找 JDK 的命令和类库。对于 Windows XP/2000，右击"我的电脑"，弹出快捷菜单，从中选择"属性"命令，弹出"系统属性"对话框，单击该对话框的"高级"标签，然后单击"环境变量"按钮，弹出"环境变量"设置对话框，如图 1-4 所示。

分别添加这些环境变量：变量名 CLASSPATH，变量值为"D:\Program Files\Java\jre1.6.0\bin\rt.jar."（如图 1-5 所示）；变量名 PATH，变量值为"D:\Program Files\Java\bin"。

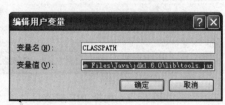

图 1-4　"环境变量"对话框　　　　　图 1-5　设置 CLASSPATH

1.3.2　安装配置 Tomcat

自 1999 年 JSP 发布以来，到目前为止，出现了各种各样的 JSP 引擎，如 Tomcat、J2EE、WebLogic、WebSphere 等。一般将安装了 JSP 引擎的计算机称为一个支持 JSP 的 Web 服务器，它负责运行 JSP 程序，并将执行结果返回给浏览器。Tomcat 是一个免费的开源 JSP 引擎，也称为 Jakarta Tomcat Web 服务器。目前 Tomcat 能和大多数主流 Web 服务器一起高效地工作。

1. 下载和安装 Tomcat

用户可以到 http://tomcat.apache.org/ 站点免费下载 Tomcat 6.0，在主页面中的 Download 里选择"Tomcat 6.0"，然后在 Binary Distributions 里的 Core 中选择"zip（pgp，md5）""tar.gz（pgp，md5）"或"Windows Service Installer（pgp，md5）"。本书下载的是 Windows Service Installer（pgp，md5），文件名为"apache – tomcat – 6.0.16.exe"。apache – tomcat – 6.0.16.exe 是专门为 Windows 开发的 Tomcat 服务器。

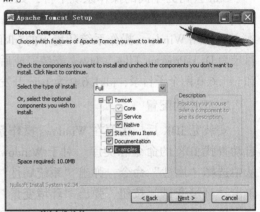

双击 apache – tomcat – 6.0.16.exe，出现安装向导，单击"Next"按钮，出现"授权"界面，接受授权协议后，用户可以选择"Normal""Minimun""Custom"或"Full"安装形式，本书选择 Full 安装模式，如图 1 – 6 所示。

单击"Next"按钮，默认安装于 C：\ Program Files \ Apache Software Foundation \ Tomcat 6.0，单击 Next 按钮，默认 HTTP 服务端口 8080、登录用户名为"Admin"、密码为空，然后选择默认 Java 的 JRE 安装目录。

如图 1 – 7 所示，本书的 JRE 安装目录为 "D：\ Program Files \ Java \ jre1.6.0"。

图 1 – 6　选择安装方式

单击"Install"按钮，开始 Tomcat 的安装。安装完成后，选择"开始"→"程序"命令会出现安装程序创建的 Apache Tomcat 6.0 菜单组，产生的目录结构如图 1 – 8 所示。

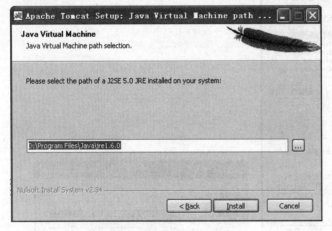

图 1 – 7　选择 JRE 安装目录

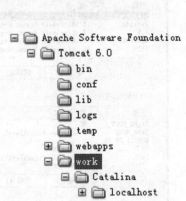

图 1 – 8　Tomcat 6.0 目录结构

2. 测试安装是否成功（运行测试页）

选择"开始"→"程序"→Apache Tomcat 6.0→Monitor Tomcat 命令，在任务栏中出现 Apache Tomcat 系统托盘，右击托盘，在弹出的快捷菜单中选择"Start Service"命令，即可启动 Tomcat 6.0 服务器。

Tomcat 服务器占用的默认端口是 8080，如果 Tomcat 使用的端口已经被占用，则 Tomcat 将无法启动。打开 IE 浏览器或 Mozilla Firefox 浏览器，在浏览器地址栏中输入"http://localhost：8080"并回车，如果浏览器中出现如图 1 – 9 所示的页面，则说明用户的 Tomcat 已经正确安装。

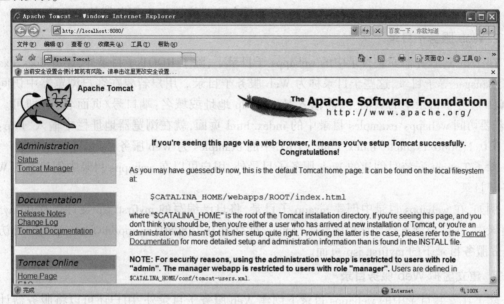

图 1-9　Tomcat 6.0 测试页

8080 是 Tomcat 服务器默认端口。用户可以通过修改 Tomcat 6.0 安装目录下 conf 子目录中的 server. xml 配置来更改端口号。

用记事本打开 server. xml 文件，找到下列内容部分。

```
< Connector port = "8080" protocol = "HTTP/1.1"
        connectionTimeout = "20000"
        redirectPort = "8443" />
```

将 port = "8080"更改为 port = "80"，保存文件后并重新启动 Tomcat 服务器即可。此时，用户在浏览器中输入 url 地址时可省略端口号，例如，输入"http://127.0.0.1"，即可看到如图1-9所示的测试页面。本教材使用默认的 8080 端口。

1.3.3　Web 服务目录设置

从用户的角度看，Web 服务目录就是用户浏览器能够访问的页面所在目录。如果要发布网页，必须将编写好的 JSP 页面放到 Web 服务器的某个 Web 服务目录中。

1. 根目录

理解 Web 服务的根目录，需要从 Web 服务器和客户浏览器两个角度去分析。

从服务器的角度分析，Tomcat 6.0 安装目录中的 webapps\ROOT 子目录称为 Tomcat 6.0 Web 服务器的根目录。在本教材的 Tomcat 6.0 安装方式下，根目录在服务器上的物理路径为"D:\Program Files\Apache Software Foundation\Tomcat 6.0\webapps\ROOT"。除非特别说明，本教材所指的 Tomcat 安装目录均指"D:\Program Files\Apache Software Foundation\Tomcat 6.0"。

从客户浏览器角度分析，地址栏中输入的 URL"协议://ip 地址或域名:端口号/目录/页面. jsp"中，"端口号"后面的"/"就是客户端看到的根目录。

用户访问 Web 服务器根目录中的 JSP 页面时，在客户端浏览器中输入 URL 地址，只需输入"http://ip 地址或域名:端口号/页面名称"即可。

例如,在后面的例子中,访问根目录下的 index. jsp 页面时只需要在地址栏中输入"http://127. 0. 0. 1:8080/index. jsp"。而 index. jsp 页面保存位置就是 Web 服务器的根目录。

2. Web 服务子目录

在 Tomcat 服务器安装目录中的 webapps 子目录下,除了 ROOT 子目录外,还有 docs、examples、manager 等子目录,这些子目录称为 Web 服务子目录。用户若要在客户浏览器中访问这些 Web 服务子目录中的页面,只需输入"http://ip 地址或域名:端口号/页面名称"即可。例如:若要访问 webapps\examples 目录中的 index. html 页面,就在浏览器地址栏中输入"http://127. 0. 0. 1:8080/example/index. html",URL 中的 examples 为 Web 服务子目录。

除了 Tomcat 安装时创建的 Web 服务子目录外,用户可以在 webapps 目录中创建新的 Web 服务子目录。

例如,在 webapps 目录中创建 myapp 子目录,将自己编写的 myfirst. jsp 文件保存在 myapp 子目录中,在客户浏览器地址栏中输入"http://127. 0. 0. 1:8080/myapp/myfirst. jsp",即可访问 myapp 服务目录下的 myfirst. jsp 页面。

3. 建立虚拟 Web 服务目录

除了在安装目录中的 webapps 目录下创建 Web 服务子目录外,用户还可以将服务器计算机中的某个目录指定为 Web 服务子目录,并为其设置虚拟 Web 服务子目录名称,将实际的目录物理路径隐藏,用户只能通过虚拟目录访问该 Web 服务子目录。

建立虚拟 Web 服务目录,可通过修改 Tomcat 安装目录下的 conf 子目录中的 server. xml 配置文件来实现。例如,将 E:\programjsp\ch1 指定为新的 Web 服务子目录,虚拟目录名称为 ch1。用户首先在 Tomcat 服务器的 E 盘创建 programjsp\ch1 目录,然后用文本编辑器打开 server. xml 文件,在 < Host >... </Host > 节之间加入如下内容:

```
<Context path = "/ch1" docBase = "E:\programJsp\ch1" debug = "0" reloadable = "true"/>
```

上面代码中的 path = "/ch1" 为虚拟目录名称, docBase = "E:\ programJsp \ ch1" 为 Web 服务子目录的物理路径。保存后重新启动 Tomcat 服务器。

4. 相对服务目录

Web 服务目录下的子目录称为 Web 服务目录下的相对服务目录。例如, 在根目录 ROOT 中建立了一个 image 子目录, image 就是根目录下的相对服务目录,访问 image 的 URL 地址为 "http://127. 0. 0. 1:8080/image"。在虚拟目录 ch1 中建立子目录 image, image 就是虚拟目录 ch1 下的相对服务目录, 访问它的 URL 为 "http://127. 0. 0. 1:8080/ch1/image"。

1.4　集成开发环境介绍

集成开发环境可以有效地提高 Web 应用的开发效率, 减轻程序员的劳动强度。优秀的集成开发环境能够使编程人员达到事半功倍的效果, 所以读者有必要了解目前流行的 Web 应用集成开发环境。比较常见的开发环境有 Eclipse/MyEclipse、JBuilder、NetBeans、WebSphere 等。本节对 Eclipse/MyEclipse 作简单的介绍。

1.4.1　开源的 Eclipse

　　Eclipse 最初是 IBM 公司的一个软件产品，2001 年 11 月其 1.0 版发布。2003 年发布了 2.1 版，立刻引起了业界的轰动。现在 IBM 已经把出巨资开发的 Eclipse 作为一个开源项目捐给了开源组织 Eclipse.org，其出色的独创性平台吸引了众多大公司加入 Eclipse 平台的发展中来。到目前为止，Eclipse 的成熟版本为 4.5 版。

　　Eclipse 4.5 是一个通用的工具平台。它提供了功能丰富的开发环境，允许开发者高效地创建一些工具并集成到 Eclipse 平台上来。Eclipse 的设计思想是：一切皆为插件。Eclipse 核心非常小，其他所有的功能都以插件的形式附加到这个核心之上。Eclipse 的插件是动态调用的，也就是插件被用时调入，不再被使用时则自动清除。

　　用户可以去 Eclipse 的官网上免费下载 Eclipse 工具包，也可以使用 Google 搜索工具搜索下载 Eclipse 工具包。常用的 Eclipse 有两种版本，Release 版式为稳定版本，StableBuilds 版本比较稳定。Eclipse 的安装非常简单，它属于纯绿色软件，只需将安装文件解压就可以运行 Eclipse。现在最新的 JBuilder、WebSphere、MyEclipse 等开发工具都是将 Eclipse 作为集成框架基础开发而成的。Eclipse 开发工具的详细使用方法请参见有关资料。

1.4.2　MyEclipse

　　MyEclipse 企业级工作平台（MyEclipse Enterprise Workbench，MyEclipse）是对 Eclipse IDE 的扩展，是 J2EE 开发插件的综合体，是功能丰富的 J2EE 集成开发环境。它包括了完备的编码、调试、测试和发布功能，完整支持 HTML、JSP、Struts、JSF、CSS、JavaScript、SQL、Hibernate 等。用户使用它可以在数据库和 J2EE 的开发、发布，以及应用程序服务器的整合方面提高工作效率。

　　MyEclipse 是收费的开发工具，一般下载的 MyEclipse 内部已经有一个 Eclipse 存在了。安装 MyEclipse 时需要从 MyEclipse 官方网站或其他搜索引擎下载安装文件并购买注册码。

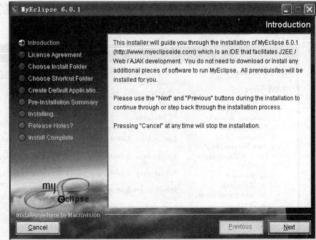

1. 安装 MyEclipse 6.0

　　运行 MyEclipse 的安装文件，本教材的安装文件是 MyEclipse 6.0.1GAE3.3.1Full.exe，出现如图 1－10 所示的安装界面，根据向导提示完成安装。

2. 运行 MyEclipse 6.0

图 1－10　MyEclipse 安装向导

　　安装完成后，启动 MyEclipse 6.0，首先要选择 MyEclipse 6.0 的工作空间，工作区里存放项目文件和一些配置信息，用户可根据自己的习惯设置自己的工作空间，然后单击 "OK" 按钮就可启动。

3. 注册 MyEclipse 6.0

　　选择 MyEclipse 6.0 Subscription Information 命令，打开 Update Subscription 窗口，输入用

户购买的 Subscriber 和 Subscription Code。

4. 配置 MyEclipse 6.0 的 JDK 和 Tomcat 环境

选择工作区，启动 MyEclipse 6.0 后，用户可以为该工作区配置 JDK 和 Tomcat 环境。选择主菜单中的 Windows→Preferences（首选项）命令，弹出如图 1 – 11 所示的"首选项"窗口。在左侧树形控件中选择 Java→Installed JREs 选项，在窗口的右侧编辑区选择用户计算机上的 JRE 安装目录，配置好 JDK 环境。

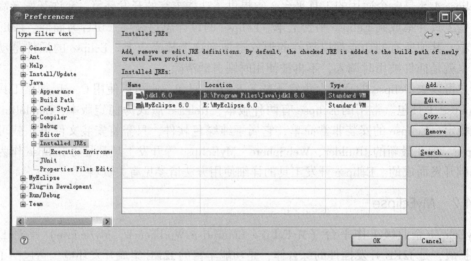

图 1 – 11   选择 Installed JREs 环境

在如图 1 – 12 所示的 Preferences 窗口中，选择左侧树形控件中 MyEclipse→Servers→Tomcat→Tomcat 6.x 选项，在窗口的右侧单击"浏览"按钮，选择用户计算机上的 Tomcat 6.0 安装目录即可。

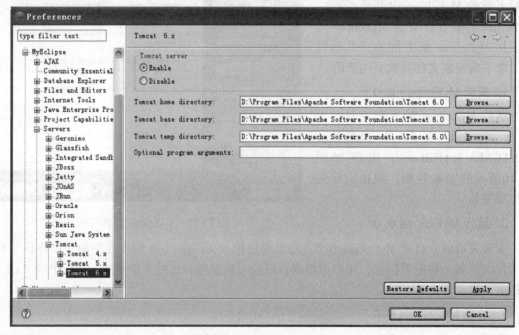

图 1 – 12   选择 Tomcat 6.0

使用 MyEclipse 6.0 开发 Web 应用程序，需要在 MyEclipse 6.0 中启动 Tomcat 服务器。如图 1-13 所示。

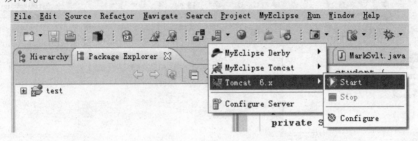

图 1-13　启动 Tomcat 服务器

1.4.3　项目的加载与部署

下面，用一个例子来说明如何将一个项目加载到 MyEclipse 平台上运行。首先，打开 MyEclipse 集成开发环境，在左侧 Package Explorer 窗口空白处右击，在弹出的快捷菜单中选择 "Import" 选项，将弹出导入项目的对话框，然后选择 General → Existing Projects into Workspace 选项，单击 "Next" 按钮。如图 1-14 所示。

接着，指定要加载项目的路径，在本例中，要加载的项目名为 "test"，存放在 "E：\20101901135149\"，如图 1-15 所示。

图 1-14　"导入项目"对话框

图 1-15　指定工程所在目录对话框

至此，就将项目加载到工程里了，如图 1-16 所示。接下来，需要把项目部署一下。单击工具栏上的 图标，弹出如图 1-17 所示的 "Project Deployments" 对话框，选择要部署的项目名称，在本例中为 "test"，单击 "Add" 按钮，弹出如图 1-18 所示的 "New Deployment" 对话框，在该对话框中，指定 Server 为 "Tomcat 6.0" 和 "Deploy type"，项目就部署完成了。然后就可以启动 Tomcat 运行项目。

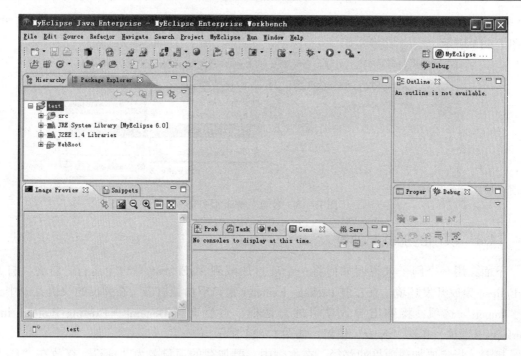

图 1 – 16   test 工程被加载到 eclipse

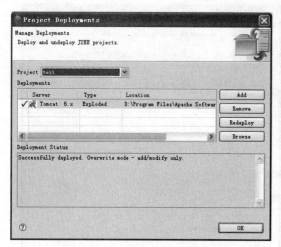

图 1 – 17   "项目部署"对话框

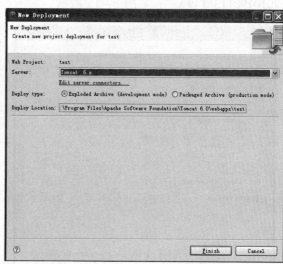

图 1 – 18   "添加新的部署"对话框

1.5   本章习题

一、选择题

1. 当用户请求 JSP 页面时，JSP 引擎就会执行该页面的字节码文件响应客户的请求，执行字节码文件的结果是（   ）。

    A. 发送一个 JSP 源文件到客户端   B. 发送一个 Java 文件到客户端

    C. 发送一个 HTML 页面到客户端   D. 什么都不做

2. 当多个用户请求同一个 JSP 页面时，Tomcat 服务器为每个客户启动一个（　　）。

    A. 进程　　　　　　　B. 线程　　　　　　　C. 程序　　　　　　　D. 服务

3. 下列对动态网页和静态网页的根本区别描述错误的是（　　）。

    A. 静态网页服务器端返回的 HTML 文件是事先存储好的

    B. 动态网页服务器端返回的 HTML 文件是程序生成的

    C. 静态网页文件里只有 HTML 标记，没有程序代码

    D. 动态网页中只有程序，不能有 HTML 代码

4. 下面不是 JSP 运行必需的是（　　）。

    A. 操作系统　　　　　　　　　　　B. JavaJDK

    C. 支持 JSP 的 Web 服务器　　　　　D. 数据库

5. URL 是 Internet 资源中的命名机制，URL 由（　　）三部分构成。

    A. 协议、主机 DNS 名或 IP 地址和文件名

    B. 主机、DNS 名或 IP 地址和文件名、协议

    C. 协议、文件名、主机名

    D. 协议、文件名、IP 地址

6. 下列说法中正确的一项是（　　）。

    A. Apache 用于 ASP 技术所开发网站的服务器

    B. IIS 用于 CGI 技术所开发网站的服务器

    C. Tomcat 用于 JSP 技术所开发网站的服务器

    D. WebLogic 用于 PHP 技术所开发网站的服务器

7. Tomcat 服务器的默认端口号是（　　）。

    A. 80　　　　　　　　B. 8080　　　　　　　C. 21　　　　　　　D. 2121

二、判断题

1. 动态网页和静态网页的根本区别在于服务器端返回的 HTML 文件是事先存储好的还是由动态网页程序生成的。　　　　　　　　　　　　　　　　　　　　　　（　　）

2. Internet 和 Intranet 的含义、意义相同。　　　　　　　　　　　　　　（　　）

3. 互联网起源于美国国防部高级研究计划管理局建立的 ARPA 网。　　　（　　）

4. Web 开发技术包括客户端和服务器端的技术。　　　　　　　　　　　（　　）

5. Tomcat 和 JDK 都不是开源的。　　　　　　　　　　　　　　　　　　（　　）

三、填空题

1. W3C 是指＿＿＿＿＿＿＿＿＿＿＿＿。

2. Internet 采用的通信协议是＿＿＿＿＿＿＿＿＿。

3. IP 地址用四组由圆点分割的数字表示，其中每一组数字都在＿＿＿＿＿＿之间。

4. 当今比较流行的技术研发模式是＿＿＿＿＿＿和＿＿＿＿＿＿的体系结构来实现的。

5. Web 应用中的每一次信息交换都要涉及＿＿＿＿＿＿和＿＿＿＿＿＿两个层面。

6. 静态网页文件里只有＿＿＿＿＿＿，没有程序代码。

四、思考题

1. 为什么要为 JDK 设置环境变量？

2. Tomcat 和 JDK 是什么关系？

3. 什么是 Web 服务根目录、子目录、相对目录？如何配置虚拟目录？

4. 什么是 B/S 模式？

5. JSP、JavaBeans 和 JavaServlet 之间是什么关系？

6. 集成开发环境能为程序员做什么？

7. 使用 MyEclipse 开发 JSP 程序，需要做哪些配置？

8. MyEclipse 和 Eclipse 的关系是怎样的？

第 2 章　Web 开发基础

【学习要点】
- HTML 常用标记
- 表单的使用
- 页面布局
- JavaScript 脚本的用法

2.1　常用 HTML 标记

2.1.1　HTML 概述

HTML（Hypertext Markup Language）超文本标记语言，是一种用来制作超文本文档的简单标记语言。HTML 中"超文本"是指网页中的包含超级链接的文本，"标记"是指网页中控制内容显示的各种标签。一个网页对应于一个 HTML 文件，扩展名为 . htm 或 . html。网页文件本身是一种文本文件，可以使用任何能够生成 TXT 文件的文本编辑工具来编辑 HTML 文件，通过在文本文件中添加标签来告诉浏览器如何显示其中的内容，浏览器按顺序阅读网页文件，然后根据标签解释和显示其标记的内容。

一个 HTML 文件整体结构如下所示。

< html > 文件开始标记
< head > 文件头开始的标记
文件头的内容
< /head > 文件头结束的标记
< body > 文件主体开始的标记
文件主体的内容
< /body > 文件主体结束的标记
< /html > 文件结束标记

说明：

< html >... < /html >：告诉浏览器 HTML 文件开始和结束的位置，HTML 文档中所有的内容都应该在这两个标签之间，一个 HTML 文档总是以 < html > 开始，以 < /html > 结束。

< head >... < /head >：HTML 文件的头部标签，在其中可以放置页面的标题以及文件信息等内容，通常将这两个标签之间的内容统称为 HTML 的头部。

< body >... < /body >：用来指明文档的主体区域，网页所要显示的内容都放在这个标签内，其结束标签 < /body > 指明主体区域的结束。

2.1.2　HTML 标签

HTML 的标签分单标签和双标签两种样式。单标签是指在 HTML 文件中单个出现的标签，例如：换行标签 < br >。双标签是指在 HTML 文件中成对出现的标签，由起始标签 < 标签名 > 和结尾标签 </标签名 >组成，双标签的作用域只作用于这对标签中的文档，例如：字体修饰标签 < font ... </font >。HTML 标签大部分都是成对出现的，即双标签。

大多数标签都有自己的一些属性，属性要写在起始标签内，属性用于进一步改变显示的效果，各属性之间无先后次序，属性是可选的，属性也可以省略而采用默认值，其格式如下：

< 标签名 属性 1 属性 2 属性 3 ... > 内容 < /标签名 >

例如，< font color = " red " >... </font > 表示将其中的文字颜色设置为红色。

常用标签说明见表 2 - 1。

<div align="center">表 2 - 1   HTML 常用标签</div>

标　签	常用属性	功能说明
文件标签		
< html >... </html >		定义文档
< head >... </head >		定义文件头部
< title >... </title >		定义 HTML 文件标题，显示于浏览器顶部
< body >... </body >	bgcolor（背景色） background（背景图案）	定义文档的主体
<！- -注释- ->		定义注释，不显示在网页上
排版标签		
< p >	align（对齐方式：left/right/ center/ justify）	段落标签
< br >		换行标签
< hr >	align（对齐方式） size（高度） width（宽度） noshade（颜色为纯色，无阴影）	插入一条水平线
< center >... </center >		居中标签
< pre >... </pre >		定义预格式化的文本
< div >... </div >	align（对齐方式）	定义文档中的分区或节
字体标签		
< font >... </font >	color（颜色） size（尺寸） face（字体）	规定文本的字体、字体尺寸、字体颜色
< basefont >	color（颜色） size（尺寸） face（字体）	定义基准字体。为文档中的所有文本定义默认颜色、大小和字体。只有 Internet Explorer 浏览器支持

续表

标　签	常用属性	功能说明
< h1 >...</h1 > < h2 >...</h2 > < h3 >...</h3 > < h4 >...</h4 > < h5 >...</h5 > < h6 >...</h6 >	align（对齐方式）	定义文字标题等级。< h1 > 定义最大的标题。< h6 > 定义最小的标题
< b >...</b >		粗体文本效果
< i >...</i >		斜体文本效果
< big >...</big >		呈现大号字体效果
< small >...</small >		呈现小号字体效果
< u >...</u >		定义下划线文本
< strike >...</strike >		定义加删除线的文本
< sub >...</sub >		定义下标文本
< sup >...</sup >		定义上标文本
图像标签		
< img >	src（图像的 URL） alt（图像的替代文本） align（对齐方式包括 top, bottom , middle, left , right） border（图像周围的边框） width（图像的宽度） height（图像的高度） hspace（定义图像左侧和右侧的空白，单位为像素） vspace（定义图像顶部和底部的空白，单位为像素）	定义一幅图像
链接标签		
< a >...</a >	href（链接的目标 URL） target（打开目标 URL 的位置为_ blank , _parent, _ self, _ top, 框架名称）	定义超链接
< base >		为页面上的所有链接规定默认地址或默认目标
列表标签		
< ol >...</ol >	start（起始编号） type（A, a, I, i, 1）	定义有序列表
< ul >...</ul >	type（列表类型为 disc , square , circle）	定义无序列表
< li >		定义列表项目

标　签	常用属性	功能说明
< dl >...</ dl >		定义了定义列表
< dt >		定义了定义列表中的项目（术语部分）
< dd >		在定义列表中定义条目的定义部分
表格标签		
< table >...</ table >	align（对齐方式） width（表格的宽度） height（表格的高度） bgcolor（表格背景色） border（表格边框的宽度） cellpadding（单元边沿与其内容之间的空白） cellspacing（单元格之间的空白）	定义表格
< caption >...</ caption >		定义表格标题
< tr >...</ tr >	align（水平对齐方式） bgcolor（表格行的背景色）valign（垂直对齐方式：top middle bottom baseline）	定义表格中的行
< td >...</ td >	align（水平对齐方式） valign（垂直对齐方式） bgcolor（单元格的背景色） colspan（单元格横跨的列数） rowspan（单元格可横跨的行数） width（单元格的宽度） height（单元格的高度） nowrap（单元格内容是否换行）	定义表格中的标准单元格
表单标签		
< form >...</ form >		创建 HTML 表单
< textarea >...</ textarea >	cols（文本区内的可见宽度） rows（文本区内的可见行数）disabled（禁用该文本区） name（文本区的名称） readonly（文本区为只读）	定义多行的文本输入控件
< input >	align（对齐方式包括 top，bottom，middle，left，right） name（input 元素的名称） type（input 元素的类型） value（input 元素的值）	定义用户输入信息的形式
< select >...</ select >	name（下拉列表的名称） size（下拉列表中可见选项的数目） multiple（可选择多个选项）	创建单选或多选菜单

续表

标　签	常用属性	功能说明
< option >…</ option >	selected（选项设为选中状态） value（定义送往服务器的选项值）	定义下拉列表中的一个选项
框架标签		
< frameset >…</ frameset >	cols（框架集中列的数目和尺寸） rows（框架集中行的数目和尺寸）	定义一个框架集，用来组织多个框架
< frame >	name（框架的名称） frameborder（是否显示框架边框） marginheight（框架的上下边距） marginwidth（框架的左右边距） noresize（框架大小不可调） scrolling（是否显示滚动条） src（在框架中显示的文档的 URL）	定义框架集中的一个框架
< iframe >…</ iframe >	width（框架的宽度） height（框架的高度） align（对齐方式） 其余属性同 frame 标签	定义网页中的浮动框架
< noframes >…</ noframes >		为不支持框架的浏览器设置显示内容

2.1.3　案例一：一个简单的页面

【案例功能】在网页中显示图片、文本及超链接等基本元素。

【案例目标】掌握 HTML 标签的用法，理解常用标签的作用。

【案例要点】HTML 的基本结构，常用标签的用法。

案例视频扫一扫

【案例步骤】

（1）创建第 2 章源码文件夹 ch02。

（2）编写网页文件 test1. html。

【源码】test1. html

```
1    <html >
2    <head >
3    <title >一个简单的页面 </title >
4    </head >
5    <body >
6    <h1 align = "center" >JSP 设计与开发 </h1 >
7    <p ><font color = "blue" >课程内容概览 </font ><br >
8    <ul >
9    <li >JSP 开发环境配置 </li >
10   <li >HTML 标记 </li >
11   <li >javascript 脚本 </li >
12   <li >JSP 对象 </li >
```

13	`<li >JDBC 技术 < /li >`
14	`<li >JavaBean 技术 < /li >`
15	`<li >Servlet 技术 < /li >`
16	`< /ul > < /p >`
17	`<p > < font color = "blue"  >参考书籍 < /font > < br >`
18	`< img src = "book.jpg" alt = "JSP 程序设计案例教程" /> < /p >`
19	`<p > < font color = "blue"  >参考资料 < /font > < br >`
20	`< a href = "http://www.cqepc.cn:8887"  >JSP 设计与开发精品课程 < /a > < /p >`
21	`< /body >`
22	`< /html >`
23	

【代码说明】

- 第 3 行：设置页面标题为"一个简单的页面"。
- 第 6 行：设置文字"JSP 设计与开发"为标题 1 格式、居中显示。
- 第 7 行、第 17 行、第 19 行：新建一个段落，设置文字颜色为蓝色，文末换行。
- 第 8 ~ 16 行：以项目列表形式列出课程内容，列表末换行。
- 第 18 行：插入图片"book.jpg"，并设置替换文本为"JSP 程序设计案例教程"。
- 第 20 行：设置文本超链接到地址"http://www.cqepc.cn：8887"。

（3）页面运行效果如图 2 - 1 所示。

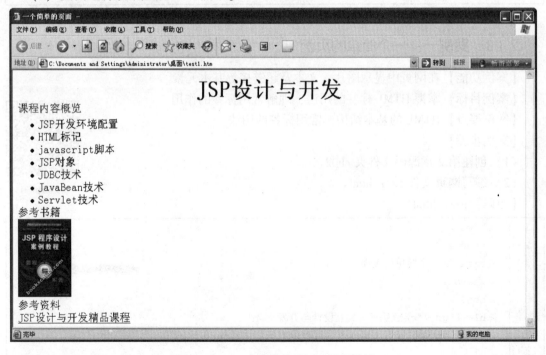

图 2 - 1　"一个简单的页面"运行效果

2.2　表　单

2.2.1　表单的定义

表单在网页中主要用于采集和提交用户输入的信息，是网站和访问者之间互动的窗口。一个表单有以下 3 个基本组成部分。

（1）表单标签：包含了处理表单数据所用 CGI 程序的 URL 以及数据提交到服务器的方法。

（2）表单域：包含了文本框、密码框、复选框、单选框等。

（3）表单按钮：包括提交按钮、重置按钮和普通按钮；用于将数据传送到服务器上的 CGI 脚本或者取消输入，还可以用表单按钮来控制其他处理脚本的工作。

2.2.2　表单标签

表单标签用于声明表单，定义采集数据的范围，所有需要提交到服务器的数据都必须放在表单标签内。

表单标签的语法格式如下：

< form action = "URL" method = "..." target = "..." enctype = "..." >... < /form >

其具体属性说明如下。

（1）action：指定处理提交表单数据的程序的 URL 地址，它可以是一个网络路径、网址或相对路径，若为空则使用当前文档的 URL。

（2）method：指定提交表单的 HTTP 方法。有以下两种取值。

➤ get：将表单控件的名称/值对信息经过编码之后，通过 URL 发送，可以在地址栏里看到，传送的数据量一般在 1 KB 以下。

➤ post：将表单的内容通过 HTTP 发送，在地址栏看不到表单的提交信息，传送的数据量比 get 方式大得多。

一般情况下，如果只是为取得和显示数据，就用 get；一旦涉及数据的保存和更新，则建议用 post。

（3）target：指定提交的结果文档显示的位置，其包括以下几个属性。

➤ _ blank：将返回信息显示在新开的浏览器窗口中。

➤ _ self：将返回信息显示在当前浏览器窗口中。

➤ _ parent：将返回信息显示在父级浏览器窗口中。

➤ _ top：将返回信息显示在顶级浏览器窗口中。

（4）enctype：指定将数据发送到服务器时浏览器使用的编码方式，取值如下。

➤ application/x – www – form – urlencoded：表单数据被编码为名称/值对，这是标准的编码格式，也是默认的编码格式。

➤ multipart/form – data：表单数据以二进制数据上传，上传文件时使用。

➤ text/plain：表单数据以纯文本形式进行编码，其中不含任何控件或格式字符。

例如：

< form action = "http://www.cqepc.cn/test.jsp" method = "post" target = "_blank" >

...</form>

表示表单将向 http://www.cqepc.cn/test.jsp 以 post 的方式提交数据，结果在新的页面显示。

2.2.3 输入标签

输入标签 <input> 是表单中最常用的标签之一，是单标签样式，用来定义一个用户输入区，让用户可以在其中输入信息。此标签必须放在表单标签 <form>...</form> 之间，包括 10 种类型的输入区域，不同类型的输入区域拥有不同的属性。

输入标签的语法格式为：<input name="" type="">。

其属性说明如下。

（1）name：定义表单输入区域的名称。

（2）type：定义表单输入区域的类型，包括 10 种属性值，见表 2-2。

表 2-2 type 属性值定义

type 属性取值	输入区域类型	控件属性说明
text	单行文本框：输入任何类型的文本、数字或字母	maxlength：文本框的最大输入字符数 size：文本框的宽度 value：文本框的默认值 readonly：特殊参数，表示该框中只能显示，不能添加修改
password	密码框：输入到密码框中的文字均以星号"*"或圆点显示	同 text
file	文件域：提供了一个文件目录输入的平台	
checkbox	复选框：进行项目的多项选择	checked：表示此项被默认选中 value：表示选中项目后传送到服务器端的值
radio	单选框：进行项目的单项选择	同 checkbox
button	普通按钮：配合 JavaScript 脚本进行表单的处理	value：设定显示在按钮上面的文字
submit	提交按钮：实现表单内容的提交	同 button
reset	重置按钮：清除表单的内容，恢复默认的表单内容设定	同 button
hidden	隐藏域：对于用户是不可见的，用来预设某些要发送的信息，提交表单时会被一起提交	
image	图像域（图像按钮）：设定提交按钮上的图片，这幅图片具有提交按钮的功能	src：指定图形的 URL 地址

例如，<input type="text" name="aa" size="30" maxlength="20" value="guest">
表示输入区域为文本框，名称为"aa"，长度为 30 个字符，允许的最大字符数为 20，默认

内容为"guest"。

2.2.4　案例二：表单的应用

【案例功能】在网页中显示学生课绩管理系统的登录界面。

【案例目标】掌握表单标签的用法，理解表单的作用。

【案例要点】表单标签及输入标签的用法。

【案例步骤】

（1）在 ch02 目录下编写 test2. html。

【源码】test2. html

案例视频扫一扫

```
1   <html >
2   <head > <title >用户登录 < /title > < /head >
3   <body >
4   <center > <b > <font color = "#0000ff" size = "7" face = "华文行楷" >
5   学生课绩管理系统 < /font > < /b > < /center >
6   < form action = "loginconfirm. jsp" method = "post" target = "_blank" >
7   <table width = "50% " height = "200" border =1 bgcolor = "#0000ff" align =
8   "center" >
9   <tr > <td align = "right" >
10  < font color = "#ffffff" size = "5" face = "华文行楷" >用户选择 < /font > < /td >
11  < td align = "left" > < input name = "kind" type = "radio" value = "student"
12  checked >
13  < font color = "#ffffff" size = "5" face = "华文行楷" >学生 < /font >
14  < input type = "radio" name = "kind" value = "teacher" >
15  < font color = "#ffffff" size = "5" face = "华文行楷" >教师 < /font >
16  < input type = "radio" name = "kind" value = "admin" >
17  < font color = "#ffffff" size = "5" face = "华文行楷" >管理员 < /font >
18  < /td > < /tr >
19  <tr > <td align = "right" >
20  < font color = "#ffffff" size = "5" face = "华文行楷" >登录名 < /font > < /td >
21  < td align = "left" > < input name = "id" type = "text" maxlength = "20" > < /td >
22  < /tr >
23  <tr > <td align = "right" >
24  < font color = "#ffffff" size = "5" face = "华文行楷" >密码 < /font > < /td >
25  < td > < input name = "password" type = "password" maxlength = "8" > < /td >
26  < /tr >
27  <tr > <td colspan = "2" align = "center" >
28  < input type = "submit" name = "Submit" value = "登录" > < /td > < /tr >
29  < /table >
30  < /form >
31  < /body > < /html >
```

【代码说明】

● 第 2~5 行：设置页面标题栏和页面内标题。

● 第 6 行：设置表单数据以 post 方法提交到页面 loginconfirm. jsp，结果在新页面打开。

● 第 7 ~ 29 行：建立一个 4 行 2 列的表格来布局表单域。其中，第一行第一列输出"用户选择"，第二列建立 3 个单选按钮，第一个按钮默认选中；第二行第一列输出"登录名"，第二列建立一个文本框输入区域；第三行第一列输出"密码"，第二列建立一个密码框输入区域；第四行合并后居中建立一个提交按钮，文字设置为"登录"。

（2）页面运行效果如图 2 - 2 所示。

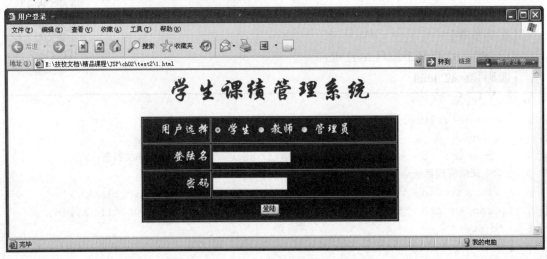

图 2 - 2   test2. html 页面运行效果

2.3   页面布局

2.3.1   页面布局概述

页面布局就是把网页的各种构成要素（文字、照片、图像、图表等）在网页浏览器里有效地排列起来。页面布局作为网页设计的一部分，不仅会影响网页的美观程度，还会影响网站的处理速度和性能。常用的页面布局方法有表格页面布局、框架页面布局、层叠样式表页面布局等。

1. 表格页面布局

表格在网页设计中，一方面组织管理传统的表格数据；另一方面也可以用于网页布局的组织。在案例二表单设计中就是使用表格进行表单元素的布局。表格布局在定位图片和文本上比起用 CSS 更加方便。但是，对于布局较为复杂的网页，要用到表格的嵌套，过多的表格嵌套会影响浏览器解析，页面下载速度也会受到影响。

2. 框架页面布局

使用框架技术进行页面布局，每一个框架部分都可以独立控制，其优点就是层次简单、链接方便。但它的模式较为固定，有上下型、左右型、左中右型等，缺乏灵活性。

3. 层叠样式表页面布局

层叠样式表（CSS）能精确地定位文本和图片，是一种比较流行的页面布局方法，可以弥补 HTML 在显示属性上的不足。在使用 CSS 技术进行页面布局时往往同 < div > 标签一起使用，其中用 < div > 标签定义页面层容器、头部、主体、内容，在 CSS 文件中控制属性。

本节主要讲解利用 CSS 样式表进行页面布局的方法。

2.3.2　CSS 概述

CSS（Casecating Style Sheet）也叫层叠样式表，用于网页中样式的定义，是一组格式设置规则，用于控制网页的外观。通过使用 CSS 样式设置页面格式可将页面的内容与表现形式分离，页面内容存放在 HTML 文档中，而用于定义表现形式的 CSS 规则则存放在另一个文件中或 HTML 文档头部。将内容与表现形式分离，不仅可使维护站点的外观更加容易，还可以使 HTML 文档代码更加简练，缩短浏览器的加载时间。

使用 CSS 层叠样式表进行页面布局的主要优势如下。

（1）内容和样式分离：通过将定义内容的部分和定义样式的部分分离，将样式部分分离出来放在一个独立样式文件或 HTML 文件头部，HTML 文件主体部分中只存放文本信息，这样可以对页面布局进行更多的控制，这样的页面对搜索引擎更加友好。

（2）提高页面浏览速度：使用 CSS 样式表可以减少表格标签及其他加大 HTML 体积的代码，减少图像用量从而减小文件尺寸。采用 CSS 布局的页面容量要比表格布局的页面文件容量小得多，浏览器不用去解释大量冗长的标签，提高了网页浏览速度。

（3）易于维护和改版：没有样式表时，如果想更新整个站点中所有主体文本的字体，必须一页一页地修改每张网页。利用样式表，只要修改 CSS 文件中某一行，那么整个站点都会随之发生变动。

2.3.3　CSS 规则的定义

CSS 样式表的核心是规则的制定，也就是样式的定义。CSS 的规则由 3 部分构成：选择器、属性和值。其形式如下：

```
selector {property:value}
```

其中，选择器（selector）通常是要定义样式的 HTML 元素或标签，属性（property）是要改变的标签的属性，并且每个属性都有一个值。属性和值被冒号分开，并由花括号包围。

例如，规则 body {color：green} 的作用是将 body 标签内的文字颜色定义为绿色。其中 body 是选择器，而包括在花括号内的 color 为属性，green 为值。

CSS 选择器共有以下 3 种基本类型。

（1）标签选择器：一个完整的 HTML 页面是由很多不同的标签组成的，标签选择器是用来说明对应标签采用的 CSS 样式。例如，p {color：red} 表示页面中所有 p 标签文字颜色均为红色。

（2）id 选择器：id 选择器用于为标有特定 id 的 HTML 元素指定特定的样式，与标签选择器相比，id 选择器更具有针对性。id 选择器在定义时以"#"进行说明，并且按照 W3C 标准，在一个 HTML 页面中 id 选择器只能使用一次。在使用 id 选择器设定样式时要先给 HTML页面中的某个标签设置 id 属性，则该 id 选择器中设定的样式即可应用到该标签所修饰的内容中。

例如，在 HTML 代码中有如下语句：

```
< p id = "red" >红色 < /p >
< p id = "green" >绿色 < /p >
```

且定义了如下两个 id 选择器：

```
#red {color:red}
#green {color:green}
```

则 id 属性为 red 的 p 标签修饰的内容将显示为红色，而 id 属性为 green 的 p 标签修饰的内容将显示为绿色。

（3）类选择器：使页面中的某些标签（可以是不同的标签）具有相同的样式，与 id 选择器相比，id 选择器不能重复，只能使用一次，而类选择器的使用次数不受限制。类选择器在定义时以 "."进行说明，其用法和 id 选择器比较类似。在使用时，先给 HTML 页面中某个标签设置类属性 class，则该类选择器中设定的样式即可应用到该标签所修饰的内容中。

例如，在 HTML 代码中有语句：

```
<p class = "red">红色</p>
<h1 class = "red">红色</h1>
```

且定义了类选择器：.red {color：red}

则在上面 HTML 代码中 p 标签和 h1 标签所修饰的文字都将显示为红色。

另外，如果要定义的属性不止一个，则需要用分号将每个属性分开。

例如，H1 {text-align：center; color：red;} 的作用是将所有 <H1></H1> 包围的文字颜色设置为红色，并居中显示。

同时，也可以对选择器进行分组，被分组的选择器就可以分享相同的规则，选择器之间用逗号分隔。

例如，h1，h2，h3，h4，h5，h6 {color：green} 的作用是设置所有标题元素的颜色为绿色。

CSS 规则具有继承性，即子元素从父元素继承属性，换句话说，外部的元素样式会保留下来继承给这个元素所包含的其他元素，所有在元素中嵌套的元素都会继承外层元素指定的属性值。例如，为选择器 body 定义的属性会自动应用到其子元素 p、h1、ul 等上。除非子元素重新定义了其父元素中定义的属性，则以子元素自身定义的属性规则为准。

例如，B {color：red} 规则应用在 <B>welcome <I>China</I></B> 中，则 "China" 字符串被标签 <I> 修饰为斜体，虽然 <I> 标签并没有设定其他样式，但因为 <I> 位于 <B> 之中，所以它将继承父标签 <B> 的设置，设置为红色加粗。但是，如果加上规则 I {color：blue}，则 "China" 字符串颜色最终受 <I> 标签自身样式修饰，显示为蓝色。

2.3.4　在网页中加入 CSS 样式表

在定义好样式表后必须将其加到网页中，才能发挥样式表的作用。把样式表加到网页的方法总结起来，主要有以下 3 种。

（1）定义内部样式块对象：在 HTML 文档的 <html> 和 <body> 标签之间插入一个 <style>...</style> 块对象，将样式表信息放在定义的块对象中即可。其形式如下。

```
⋮
<head>
⋮
<style type = "text/css">
<! --
```

样式表定义

－－>

</style>

⋮

</head>

⋮

说明：style 对象的 type 属性设置为 "text/css"，是允许不支持这类型的浏览器忽略样式表单；把样式表的定义放在注释标签中是由于有些浏览器即使在设定了 TYPE = "text/css" 属性时也不能忽略样式表继续执行下面的命令，而且还会显示样式表的代码，而注释标签则可以避免发生这种情况。

（2）内联定义：在对象的标签内使用对象的 style 属性定义相应的样式表属性。例如：

<p style = "color:red" >红色 < /p >

（3）链接外部样式表文件：先建立外部样式表文件（.css），然后在 < head > 标签中使用 link 对象进行链接。其形式如下。

⋮

<head >

<rel = stylesheet href = "http://www.cqepc.cn:8887/jsp.css" type = "text/css" >

</head >

⋮

说明：link 标签在文档中声明使用外接资源时使用，其中的 href 属性中指明要链接的样式表文件的路径，可以是绝对路径也可以是相对路径；rel = stylesheet 指定链接类型为样式表。

2.3.5　CSS 样式表布局页面元素

使用 CSS 样式表进行页面布局时常与 div 标签配合使用，div 标签是 CSS 布局时的基本构造块，主要用作文本、图像或其他页面元素的容器。纯粹使用 < div > 标签而不加任何 CSS 内容，其效果与用 < p > </p > 是一样的，但当把 CSS 放进 div 标签中后，就可以指定 HMTL 元素显示在屏幕上的具体位置以及内容在 div 标签中如何显示。div 标签不同于表格单元格（被限制在表格行和列中的某个现有位置），它可以出现在 Web 页上的任何位置。可以用绝对方式或相对方式来定位 div 标签，在定位时更加灵活。下面就 CSS 样式表中与页面定位的相关属性进行一些介绍。

（1）position 属性：设置对象的定位类型。

语法格式：position : static |relative |absolute |fixed |inherit

各属性取值的含义如下。

➤ static：默认值，没有定位。

➤ relative：相对于对象默认的位置进行定位。

➤ absolute：绝对定位，将对象放到固定的位置，位置通过 "left" "top" "right" 以及 "bottom" 属性进行规定。

➤ fixed：相对于窗口的固定定位，位置通过 "left" "top" "right" 以及 "bottom" 属性进行规定。

➤ inherit：对象从父元素继承 position 属性的值。

（2） z－index 属性：设置对象的堆叠顺序。

说明：仅能在定位元素上奏效，如果为正数，则离用户更近，为负数则表示离用户更远。

（3） clear 属性：设置不允许有浮动对象的边。

语法格式：`clear : none | left | right | both`

各属性取值的含义如下。

➤ none：默认值，允许两边都可以有浮动对象。

➤ left：不允许左边有浮动对象。

➤ right：不允许右边有浮动对象。

➤ both：不允许有浮动对象。

（4） clip 属性：检索或设置对象的可视区域，可视区域外的部分是透明的。必须和定位属性 position 一起使用才能生效。

语法格式：`clip : auto | rect( number number number number )`

各属性取值的含义如下。

➤ auto：默认值，对象无剪切。

➤ rect（ number number number number）：依据上右下左的顺序自对象左上角（0，0）坐标计算的四个偏移数值，其中任一数值都可用 auto 来替换，表示此边不剪切。

（5） display 属性：设置或检索对象是否及如何显示。

语法格式：`display : block | none | ... | table－row－group | inherit`

常用取值及其含义如下。

➤ none：对象不会被显示。

➤ block：对象将显示为块级元素，元素前后会带有换行符。

➤ inline：对象被显示为内联元素，元素前后没有换行符。

➤ inline－block：对象被显示为内联元素，但是对象的内容作为块对象呈现。

➤ list－item：对象作为列表显示。

➤ run－in：对象根据上下文作为块级元素或内联元素显示。

➤ table：对象作为块级表格来显示，表格前后带有换行符。

➤ inline－table：对象作为内联表格来显示，表格前后没有换行符。

➤ table－row：对象作为一个表格行显示。

➤ table－column：对象作为一个单元格列显示。

➤ table－cell：对象作为一个表格单元格显示。

➤ table－caption：对象作为一个表格标题显示。

➤ table－column－group：对象作为表格列组显示。

➤ table－row－group：对象作为表格行组显示。

➤ table－header－group：对象作为表格标题组显示，用来指定当表格跨越多页时，对象的内容在每一页都显示。

➤ table－footer－group：对象作为表格脚注组显示，用来指定当表格跨越多页时，对象的内容在每一页都显示。

➤ inherit：对象从父元素继承 display 属性的值。

说明：所有可视的文档对象都是块对象（block element）或者内联对象（inline element）。块对象的特征是从新的一行开始且能包含其他块对象和内联对象。内联对象被呈递时不会从新行开始，能够包含其他内联对象和数据。块对象的默认值为 block，内联对象的默认值都是 inline。

（6）float 属性：设置对象是否及如何浮动。

语法格式：`float : none | left | right | inherit`

各属性取值的含义如下：

➤ none：默认值，对象不飘浮。

➤ left：对象在左侧浮动。

➤ right：对象在右侧浮动。

➤ inherit：对象从父元素继承 float 属性的值。

（7）overflow 属性：检索或设置当对象的内容超过其指定高度及宽度时如何管理内容。

语法格式：`overflow : visible | auto | hidden | scroll`

各属性取值的含义如下：

➤ visible：默认值，内容不裁切，超出对象尺寸的内容会显示在对象的外面。

➤ auto：内容不裁切，超过对象尺寸时显示滚动条以查看剩余的内容。

➤ hidden：裁切掉超出对象尺寸的内容，不再显示。

➤ scroll：无论内容是否超出对象尺寸总是显示滚动条。

（8）overflow - x 属性：检索或设置当对象的内容超过其指定宽度时如何管理内容。

语法格式：`overflow - x : visible | auto | hidden | scroll`(取值同 overflow)

（9）overflow - y 属性：检索或设置当对象的内容超过其指定宽度时如何管理内容。

语法格式：`overflow - y : visible | auto | hidden | scroll`(取值同 overflow)

（10）visibility 属性：设置或检索是否显示对象。

语法格式：`visibility : inherit | visible | collapse | hidden`

各属性取值的含义如下：

➤ inherit：默认值，继承父对象的可见性。

➤ visible：设置对象为可见。

➤ collapse：主要用来隐藏表格的行或列。隐藏的行或列能够被其他内容使用。对于表格外的其他对象，其作用等同于 hidden。

➤ hidden：设置对象为隐藏，与 display 属性不同，visibility 属性设置的不可见元素仍然会占据页面的空间，而 display 属性设置的不可见元素不占据页面的空间。

2.3.6　案例三：使用 CSS + DIV 进行页面布局

【案例功能】制作一个页面导航菜单。

【案例目标】掌握 CSS 样式表的用法，掌握 CSS 样式表与 DIV 标签进行页面布局的技巧。

【案例要点】CSS 样式表规则的定义及在网页中应用的方法。

【案例步骤】

（1）在 ch02 目录下编写 test3. html。

案例视频扫一扫

【源码】 test3. html

```
1    < html > < head >
2    < title >CSS 页面布局示例 < /title >
3    < style type = "text/css" >
4    <! - -
5    h1{text - align:center;font - size:48pt;line - height:150px}
6    a{font - family:"华文新魏";color:blue;}
7    .menu{width:120px;height:40px;display:inline;background:#00ff00;
8    font - size:20px;text - align:center;line - height:40px}
9    - - >
10   < /style > < /head >
11   < body >
12   < h1 >JSP 设计与开发课程网站 < /h1 >
13   < div align = center >
14   < div class = "menu" > < a href = "http://www.cqepc.cn:8887" target = "_blank" >
15   |首         页 |< /a > < /div >
16   < div class = "menu" > < a href = "http://www.cqepc.cn:8887" target = "_blank" >
17   |课程简介 |< /a > < /div >
18   < div class = "menu" > < a href = "http://www.cqepc.cn:8887" target = "_blank" >
19   |教学课件 |< /a > < /div >
20   < div class = "menu" > < a href = "http://www.cqepc.cn:8887" target = "_blank" >
21   |教学录像 |< /a > < /div >
22   < div class = "menu" > < a href = "http://www.cqepc.cn:8887" target = "_blank" >
23   |资源下载 |< /a > < /div >
24   < div class = "menu" > < a href = "http://www.cqepc.cn:8887" target = "_blank" >
25   |习题练习 |< /a > < /div >
26   < div class = "menu" > < a href = "http://www.cqepc.cn:8887" target = "_blank" >
27   |交流论坛 |< /a > < /div >
28   < /div >
29   < /body > < /html >
```

【代码说明】

● 第 3 ~ 10 行：定义 CSS 样式表内容，设置 h1 标签所含内容字体大小为 48pt，居中显示；a 标签所含内容字体为华文新魏，蓝色；menu 类标签所含内容宽度为 120px，高度为 40px，以内联方式显示，背景色为绿色，字体大小为 20px，居中显示。

● 第 12 行：定义网页大标题。

● 第 13 ~ 28 行：定义导航菜单，并让整体居中显示。

（2）页面运行效果如图 2 - 3 所示。

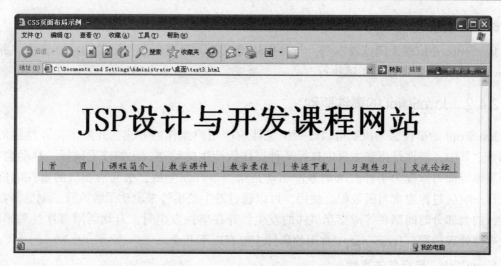

图 2 – 3　test3. html 页面运行效果

2.4　JavaScript 简介

2.4.1　JavaScript 概述

JavaScript 是由 Netscape 公司开发的一种基于对象（Object）和事件驱动（Event Driven）并具有安全性能的脚本语言，是一种解释性语言。JavaScript 程序是纯文本的，且不需要编译，所以任何纯文本的编辑器都可以编辑 JavaScript 文件。在 HTML 基础上，使用 JavaScript 可以开发交互式 Web 网页，能及时响应用户的操作，对提交表单做即时的检查，增加了网页的互动性，减少了网页下载时间。JavaScript 具有以下几个基本特点。

1. 脚本语言

JavaScript 是一种脚本语言，也是一种解释性语言，它不像这些语言一样，需要先编译，而是在程序运行过程中被逐行地解释执行。

2. 基于对象的语言

JavaScript 是一种基于对象的语言，它能运用自己已经创建的对象。因此，许多功能可以来自脚本环境中对象的方法与脚本的相互作用。

3. 简单性

JavaScript 是一种基于 Java 基本语句和控制流之上的简单而紧凑的设计，对于学习 Java 是一种非常好的过渡。其次它的变量类型是弱类型，并未使用严格的数据类型。

4. 安全性

JavaScript 不允许访问本地的硬盘，不能将数据存入到服务器上，也不允许对网络文档进行修改和删除，只能实现信息浏览或动态交互。从而有效地防止数据的丢失。

5. 动态性

JavaScript 是动态的，它可以直接对用户或客户输入做出响应，无须经过 Web 服务程序。它对用户的反映响应，是采用以事件驱动的方式进行的。

6. 跨平台性

JavaScript 是依赖于浏览器本身，与操作环境无关，只要能运行浏览器的计算机，并支持 JavaScript 的浏览器就可正确执行。

2.4.2　JavaScript 的事件驱动

JavaScript 的事件驱动机制可以改变浏览器响应用户操作的方式，开发出交互性强的动态网页。其中，事件是指在主页中执行某种操作所产生的动作，比如按下鼠标、移动窗口、选择菜单等都可以视为事件。所谓事件驱动是指当事件发生后，引起的相应的事件响应过程，这一响应过程通常与函数配合使用，可以通过发生的事件来驱动函数执行。浏览器在程序运行的大部分时间都在等待交互事件的发生，并在事件发生时，自动调用事件处理函数，完成事件处理过程。JavaScript 中常用的事件主要有以下几个。

1. onClick：鼠标单击事件

当用户单击鼠标按钮时，产生 onClick 事件。同时，onClick 指定的事件处理程序或代码将被调用执行。onClick 事件通常在下列基本对象中产生：button（按钮对象）、checkbox（复选框）或（检查列表框）、radio（单选钮）、reset buttons（重置按钮）、submit buttons（提交按钮）等。例如，可通过按按钮触发 onClick 事件。

```
< form >
< input type = "button" value = "按钮" onClick = "change()" >
< /form >
```

说明：在"onClick"后，可以使用自己编写的函数作为事件处理程序，也可以使用 JavaScript 中内部的函数，还可以直接使用 JavaScript 的代码等。例如：

```
< Input type = "button" value = "按钮" onClick = "alert(这是一个例子)" >
```

2. onChange：改变事件

当利用 text 或 texturea 元素输入字符值改变时引发该事件，同时，当在 select 表格项中一个选项状态改变后也会引发该事件。

3. onSelect：选中事件

当 Text 或 Textarea 对象中的文字被加亮后引发。

4. onFocus：获得焦点事件

当用户单击 Text 或 textarea 以及 select 对象时引发。此时该对象成为前台对象。

5. onBlur：失去焦点事件

当 text 对象或 textarea 对象以及 select 对象不再拥有焦点、而退到后台时引发，与 onFocus 事件对应。

6. onLoad：载入文件事件

当文档载入时，产生该事件。onLoad 常用于在首次载入一个文档时检测 cookie 的值，并用一个变量为其赋值，使它可以被源代码使用。

7. onUnload：卸载文件事件

当 Web 页面退出时引发，可用于更新 cookie 的状态。

2.4.3　JavaScript 的对象

JavaScript 是一门基于对象的语言，它可以根据需要创建自己的对象，从而进一步扩大 JavaScript 的应用范围，编写出功能强大的网页。在 JavaScript 中可以使用的对象如下。

（1）浏览器对象——由浏览器根据网页内容自动提供的对象，如窗口（window）、框架（frame）、文档（document）、表单（forms）等。

（2）内置对象——JavaScript 预定义的内部对象，如日期（Date）、数学（Math）、串（String）、数组（Array）等。

（3）服务器对象——服务器上固有的对象，即 LiveWire 对象框架，包括请求（request）、客户机（client）、项目（project）和服务器（server）。

（4）自定义对象——用户按问题需要，自己定义的对象。

JavaScript 中的对象是由属性（properties）和方法（methods）两个基本元素构成，在访问时可以使用"."运算符实现。在 JavaScript 中对于对象属性与方法的引用，有两种情况：其一是该对象是静态对象，即在引用该对象的属性或方法时不需要为它创建实例；而另一种对象则在引用它的对象或方法时必须为它创建一个实例，即动态对象。下面给出了一些在 JavaScript 编程中常用对象的说明。

1. 浏览器对象

1）Window 对象

说明：Window 对象是 HTML 文档的所有其他对象的祖先对象，是浏览器的窗口和窗口属性的集合，其方法可以在脚本中直接使用，即可以省略"Window."。

常用属性如下。

（1）location 属性：使浏览器转到指定的 URL。

（2）status 属性：在浏览器底部的状态条中显示指定的信息。

（3）open 和 close：开、关一个浏览器窗口；可以定义大小、内容、按钮条、定位区域和其他一些属性。

（4）alert：显示带警告信息的对话框。

（5）confirm：显示带 OK 和 Cancel 按钮的确认对话框。

（6）prompt：显示带一个输入文本框的提示对话框。

（7）blur 和 focus：在一个窗口中设置和移去输入焦点。

（8）scroll：使窗口卷动到指定的坐标。

（9）setTimeout：在指定的时间后对一表达式求值。

2）Document 对象

说明：Document 对象是所有 Anchor、Applet、Area、Form、Image、Link、Plugin 等对象的祖先对象。

常用属性如下。

（1）颜色：bgColor（背景色）、fgColor（前景色）、ainkColor/alinkColor/vlinkCol or（链接色）。

（2）lastModified：文档的最近修改日期。

（3）referrer：先前访问的 URL。

（4）URL：当前文档的 URL。

（5）cookie：读出和设置 cookie 的值。

常用方法如下。

（1）write：将表达式的值写入文档。

（2）writeln：将表达式的值写入文档，并在后加上一个换行符。

（3）clear()：清除窗口中的文档内容。

（4）getSelection()：返回用户当前选中的文本串。

访问 HTML 文档中元素的方法如下。

（1）使用元素名，如 document. frmloginform。

（2）使用对象数组，包括以下两个方法。

➤ 利用序号：如 document. forms ［0］. selects ［0］。

➤ 利用元素名：如 document. forms ［colorForm］. selects ［fgcolor］。

说明：以上对象均为静态对象，可以直接引用。

2. 内部对象

1）String 对象

说明：String 对象为动态对象，需要创建实例引用。

创建实例：var String 对象变量名 = new String（"初值串"）;

　　　　　例如，var str = new String（"hello"）;

常用属性：length：长度，即串的字符数。

常用方法如下。

（1）anchor（nameAttribute）：设置锚名，似 HTML 中带 name 属性的 a 元素。

（2）link（hrefAttribute）：设置链接，似 HTML 中带 href 属性的 a 元素。

（3）toLowerCase/toUpperCase()：小/大写转换。

（4）indexOf（searchValue ［, fromIndex］）：字符搜索，从指定 formIndtx 位置开始搜索 charactor 第一次出现的位置。

（5）substr（start ［, length］）：返回对象串中从位置 start 开始（长度为 length）的子串。

（6）其他：big() 大字体显示，Italics() 斜体字显示，bold() 粗体字显示，blink() 字符闪烁显示，small() 小体字显示，fontsize（size）控制字体大小等。

2）Math 对象

说明：其为静态对象，直接引用。

常用属性如下。

（1）E：欧拉常数。

（2）LN10：以 10 为底的自然对数。

（3）LN2：以 2 为底的自然对数。

（4）PI：圆周率。

（5）SQRT1 - 2：1/2 的平方根。

（6）SQRT2：2 的平方根。

常用方法如下。

（1）abs()：绝对值。

（2）sin( ) /cos( )：正/余弦。

（3）asin( ) / acos( )：反正/余弦。

（4）tan( ) /atan( )：正/反切。

（5）round( )：四舍五入。

（6）sqrt( )：平方根。

3）Date 对象

说明：其为动态对象，需要创建实例引用（静态方法除外）。

创建实例：var Date 对象名称 = new Date( )；

常用方法如下。

（1）获取日期和时间的方法如下。getYear( )：返回年数；getMonth( )：返回当月号数；getDate( )：返回当日号数；getDay( )：返回星期几；getHours( )：返回小时数；getMintes( )：返回分钟数；getSeconds( )：返回秒数；getTime( )：返回毫秒数。

（2）设置日期和时间的方法如下。setYear( )：设置年；setDate( )：设置日；setMonth ( )：设置月；setDay( )：设置星期；setHours( )：设置小时；setMintes( )：设置分钟；set-Seconds( )：设置秒；setTime( )：设置毫秒。

4）Array 对象

说明：Array 对象即数组对象，用于长度可伸缩的动态一维数组，索引从 0 开始。同一数组的元素可为不同数据类型，数组元素本身也可以是另一个数组。Array 对象为动态对象，需要创建实例引用。

创建实例如下。

```
（1）Array 对象名称 = new Array( );                 //数组长度不固定，即动态数组
（2）Array 对象名称 = new Array(size);            //参数 size 为数组元素个数
（3）Array 对象名称 = new Array(element0, element1, ..., elementn);
                                            //参数 element ..., elementn
```

用于为新创建的数组的元素进行赋值。数组长度为设置的参数个数。

2.4.4　在 HTMH 中使用 JavaScript

1. JavaScript 的定义

JavaScript 可以放在 HTML 的任意位置，只要使用标签 < script >... </script > 即可在 HTML 文档的任意地方插入 JavaScript。不过如果要在声明框架的网页中插入，必须放在 < frameset >标签之前，否则不会运行。其基本格式如下。

```
< script language = "JavaScript" >
<! - -
function 函数名([参数表]){语句序列 return 表达式;}
   ⋮
//- - >
< /script >
```

说明：第二行和第四行注释标签的作用是让不支持 < script > 标签的浏览器忽略 JavaScript 代码。第四行前边的双反斜杠“//”是 JavaScript 里的注释标号。

另外一种插入 JavaScript 的方法，是把 JavaScript 代码写到另一个文件当中（该文件通常以“.js”作扩展名），然后用格式为“ < script src = “java script. js” > </script >”的标签把它嵌入到文档中。

2. JavaScript 的使用

在使用 JavaScript 时，只需要在 HTML 文档中支持内部事件属性组的元素标签中，将 JavaScirpt 中定义的函数作为事件响应属性的属性值来调用即可。

调用形式：事件响应属性 = "函数名（[参数表]）"

例如，< input type = "button" value = "按钮" onClick = "change( )" >

注意：即使函数没有输入参数，在调用时函数名后的圆括号也不能省略。

3. JavaScript 的语法

大多数 JavaScript 的基本语法都与 C/C++/Java/C# 相似，但也有一些不同之处，下面进行一些说明。

（1）数据类型：JavaScript 中数值类型不分整数与实数，对象类型包括了内置对象、浏览器对象、服务器对象和自定义对象等，无字符与指针等类型。

（2）变量：JavaScript 的变量不需要预先定义，也无类型限制，而且在任意类型之间都可以互相转换（以表达式最左项的类型为准），但是必须先赋值后使用。

语法：var 变量名 [= 初值]［, … ］；

（3）运算符：由于任意类型之间可以相互转换，因此新增两个比较操作符：

➢ === （三个等号）：只有在两边类型一致，且值也相等时，才为 true。

➢ !== （一个感叹号两个等号）：在类型不同或类型相同但值不等时，都为 true。

（4）语句：

➢ 循环语句中新增 for – in 语句：for（变量 in 对象或数组）{…}。

➢ 函数定义语句必须使用 function 关键字，且函数无返回值类型，由 return 语句中的表达式决定返回值类型。

语法：function 函数名（[参数表]）{语句序列 return 表达式；}

➢ this 指示的是当前对象，而不是指针。

➢ with 用来指定默认对象。

语法：with（对象名）{语句序列}

说明：在其中的语句序列中，可以省略对象名及句点，而直接使用默认对象的属性和方法。

2.4.5 案例四：使用 JavaScript 进行表单验证

【案例功能】制作一个登录页面，对提交的表单进行有效性验证。

【案例目标】掌握 JavaScirpt 的用法及使用技巧。

【案例要点】JavaScirpt 编程方法，JavaScirpt 在 HTML 中的引入方法。

案例视频扫一扫

【案例步骤】

（1）在 ch02 目录下编写 test4. html。

【源码】test4. html

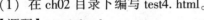

```
1   <html > <head >
2   < SCRIPT Language = "javascript" >
3   <! - -
4     function isValid()
5   { if(frmLogin.id.value == "")
6       { window.alert("您必须完成账号的输入!");
```

7	document.frmLogin.elements(0).focus();
8	return false;}
9	if(frmLogin.password.value == "")
10	{ window.alert("您必须完成密码的输入!");
11	document.frmLogin.elements(1).focus();
12	return false; }
13	frmLogin.submit(); }
14	- - >
15	< /SCRIPT >
16	<title>表单验证页面< /title > < /head >
17	< body > < form name = "frmLogin" >
18	< table width = "200" height = "100" border =1 align = "center" bgcolor =
19	yellow >
20	< tr > < td align = "right" >用户< /td >
21	< td align = "left" > < input name = "id" type = "text" maxlength = "20" > < /td >
22	< /tr >
23	< tr > < td align = "right" >密码< /td >
24	< td > < input name = "password" type = "password" maxlength = "8" > < /td >
25	< /tr >
26	< tr > < td colspan = "2" align = "center" >
27	< input type = "submit" name = "Submit" value = "登录" onclick = "isValid
28	()" > < /td >
29	< /tr > < /table > < /form > < /body >

【代码说明】

• 第 2 ~ 15 行：JavaScirpt 代码，定义了函数 isValid 用来验证用户、密码文本框是否为空，若用户文本框为空则弹出警告对话框，显示"您必须完成账户的输入!"，若密码文本框为空则弹出警告对话框，显示"您必须完成密码的输入!"

• 第 17 ~ 29 行：定义表单域，用于输入用户和密码。

• 第 27 行：定义 JavaScirpt 触发事件，当单击"登录"按钮时调用 isValid 处理。

（2）页面运行效果如图 2 - 4、图 2 - 5 所示。

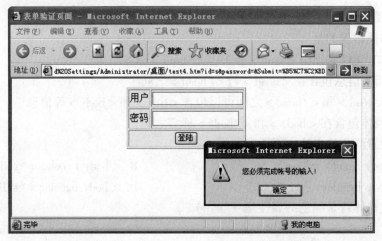

图 2 - 4 test4. html 页面未输入用户的运行效果

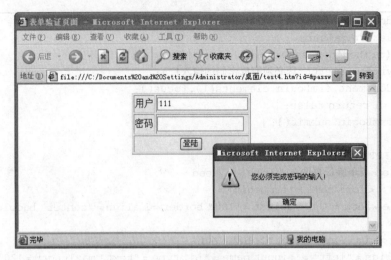

图 2 - 5　　test4. html 页面未输入密码的运行效果

2.5　上机实训

1. 实训目的

（1）掌握运用 HTML 语言编写网页的方法。

（2）掌握 JavaScirpt 的编程技巧。

（3）掌握 CSS 样式表进行页面布局的方法。

2. 实训内容

（1）设计出学生课绩管理系统的主要页面。

（2）在页面实现用户输入验证、日期时间显示等交互功能。

2.6　本章习题

一、选择题

1. 下面描述错误的是（　　　）。

　　A. HTML 文件必须由 < html > 开头， < /html > 标签结束

　　B. 文档头信息包含在 < head > 与 < /head > 之间

　　C. 在 < head > 和 < /head > 之间可以包含 < title > 和 < body > 等信息

　　D. 文档体包含在 < body > 和 < /body > 标签之间

2. 下列设置颜色的方法中不正确的是（　　　）。

　　A. < body bgcolor = "red" >　　　　　　　　　B. < body bgcolor = "yellow" >

　　C. < body bgcolor = "#FF0000" >　　　　　　　D. < body bgcolor = "#HH00FF" >

3. 设置文档体背景颜色的属性是（　　　）。

　　A. text　　　　　　　　B. bgcolor　　　　　　　C. background　　　D. link

4. < title > < /title > 标签在 < head > < /head > 标签之间， < title > < /title > 标签之间的
　　内容将显示到（　　　）。

  A. 浏览器的页面上部   B. 浏览器的标题栏上

  C. 浏览器的状态栏中   D. 浏览器的页面下部

5. (　　) 是标题标签。

  A. < p > 标签   B. < br > 标签   C. < hr > 标签   D. < hn > 标签

6. < p align = "段落对齐方式" > 标签中，align 属性为段落文字的对齐方式，不能取的值为 (　　)。

  A. Left   B. Right   C. Center   D. width

7. < font > </font > 标签中默认的中文字体是 (　　)。

  A. "隶书"   B. "幼圆"   C. "楷体"   D. "宋体"

8. 表示粗体加斜体的标签是 (　　)。

  A. < B > 字体 </B >   B. < I > 字体 </I >

  C. < B > < I > 字体 </I > </B >   D. < U > 字体 </U >

9. 超级链接是互联网的灵魂，下面哪个是正确的链接标签 (　　)。

  A. < a href = "http：//www. sina. com" " title = "新浪网" > 新浪网 </a >

  B. < a target = "http：//www. sina. com" " title = "新浪网" > 新浪网 </a >

  C. < a href = "新浪网" title = "新浪网" > http：//www. sina. com </a >

  D. < a target = "新浪网" title = "新浪网" > http：//www. sina. com </a >

10. 表格在网页中应用非常广泛，常用于网页的布局排版，下面哪些不是表格的标签 (　　)。

  A. < tables >   B. < tr >   C. < td >   D. < th >

11. 下列哪个属性为单元格向右打通的列数，用于合并单元格 (　　)。

  A. rowspan   B. colspan   C. height   D. width

12. 下列哪个属性为单元格向下打通的行数，用于合并单元格 (　　)。

  A. rowspan   B. colspan   C. height   D. width

13. CSS 样式按照代码放置的位置不同可以划分为 3 种 CSS 样式，下列哪个不是 CSS 的样式 (　　)。

  A. 嵌入样式   B. 内联样式

  C. 文件样式   D. 外联样式

14. CSS 选择器通过被规则指定的标签，对文档中使用该标签的内容进行统一的外观控制。下面哪些不是 CSS 选择器 (　　)。

  A. 标签选择器   B. 类型选择器   C. ID 选择器   D. 名称选择器

15. 下列 (　　) 不是 JavaScript 的常用内部对象。

  A. String   B. Math   C. Document   D. Date

16. 以下有关表单的说明中，错误的是 (　　)。

  A. 表单通常用于搜集用户信息

  B. 在 form 标签中使用 action 属性指定表单处理程序的位置

  C. 表单中只能包含表单控件，而不能包含其他诸如图片之类的内容

  D. 在 form 标签中使用 method 属性指定提交表单数据的方法

17. JavaScript 包括在 HTML 中，它成为 HTML 文档的一部分，可将标识放入 (　　)。

    A. 只能在 Head... /Head 之间

    B. 只能在 Body... /Body 之间

    C. 既可放入 Head... /Head 之间，也可放入 Body... /Body 之间

    D. 只能在 div... /div 之间

18. 下列（　　）是 JavaScript 的单击事件。

    A. onload　　　　　　　　B. onclick　　　　　　C. onfocus </p>　　D. onselect </p>

19. 通过表单发送数据，在发送机密用户名和密码、信用卡号或其他机密信息时，传递信息不安全，最好使用（　　）。

    A. GET 方法　　　　　　　　　　　　B. POST 方法

    C. 默认方法　　　　　　　　　　　　D. FTP 方法 </p>

20. 下面关于调用 JavaScript 函数的说法正确的是（　　）。

    A. JavaScript 函数不可以是 Dreamweaver 中内嵌

    B. JavaScript 函数不可以自己手动编写定义

    C. 可以通过用户单击鼠标和其他的事件，来执行任何的 JavaScript 函数

    D. 以上说法都错

二、判断题

1. HTML 称为超文本元素语言，它是 Hypertext Marked Language 的缩写。　　　　（　　）

2. 一个 HTML 文档必须有 <head> 和 <title> 元素。　　　　　　　　　　　　（　　）

3. 超级链接不仅可以将文本作为链接对象，也可以将图像作为链接对象。　　　（　　）

4. 表单域一定要放在 <form> 元素中。　　　　　　　　　　　　　　　　　　（　　）

5. 当样式定义重复出现的时候，最先定义的样式起作用。　　　　　　　　　　（　　）

三、填空题

1. HTML 文档的开头和结束元素为_____。

2. 一个 HTML 文档由_____、文档头和文档体 3 部分组成。

3. HTML 文件是_____文件格式，可以用文本编辑器进行编辑制作。

4. 将一个图像作为一个超级链接，用到了_____标签。

5. input 表单域表示一个文本框时，它的 type 属性应该赋值为_____。

6. 超级链接标签 <a> 的 href 属性取值为_____。

四、思考题

1. 什么是 CSS？与 HTML 是什么关系。

2. 什么是 CSS 的选择器，包括哪几种类型？

3. DIV + CSS 的页面布局的工作流程是什么？

第3章　JSP 语法基础

【学习要点】

- JSP 页面基本结构
- JSP 注释
- JSP 脚本元素
- JSP 指令元素
- JSP 标准动作元素

3.1　JSP 页面基本结构

这里先介绍一下 JSP 的基本语法结构。JSP 页面程序是在传统的静态页面程序中加入用 Java 描写的动态页面处理部分。一个 JSP 页面程序数据由两部分内容构成，元素数据（Element Data）和固定模板数据（Template Data）。其中，元素数据是指被 JSP 引擎所解释的元素类型的实例。除元素数据之外的任何数据都是固定模板数据，即 JSP 引擎无法解读的内容都是固定模板数据，JSP 的固定模板数据通常指 HTML 及 XML 标记符的数据，这部分数据不被 JSP 引擎解释，通常原封不动地返回客户端浏览器，或由指定的组件处理。

3.1.1　案例一：元素（Elements）与模板数据（Template Data）

【案例功能】向客户端输出"Hello World"。

【案例目标】掌握 JSP 页面基本结构。

【案例要点】元素与模板数据的区别及应用。

【案例步骤】

（1）编写 FirstJsp. jsp 源代码文件。

【源码】FirstJsp. jsp

案例视频扫一扫

```
1   <% @ page contentType = "text/html;charset = GB2312" % >
2   <html >
3      <head >
4         <title >CH3 - helloworld.jsp </title >
5      </head >
6      <body >
7         <% out.println("Helloworld,JSP!");% >
8      </body >
9   </html >
```

【代码说明】

- 第 1 行：JSP 指令元素，page 指令用于定义与整个 JSP 页面相关的属性，对整个页面有效。
- 第 7 行：JSP 脚本元素，向客户端输出"Hello World"。

● 其他各行：JSP 模板数据，提供一些必要的 HTML 标记语言。

（2）启动 Tomcat 服务器后，运行结果如图 3 – 1 所示。

图 3 – 1　FirstJsp. jsp 运行结果

3.1.2　JSP 元素

JSP 的元素类型有 3 种：脚本元素、指令元素和标准操作元素。

其中 JSP 脚本元素包括声明、表达式和 Java 程序语句，书写在标签“<%”和“%>”之间。3 个部分共同作用完成一个 JSP 页面。在此值得注意的是，JSP 元素的命名对大小写敏感。

下面对 JSP 元素分别一一详细介绍。

3.2　JSP 注释

3.2.1　JSP 注释概述

JSP 注释是程序员写入 JSP 的、不影响运行结果的程序注解。它的目的一般在于对程序元素的功能进行说明。注解必须使用特殊的标记以区别于 HTML 模板和元素。

3.2.2　JSP 注释分类

JSP 提供了两类注释的方法：一类注释是对 JSP 网页自身的注释；另一类注释是会出现在发送给客户的生成网页中的注释。

1. JSP 网页自身注释

JSP 网页自身注释又称隐藏式注释，它是对 JSP 程序进行的注释，服务器不会把它发送到客户端，对客户而言，是看不见即隐藏的。其语法格式如下。

```
< % – – comment – – % > 或者 < % / * * this is a comment * * /% >
```

2. 客户端可以看到的批注

生成发送到客户端的注释又称“嵌入式注释”，一般采用 HTML 及 XML 的语法格式。

```
<! – – comment – –>
```

JSP 引擎对此类注释不做任何解释，而直接将其返回给客户端的浏览器，其结果是会在客户端页面中显示的注释；同时，客户在查看源代码时可以看到这条注释。

但需要注意的是，在这种注释中可以出现动态数据，这是与一般 HTML 注释最大的不同之处。注释中的动态数据是通过表达式（expression）来表示的，其语法格式如下。

```
<! – –注释 < % = expression % >注释 – –>
```

举例如下。

<!－－现在时间为：<% =(new java.util.Date()).toLocaleString()% > -->

在客户端的 HTML 源文件中显示如下。

<!－－现在时间为:January 1, 2010 -->

3.2.3　案例二：注释

【案例功能】看到两种注释不同的效果。

【案例目标】掌握 JSP 注释的使用方法。

案例视频扫一扫

【案例要点】页面中指定表单元素名称、Servlet 根据名称读取表单元素、Servlet 把读取的表单元素值输出到客户端。

【案例步骤】

(1) 编写源代码 comment. jsp。

【源码】comment. jsp

```
1   < % @  page contentType = "text ∕html;charset = GB2312 " % >
2   < % @  page language = "java" % >
3   <!－－可以在客户端源代码中看到 < % out.println( "Hello world! " );% > － － >
4   < html >
5       < head >
6           < title >CH3 - A Comment Test < ∕title >
7       < ∕head >
8       < body >
9           < h2 >A Test of Comments < ∕h2 >
10          < % － － 这个注释不会显示在客户端 － － % >
11      < ∕body >
12  < ∕html >
```

【代码说明】

● 第 1、第 2 行：JSP 指令元素，page 指令用于定义与整个 JSP 页面相关的属性，对整个页面有效。

● 第 3 行：JSP 注释，客户端可以看到的嵌入式注释。

● 第 10 行：JSP 注释，隐藏式注释。

● 其他各行：JSP 模板数据，提供一些必要的 HTML 标记语言。

(2) 启动 Tomcat 服务器后，运行结果如图 3 - 2 所示。

(3) 在客户端的浏览器中查看源代码，结果如图 3 - 3 所示。

图 3 - 2　comment. jsp 运行结果　　　　　　图 3 - 3　comment. jsp 的源代码

说明：从上述结果中可以看出，所谓的客户端可以看到的注释其实在运行页面中是同样不可见的，只是在客户端运行结果中查看源代码可以看到。

3.3　JSP 脚本元素

JSP 的脚本元素是用来在 JSP 中包含脚本代码，以"< %"开始并以"% >"结束，通常是 Java 代码，它允许声明变量和方法，包含任意脚本代码和对表达式的求值。在 JSP 中的脚本元素包括：声明、表达式和程序代码段（Scriptlet）。

3.3.1　JSP 声明元素

声明是用来声明在 JSP 网页程序中将会用到的变量和方法。在 JSP 中使用这些变量和方法前，必须事先声明。声明语句必须符合指定脚本语言（Java）的语法规范。声明的语法格式如下。

$$< \% \ ! \ Declaration(s)\% >$$

一次可以声明一个或多个变量和方法，变量在声明时可以设置初始值。声明的内容会插入最终生成的 Servlets 中，但不会产生任何传送到客户端的数据。

3.3.2　案例三：求两数之和

【案例功能】向客户端输出两个数之和。
【案例目标】掌握 JSP 如何声明元素。
【案例要点】声明元素。
【案例步骤】
（1）编写 declare. jsp 源代码文件。
【源码】declare. jsp

案例视频扫一扫

```
1    < % @ page contentType = "text /html;charset = GB2312 " % >
2    < html >
3    < head >
4    < title > Declaration Elements < /title >
5    < /head >
6    < body >
7    < % - - 声明一个整型变量 i - -% >
8    < % ! int i;% >
9    < % - - 声明两个整型变量,其中 m 初始值为2,n 初始值为 4 -% >
10   < % ! int m = 2,n = 4;% >
11   < % - - 声明一个 Add 方法 - -% >
12   < % !
13       public void Add( )
14           {
15                 i = m + n;
16           }
17   % >
```

```
18   < % - - 声明一个字符串变量 s,其初始值为"the sum is:" - -% >
19   < % ! String s = "the sum is: ";% >
20   < P > < % = s % > < % = i % > < /p >
21   < /body >
22   < /html >
```

【代码说明】

- 第 1 行：JSP 指令元素，page 指令用于定义与整个 JSP 页面相关的属性，对整个页面有效。
- 第 7、第 9、第 11、第 18 行：JSP 注释。
- 第 8、第 10 行：JSP 声明，声明普通变量。
- 第 12 ~ 17 行：JSP 声明，声明方法（函数）。
- 其他各行：JSP 模板数据，提供一些必要的 HTML 标记语言。

（2）启动 Tomcat 服务器后，运行结果如图 3 - 4 所示。

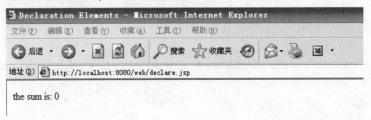

图 3 - 4　declare. jsp 的运行结果

说明：声明所定义变量或方法是指页面级的变量和方法，即声明内容的作用域是在一个 JSP 页面中有效。但对于声明方法内部定义的变量，则是仅供方法内部使用，当方法被调用，方法内部变量被分配内存，调用结束时即释放所占用内存。

JSP 引擎将 JSP 页面编译为 Java 文件时，页面级的变量作为类的成员变量，这些变量的内存空间将在服务器关闭后才会被释放。当多个用户请求一个 JSP 页面时，JSP 引擎为每个用户都启动一个线程，这些线程将共享 JSP 的页面级变量，所以 JSP 的页面级变量是所有用户的共享变量。下面的例子利用页面级变量被所有用户共享的特性，实现一个简单的网上投票功能。

3.3.3　案例四：用 synchronized 块来操作页面级变量

【案例功能】在线投票页面。

【案例目标】掌握多用户共享页面级变量。

【案例要点】synchronized 关键字。

【案例步骤】

（1）编写 declare2. jsp 源代码文件。

【源码】declare2. jsp

案例视频扫一扫

```
1   < % @ page contentType = "text /html; charset = GB2312 " % >
2   < html >
3   < head >
```

```
4   <title>无标题文档</title>
5   </head>
6   <body>
7   <%! int vote[] = new int[3];%>
8   <%
9       String cost = request.getParameter("cost");
10      synchronized(vote){
11          if(cost! = null){
12              if(cost.compareTo("0") == 0)
13              vote[0] ++;
14          if(cost.compareTo("1") == 0)
15              vote[1] ++;
16          if(cost.compareTo("2") == 0)
17              vote[2] ++;
18          }
19      }
20  %>
21  投票结果:<br />
22  候选人 A:<% =vote[0]%><br>候选人 B:<% =vote[1]%><br>候选人 C:<% =vote[2]%><br>
23  </body>
24  <form method = "get" action = "declare2.jsp">
25      <p>投票</p>
26      <input type = "radio" value = "0" checked name = "cost"> 候选人 A<br>
27      <input type = "radio" value = "1" name = "cost"> 候选人 B<br>
28      <input type = "radio" value = "2" name = "cost"> 候选人 C<br>
29      <input type = "submit" value = "投票" name = "b1"
30      </form>
31  </html>
```

【代码说明】

• 第 1 行：JSP 指令元素，page 指令用于定义与整个 JSP 页面相关的属性，对整个页面有效。

• 第 7 行：声明一个整型数组。

• 第 9 行：取表单中单选按钮的值。

• 第 10 行：用 synchronized 块操作变量。

• 第 11～17 行：对表单中单选按钮的值进行判断，并根据该值来处理各候选人得票的数目。

• 第 22 行：输出各候选人的票数。

• 第 24～30 行：在页面中插入表单，并在表单内加入单选按钮和提交命令按钮，单击命令按钮，交给页面本身去处理。

• 其他各行：JSP 模板数据，提供一些必要的 HTML 标记语言或者是在页面中显示一些必要的文字提示。

（2）启动 Tomcat 服务器后，运行结果如图 3-5 所示。

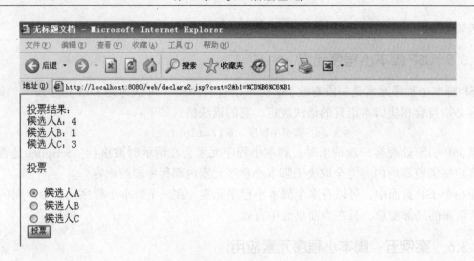

图 3 – 5　declare2. jsp 的运行结果

说明：在这个程序中，定义了一个页面级数组变量 vote，每个数组元素表示一个候选人的选票。只要 Tomcat 服务器不重启，多次打开 IE 调用这个 JSP 页面，可以观察到 vote 数组在连续统计投票结果。

在处理多线程程序时，还要注意当多个线程同时访问一个共享变量时，若不加控制会发生混乱，Java 语言为处理多个线程同步提供了 synchronized 块的方法，当一个线程用 synchronized 块操作一个页面级变量时，其他线程必须等待。在本例中，当一个用户投票修改 vote 的值时，其他用户需要等待，这样就可以避免多个用户同时投票时产生的混乱。

3.3.4　JSP 表达式元素

在 JSP 页面中，一个表达式元素（Expression）在被 JSP 引擎执行后会被自动转化为字符串，然后显示出来。

Expressions 标签是以 "<% ="为起始，以 "% >"为结尾，其中间内容包含一段合法的 Java 表达式，如下。

```
<% = expression % >
```

例如：

```
< font color = "blue" > <% = getName()% > < /font >
<% =(new java.util.Date())% >
```

使用表达式的注意事项如下。

（1）不能使用分号 "；"来作为表达式的结束符号，如下：

```
<% =(new java.util.Date()).toLocaleString(); % >
```

该表述是错误的。同样的表达式，用在 Scriptlet（脚本元素）中就需要以分号来结尾。

（2）我们可以通过查看 JSP 转义生成的 Servlet 源程序，来了解 JSP 容器是如何处理 "<% = % >"的，例如，JSP 代码

```
<% =(new java.util.Date())% >
```

在生成的 Servlet 源文件中，将会以下面的形式出现在_ jspService 方法中：

```
out.println(new java.util.Date());
```

由此可见，JSP 容器对表达式元素的处理是非常简单的，它所做的工作只是在 JSP 表达

式外包装了 out. println( ) 方法。

3.3.5　JSP 脚本小程序元素

JSP 脚本小程序元素是一段有效 JSP 脚本语言程序段（可认为是 Java 程序段），该程序段内容必须符合相应脚本语言的语法规定。它的语法格式如下：

<% JSP 脚本小程序元素(Scriptlet)% >

当 JSP 引擎处理客户端请求时，脚本小程序元素会在请示时被执行。Scriptlet 是否有输出到客户端浏览器的内容完全取决于脚本小程序元素内部程序段的内容。

在一个 JSP 页面中，可以有多个脚本小程序元素。在一个脚本小程序元素中声明的变量是 JSP 页面的局部变量，只在当前页面中有效。

3.3.6　案例五：脚本小程序元素应用

【案例功能】统计访问网站的人数。

【案例目标】掌握 JSP 脚本元素中变量的特性。

【案例要点】JSP 声明元素和脚本元素中都可以定义变量，但二者中定义的变量作用域是有区别的。

案例视频扫一扫

【案例步骤】

（1）编写源代码 scriptlet. jsp。

【源码】scriptlet. jsp

```
1  < % @ page contentType = "text /html;charset = GBK" % >
2  < % int i = 0; % >
3  < %
4      i + +;
5      out.print(i);
6  % >
7  个人访问本站
```

【代码说明】

● 第 1 行：JSP 指令元素，page 指令用于定义与整个 JSP 页面相关的属性，对整个页面有效。

● 第 2 行：在一段脚本小程序元素中定义变量 i。

● 第 3～6 行：另一段脚本小程序元素，对变量 i 进行处理并输出。

（2）启动 Tomcat 服务器后，无论如何刷新，运行结果都如图 3-6 所示。

```
http://localhost:8080/web/scriptlet.jsp - Microsoft Internet Expl
文件(F)  编辑(E)  查看(V)  收藏(A)  工具(T)  帮助(H)

◀后退 ▾  ▸  ▾ ▸ 🏠  🔎搜索  ★收藏夹  ◉  🖉 ▾  🖨  📄 ▾
地址(D)  http://localhost:8080/web/scriptlet.jsp

1 个人访问本站
```

图 3-6　scriptlet. jsp 的运行结果

（3）如果把程序中第 2 行代码由"< % int i = 0; % >"改为"< % ! int i = 0; % >"，

则运行结果如图 3 – 7 所示。

图 3 – 7　修改之后的运行结果

随着页面的不断刷新操作，访问网站的人数也在递增。

在使用 JSP 脚本小程序元素时要注意以下几点。

（1）JSP 脚本小程序元素的内容必须符合指定脚本语言的语法规范，否则会出现错误。

（2）可以在 JSP 脚本小程序元素内定义变量、方法声明、使用表达式等。注意在变量声明和使用表达式时句末必须跟有 "；"。

（3）JSP 脚本小程序元素内的注释格式与 Java 中的注释格式一致。

3.4　JSP 指令元素

在 JSP 页面中，可以使用 JSP 指令指定网页的有关输出方式、引用包、加载文件等相关设置。JSP 指令包括 Page 指令、Include 指令和 Taglib 指令。指令并不会输出任何数据至客户端，且有效范围仅限于使用该指令的 JSP 网页。指令的语法如下。

<％ @ 指令名称 属性 1 = , 属性 2 = , . . . ％ >

3.4.1　page 指令元素

page 指令是针对当前页面的指令。page 指令由 "<％@" 和 "％>" 字符串构成的标记符来指定。在标记符中是代码体，包括指令的类型和值。例如："<％@ page import = "java. sql. * "％ >" 指令告诉 JSP 容器将 java. sql 包中的所有类都引入当前的 JSP 页面。

在一个 JSP 页面中可以使用多个 page 指令来指定属性及其值，但除 import 属性外，其他属性只能使用一次 page 指令为该属性设置值，即使设置的值相同也不行，例如，在一个 JSP 页面中出现下面语句是错误的。

<％ @ page language = "java"％ >

<％ @ page language = "java"％ >

使用 import 属性可以在 JSP 页面导入多个类包，也可以使用多个 page 指令，还可以在一个 page 指令中使用 "，" 为 import 属性赋多个值，例如，在一个 JSP 页面中引入：java. util. * , java. io. * , java. sql. * 3 个包。

％ @ page import = "java.util. * "％

％ @ page import = "java.io. * "％

％ @ page import = "java.sql. * "％

也可以写为如下形式。

<％ @ page import = "java.util. * ","java.io. * ","java.sql. * "％ >

对 page 指令的各个属性值解释见表 3 – 1。

表 3 - 1 page 指令的属性

属性	解释	默认值
language	定义要使用的脚本语言，目前只能为 Java	Java
extends	使用自定义类指定要扩展的类，只有在必要的时候才能这样做	默认可忽略的属性
import	在程序中导入一个或多个类/包，在同一页面，页面指令的属性只有 import 可以设置多次	JSP 默认 import 属性的值有：" java. lang. * " " java. servlet. * " " java. servlt. http. * " " java. servlet. jsp. * "
session	指定在一个 HTTP 会话中是否有该页面参与，取值为 true 或 false	true
buffer	指定到客户的输出流中的缓存的模式，取值为 none/8Kb/nKb	默认的 buffer 值不小于 8kb
autoFlash	设置缓冲区填满时是否进行缓冲自动刷新，值为 false 时，运行时会出现缓冲溢出异常报错	true
isThread-Safe	设置 JSP 页面是否支持多线程，值为 false 时限制每次只能有一个用户访问该页面	true
info	为 JSP 页面准备一个字符串，该字符串可由 servlet. getServletInfo() 方法获得	默认可忽略的属性
isErrorPage	用来设定当前的 JSP 页面是否可作为另一网页的错误处理页面，取值为 true 或 false	false
errorPge	用来设定当 JSP 页面出现异常（Exception）时，所要转向的页面	默认可忽略的属性
contentType	指定 JSP 字符的编码和 JSP 页面相应的 MIME 类型，格式为"MIME 类型：字符集类型"	" text/html charset = ISO – 8859 – 1"

contentType 一般有以下几个值：

（1）text/html：网页形式显示（默认值）。

（2）application/msword：word 文档形式显示。

（3）application/vnd. ms - excel：excel 表格形式显示。

（4）application/vnd. ms - powerpoint：powerpoint 演示文稿形式显示。

3.4.2 案例六：page 指令应用示例

【案例功能】以 excel 表格形式显示页面内容。

【案例目标】掌握 page 指令的用法。

【案例要点】JSP 指令元素中 contentType 属性应用。

【案例步骤】

（1）编写源代码 excel. jsp。

【源码】excel. jsp

案例视频扫一扫

```
1   <% @ page contentType = "application/vnd.ms – excel; charset = GBK" % >
2   <html >
3   <head >
4   <title >
5   page
```

```
6    < /title >
7    < /head >
8    < body bgcolor = "#ffffff" >
9    < h2 >Comparing Apples and Oranges < /h2 >
10   < table border = "1 " >
11       < tr > < th >Quarter < /th > < th >Apples < /th > < th >Oranges < /th > < /tr >
12       < tr > < td >First Quarter < /td > < td >2307 < /td > < td >3476 < /td > < /tr >
13       < tr > < td >Second Quarter < /td > < td >1453 < /td > < td >4132 < /td > < /tr >
14       < Tr > < td >Third Quarter < /td > < td >4892 < /td > < td >4332 < /td > < /tr >
15       < tr > < td >Forth Quarter < /td > < td >3402 < /td > < td >2543 < /td > < /tr >
16   < /table >
17   < /body >
18   < /html >
```

【代码说明】

- 第1行：JSP 指令元素，指定该网页内容以 excel 表格形式显示。
- 第8行：设置页面的背景颜色。
- 第9~16行：在页面中插入表格。
- 其他各行：JSP 模板数据，提供一些必要的 HTML 标记语言或者是在页面中显示一些必要的文字提示。

（2）启动 Tomcat 服务器后，运行结果如图 3 - 8 所示。

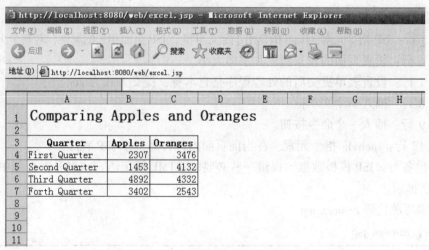

图 3 - 8　excel. jsp 的运行结果

3.4.3　include 指令元素

include 指令用来把另一个文件包含到当前的 JSP 页面中，这个文件可以是普通的文本文件，也可以是一个 JSP 页面。例如：" < % @ include file = " logo. htm" % >"。

这个包含的过程是静态的，而包含的文件可以是 JSP 网页、HTML 网页、文本文件，或是一段 Java 程序。采用 include 指令，可以实现 JSP 页面的模块化，使 JSP 的开发和维护变得非常简单。

3.4.4　案例七：include 指令元素操作示例

【案例功能】在文本框内输入一个数字，然后输出该数的阶乘。

【案例目标】掌握 include 指令的用法。

【案例要点】在一个 JSP 程序中包含了另一个 JSP 程序。

【案例步骤】

（1）编写源代码 include. jsp。

【源码】include. jsp

案例视频扫一扫

```
1   <% @ page contentType = "text/html; charset = gbk"% >
2   <html >
3   <head >
4   <title > include example < /title >
5   < /head >
6   < body bgcolor = "gray" > < font size = 3 >
7   < form action = "include.jsp" method = "get" >
8   < input type = "text" name = "n"  >
9   < input type = "submit" value = "确定"  >
10  < /form >
11  < /body >
12  <% @ include file = "answer.jsp"% >
13  < /html >
```

【代码说明】

- 第 1 行：JSP 指令元素，page 指令用于定义与整个 JSP 页面相关的属性，对整个页面有效。
- 第 6 行：设置页面的背景颜色和字体大小。
- 第 7 行：设置表单提交后的处理程序是它本身，提交方式为 get。
- 第 8 行：插入一个文本框。
- 第 9 行：插入一个命令按钮。
- 第 12 行：include 指令元素，在当前页面内包含另一个 JSP 程序。
- 其他各行：JSP 模板数据，提供一些必要的 HTML 标记语言或者是在页面中显示一些必要的文字提示。

（2）编写源代码 answer. jsp

【源码】answer. jsp

```
1   <%
2       String s = request.getParameter("n");
3       if(s ==null){
4           s = "1";
5           }
6       int n = Integer.parseInt(s);
7       double t =1;
8       for(int i =1;i < =n;i + +)
9           t =t * i;
10          out.print(n + "的阶乘为: < br > " +t);
11  % >
```

【代码说明】

- 第2行：将表单中文本框内的值取出来，赋给字符串变量 s。
- 第3~4行：判断文本框有没有输入数值，如果没有输入，赋初值为1。
- 第6行：将字符串变量 s 转换为整型数值，赋给变量 n。
- 第7~9行：用循环求出 n!，将结果存于双精度变量 t。
- 第10行：输出结果。

（3）启动 Tomcat 服务器后，运行结果如图 3 – 9 所示。

图 3 – 9   include. jsp 的运行结果

3.4.5   taglib 指令元素

标签数据库指令 taglib 用于定义一个标签库及自定义标签的前缀，其语法如下。

```
<% @ taglib url = "扩展标签的 URI" prefix = "扩展标签的前缀"% >
```

例如，定义标签库 pe4j – taglib 和前缀 pe4j 的代码如下。

```
<% @ taglib url = "/pe4j-taglib" prefix = " pe4j"% >
```

这样，在 HTML 中可以使用标签库 pe4j – taglib 中定义的标签，例如：

```
< pe4j:literal key = "Crop" subsystem = "SYS" />
< pe4j CORPCOMBO name = "CorpCombo" SELECTED VALUE = " < % = CorpID % > "
ONCHANGE = "fnc_OnCorpChange()" />
```

3.5   JSP 标准操作元素

动作控制标签是一种特殊的标签，用于执行一些标准常用的 JSP 网页动作，例如，网页转向、使用 JavaBean、设置 JavaBean 的属性等。

操作指令包括——jsp：include 指令、jsp：forward 指令、jsp：param 指令、jsp：useBean指令、jsp：setProperty 指令和 jsp：getProperty 指令等。

3.5.1   include 操作

jsp：include 标准动作用于在当前的 JSP 页面中加入静态和动态的资源。

语法格式如下。

```
< jsp:include page = "URL" >
```

```
<jsp:param NAME = "参数名称 1" VALUE = "值 1"/>
<jsp:param NAME = "参数名称 2" VALUE = "值 2"/>
  ⋮
</jsp:include>
```

jsp：include 指令必须以"/"结束，功能和 include 指令相同。

3.5.2 案例八：include 动作应用示例

【案例功能】用 include 动作完成页面的包含，并传递相应的参数。

【案例目标】掌握 include 动作的用法。

【案例要点】参数的传递以及与 include 指令的区别。

【案例步骤】

（1）编写源代码 include_ action. jsp。

【源码】include_ action. jsp

案例视频扫一扫

```
1   <% @ page contentType = "text/html; charset =GB2312" % >
2   <html >
3   <head >
4   <title >include 动作 </title >
5   </head >
6   <body bgcolor = "yellow > <font size =3" >
7   加载文件 welcome.jsp </font >
8   <jsp:include page = "welcome.jsp" >
9       <jsp:param name = "count" value = "3"/>
10  </jsp:include >
11  </body >
12  </html >
```

【代码说明】

• 第 1 行：JSP 指令元素，page 指令用于定义与整个 JSP 页面相关的属性，对整个页面有效。

• 第 6 行：设置页面的背景颜色和字体大小。

• 第 7 行：在网页上显示一行提示文字，并用上一行代码设置的字体样式。

• 第 8～10 行：用 include 动作包含另一个页面 welcome. jsp，并传递参数 count，其值为 3。

• 其他各行：JSP 模板数据，提供一些必要的 HTML 标记语言或者是在页面中显示一些必要的文字提示。

（2）编写源代码 welcome. jsp。

【源码】welcome. jsp

```
1   <% @ page contentType = "text/html; charset =GB2312" % >
2   <html >
3   <head >
4   <title >include 动作 </title >
5   </head >
6   <body >
```

```
7    < %
8        String s = request.getParameter("count");
9        int n = Integer.parseInt(s);
10       for(int i = 1;i < = n;i + +)
11           out.print(" < br >you are welcome!");
12   % >
13   < /body >
14   < /html >
```

【代码说明】

- 第 8 行：接收从 include_ action. jsp 传递过来的参数 count 的值，赋给字符串变量 s。
- 第 9 行：将字符串变量 s 转换为整型数值，赋给变量 n。
- 第 10 ~ 11 行：循环 count 次，在页面上显示"you are welcome!"。
- JSP 模板数据，提供一些必要的 HTML 标记语言或者是在页面中显示一些必要的文字提示。

（3）启动 Tomcat 服务器后，运行结果如图 3 – 10 所示。

（4）修改 include_ action. jsp 中第 9 行代码，将 value 值改为 5，运行结果如图 3 – 11 所示。

图 3 – 10　include_ action. jsp 的运行结果

图 3 – 11　修改后的运行结果

说明：include 指令和 include 动作都可以完成文件的包含，但是它们是有区别的。include 指令只能静态地插入文件，指令在编译时执行，即在编译的时候已经将需要插入文件中的内容插入当前网页中，生成 Java 文件；include 动作是动态地插入文件，在编译时，并不将需要插入的文件内容插入到当前网页中，操作在接收请求时执行。所以，使用 include 指令插入一个文件时，当插入文件改变时，需要重新编译当前网页，生成新的 Java 文件，否则当前网页将不会变化，而使用 include 动作则不存在重新编译的问题。

3.5.3　forward 操作

< jsp：forward >动作将客户端所发出来的请求从一个 JSP 网页转交给另一个 JSP 网页。forward 动作将会引起 Web 服务器的请求目标转发。转发的工作机制与重定向不同，这些工作都是在服务器端进行的，不会引起用户端的二次请求，因此其效率比重定向高。不过有一点要特别注意，< jsp：forward >标签之后的程序将不能执行。语法如下。

```
< jsp:forward page = URL >
< jsp:param name = "参数名称1" value = "值1" />
< jsp:param name = "参数名称2" value = "值2" />
< /jsp:forward >
```

与 include 动作相同，可以使用 jsp：param 设定转发的请求参数。取得参数时，方法为：
Request.getParameter("参数名称");

3.5.4 案例九：forward 动作应用示例

【案例功能】用 forward 动作完成页面的转向，并传递相应的参数。

【案例目标】掌握 forward 动作的用法。

【案例要点】转向后的执行。

【案例步骤】

（1）编写源代码 ForwardFrom. jsp。

【源码】ForwardFrom. jsp

案例视频扫一扫

```
1   <% @ page contentType = "text/html;charset = GBK" % >
2   < html >
3   < head >
4   < title >CH5 - ForwardFrom < /title >
5   < /head >
6   < body bgcolor = "#ffffff" >
7   < jsp:forward page = "ForwardTo.jsp" >
8   < jsp:param name = "username" value = "Scott" />
9   < /jsp:forward >
10  <% out.println("不会执行 !!!");% >
11  < /body >
12  < /html >
```

【代码说明】

● 第 1 行：JSP 指令元素，page 指令用于定义与整个 JSP 页面相关的属性，对整个页面有效。

● 第 6 行：设置页面的背景颜色。

● 第 7 行：forward 动作实现页面的转向，转到 ForwardTo. jsp。

● 第 8 行：传递参数 username，其值为 Scott。

● 第 10 行：原页面输出语句，应该不会显示。

● 其他各行：JSP 模板数据，提供一些必要的 HTML 标记语言或者是在页面中显示一些必要的文字提示。

（2）编写源代码 ForwardTo. jsp。

【源码】ForwardTo. jsp

```
1   <% @ page contentType = "text/html; charset = GBK" % >
2   < html >
3   < head >
4   < title >CH5 - ForwardTo < /title >
5   < /head >
6   < body bgcolor = "#ffffff" >
7   < h2 >
```

8	由 ForwardFrom.jsp 传递过来的参数为：<% = request.getParameter("username")% >
9	</h2>
10	</body>
11	</html>

【代码说明】

● 第 1 行：JSP 指令元素，page 指令用于定义与整个 JSP 页面相关的属性，对整个页面有效。

● 第 8 行：接收从 ForwardFrom.jsp 传递过来的参数 username 的值，并输出在页面。

● 其他各行：JSP 模板数据，提供一些必要的 HTML 标记语言或者是在页面中显示一些必要的文字提示。

（3）启动 Tomcat 服务器后，运行结果如图 3 - 12 所示。

由ForwardFrom.jsp传递过来的参数为：Scott

图 3 - 12　ForwardFrom.jsp 的运行结果

3.5.5　plugin 操作

该指令的作用是确保一个 Java 插件软件可用，可以在浏览器中播放或者显示一个对象（典型的就是 applet 和 bean），一般来说，< jsp：plugin > 元素会指定对象是 applet 还是 bean，同样也会指定 class 的名字及位置，另外还会指定从哪里下载这个插件。

< jsp：plugin > 元素的语法格式如下。

```
<jsp:plugin
Type = "bean |applet"
Code = "保存类的文件名称"
Codebase = "类路径"
[name = "对象名称"
[archive = "相关文件路径"
[align = "对齐方式"
[height = "高度"
[width = "宽度"
[hspace = "水平间距"
[vspace = "垂直间距"
[jreversion = "Java 环境版本"
[nspluginurl = "供 NC 使用的 plugin 加载位置"
[iepluginurl = " 供 IE 使用的 plugin 加载位置"
<jsp:params >
        <jsp:param name = "参数名称 1" value = "值 1"/>
        <jsp:param name = "参数名称 2" value = "值 2"/>
```

```
            ⋮
        </jsp:params>
      <jsp:fallback>错误信息</jsp:fallback>
    </jsp:plugin>
```

  <jsp：params>元素在启动的时候把参数名和值传递到 applet 或者是 bean 中，如果插件没有启动，<jsp：fallback>元素就为用户提供一个信息。如果插件已经启动，但是 applet 或者 bean 还没有启动，那么插件通常会弹出一个窗口，向用户说明产生的错误。

3.5.6　案例十：plugin 动作应用示例

  【案例功能】用 plugin 动作完成插件的使用。
  【案例目标】掌握 plugin 动作的用法。
  【案例要点】文件的路径。
  【案例步骤】

案例视频扫一扫

  （1）编写源代码 plugin. jsp。
  【源码】plugin. jsp

```
1   <% @ page contentType = "text/html; charset = GBK" % >
2   <html >
3   <head >
4   <title >插件例子</title >
5   </head >
6   <body >
7   <h3 >现在的时间是：</h3 >
8   <jsp:plugin type = "applet" code = "Clock.class"
9        codebase = "applet" >
10  <jsp:fallback >对象不被浏览器支持</jsp:fallback >
11  </jsp:plugin >
12      </body >
13  </html >
```

  【代码说明】
  ● 第 1 行：JSP 指令元素，page 指令用于定义与整个 JSP 页面相关的属性，对整个页面有效。
  ● 第 7 行：提示语句，并以 "h3" 字号显示。
  ● 第 8 ~ 第 9 行：用 plugin 动作插入一个 applet 程序，放在当前目录下一个名为 "applet" 的文件夹内，类文件名称为 "Clock"。
  ● 第 10 行：错误信息。
  ● 其他各行：JSP 模板数据，提供一些必要的 HTML 标记语言或者是在页面中显示一些必要的文字提示。
  （2）启动 Tomcat 服务器后，运行结果如图 3 - 13 所示。

图 3 – 13　plugin. jsp 的运行结果

3.5.7　useBean 操作

这个标签将用于定义 JSP 网页中要使用的 JavaBean 对象。这是一个非常有用的功能，它可以使用可重用的 Java 类而不需牺牲性能。

与 JavaBean 操作配合使用的还有 < jsp：setProperty > 和 < jsp：getProperty > 标签。< jsp：setProperty > 标签是用来在 JSP 网页中设置所使用的 JavaBean 对象的属性。在使用 < jsp：set-Property > 之前必须使用 < jsp：useBean > 标记对 Bean 进行声明。< jsp：getProperty > 标签可将 JavaBean 的属性值转化为一个字符串，置入内置的输出对象，然后将之输出显示。

useBean 操作将在第 7 章作详细的介绍。

3.6　上机实训

1. 实训目的

掌握 JSP 基本语法的应用。

2. 实训内容

（1）制作学生课绩管理系统的用户注册页面。

（2）编写代码，以使得使用系统的用户可以修改自己的信息。

（3）完成用户登录页面的制作。

3.7　本章习题

一、选择题

1. JSP 的编译指令标记通常是指（　　）。

　　A. Page 指令、Include 指令和 Taglib 指令　　　　B. Page 指令、Include 指令和 Plugin 指令

　　C. Forward 指令、Include 指令和 Taglib 指令　　D. Page 指令、Param 指令和 Taglib 指令

2. 可以在（　　）标记之间插入 Java 程序片。

　　A. < % 和 % >　　　　　B. < % 和 / >　　　　C. </ 和 % >　　　D. < % 和 ! >

3. 下列哪一项不属于 JSP 动作指令标记（　　）。

A. ＜jsp：param＞   B. ＜jsp：plugin＞

C. ＜jsp：useBean＞   D. ＜jsp：javaBean＞

4. JSP 的 Page 编译指令的属性 Language 的默认值是（　　）。

A. Java   B. C   C. C#   D. SQL

5. JSP 的（　　）指令允许页面使用者自定义标签库。

A. Include 指令   B. Taglib 指令   C. Include 指令   D. Plugin 指令

6. 可以在以下（　　）标记之间插入变量与方法声明。

A. ＜％ 和 ％＞   B. ＜％！和 ％＞   C. ＜／ 和 ％＞   D. ＜％ 和 ！＞

7. 能够替代＜字符的替代字符是（　　）。

A. &lt   B. &gt   C. &lt   D.

8. 下列（　　）注释为隐藏型注释。

A. ＜！－－ 注释内容［＜％ = 表达式 ％＞］－－＞

B. ＜！－－ 注释内容 －－＞

C. ＜％ －－ 注释内容 －－％＞

D. ＜！－－［＜％ = 表达式 ％＞］－－＞

9. 下列变量声明在（　　）范围内有效。

　＜％！ Date dateTime；

　　　 int countNum；

％＞

A. 从定义开始处有效，客户之间不共享

B. 在整个页面内有效，客户之间不共享

C. 在整个页面内有效，被多个客户共享

D. 从定义开始处有效，被多个客户共享

10. 在 "＜％！" 和 "％＞" 标记之间声明的 Java 的方法称为页面的成员方法，其在（　　）范围内有效。

A. 从定义处之后有效   B. 在整个页面内有效

C. 从定义处之前有效   D. 不确定

11. 在 "＜％ =" 和 "％＞" 标记之间放置（　　），可以直接输出其值。

A. 变量   B. Java 表达式   C. 字符串   D. 数字

12. include 指令用于在 JSP 页面静态插入一个文件，插入文件可以是 JSP 页面、HTML 网页、文本文件或一段 Java 代码，但必须保证插入后形成的文件是（　　）。

A. 是一个完整的 HTML 文件   B. 是一个完整的 JSP 文件

C. 是一个完整的 TXT 文件   D. 是一个完整的 Java 源文件

13. 当一个客户线程执行某个方法时，其他客户必须等待，直到这个客户线程调用执行完毕该方法后，其他客户线程才能执行，这样的方法在定义时必须使用关键字（　　）。

A. public   B. static   C. synchronized   D. private

二、判断题

1. 在 HTML 页面文件中加入 JSP 脚本元素、JSP 标记等就构成了一个 JSP 页面。（　　）

2. JSP 页面中的变量和方法声明（Declaration）、表达式（Expression）和 Java 程序片

（Scriptlet）统称为 JSP 标记。　　　　　　　　　　　　　　　　　　　（　　）

3. JSP 页面中的指令标记、JSP 动作标记统称为脚本元素。　　　　　　（　　）

4. 在"＜％!"和"％＞"标记之间声明的 Java 的变量在整个页面内有效，不同的客户之间不共享。　　　　　　　　　　　　　　　　　　　　　　　　　　　（　　）

5. 在"＜％!"和"％＞"标记之间声明的 Java 的方法在整个页面内有效。　（　　）

6. 页面成员方法不可以在页面的 Java 程序片中调用。　　　　　　　　（　　）

7. 程序片变量不同于在"＜％!"和"％＞"之间声明的页面成员变量，不能在不同客户访问页面的线程之间共享。　　　　　　　　　　　　　　　　　　　（　　）

8. JSP 中 Java 表达式的值由服务器负责计算，并将计算值按字符串发送给客户端显示。
　　　　　　　　　　　　　　　　　　　　　　　　　　　　　　　　　（　　）

9. 在 Java 程序片中可以使用 Java 语言的注释方法，其注释的内容会发送到客户端。
　　　　　　　　　　　　　　　　　　　　　　　　　　　　　　　　　（　　）

10. 不可以用一个 page 指令指定多个属性的取值。　　　　　　　　　　（　　）

11. jsp：include 动作标记与 include 指令标记包含文件的处理时间和方式不同。（　　）

12. jsp：param 动作标记不能单独使用，必须作为 jsp：include、jsp：forward 标记等的子标记使用，并为它们提供参数。　　　　　　　　　　　　　　　　　　（　　）

13. ＜jsp：forward...＞标记的 page 属性值是相对的 URL 地址，只能静态的 URL。
　　　　　　　　　　　　　　　　　　　　　　　　　　　　　　　　　（　　）

14. JSP 页面中不能包含脚本元素。　　　　　　　　　　　　　　　　　（　　）

15. Page 指令不能定义当前 JSP 程序的全局属性。　　　　　　　　　　（　　）

三、填空题

1. 一个完整的 JSP 页面是由普通的 HTML 标记、JSP 指令标记、JSP 动作标记、变量声明与方法声明、_____、_____、_____ 7 种要素构成。

2. JSP 页面的基本构成元素中，变量和方法声明（Declaration）、表达式（Expression）和 Java 程序片（Scriptlet）统称为_____。

3. 指令标记、JSP 动作标记统称为_____。

4. JSP 页面的程序片中可以插入_____标记。

5. 当 JSP 页面的一个客户线程在执行_____方法时，其他客户必须等待。

6. JSP 页面中，输出型注释的内容写在_____和_____之间。

7. Page 指令的属性 Language 的默认值是_____。

四、思考题

1. include 标记与 include 动作标记有什么区别？

2. 如何保证页面跳转时当前页面与跳转页面之间的联系？

3. 如果有两个用户访问一个 JSP 页面，该页面的程序片将被执行几次？

4. 在＜％!和％＞之间声明的变量和在＜％和％＞之间声明的变量有何区别？

5. 是否允许一个 JSP 页面为 contentType 设置两次不同的值？

6. JSP 的特殊字符与 Java 语言的转义字符有何关系？

7. 叙述一个 JSP 页面的基本组成。

第 4 章　JSP 内置对象

【学习要点】
- 内置对象概述
- out 对象
- request 对象
- response 对象
- session 对象
- application 对象
- Cookie 对象
- 其他内置对象

4.1　内置对象概述

JSP 根据 Servlet API 而提供了某些隐含对象。可以使用标准的变量来访问这些对象，并且不用编写任何额外的代码，就可以在 JSP 中自动使用到它。在 JSP 页面中可以获得的主要的 7 个隐含对象变量如下。

（1）out 对象：功能是把信息回送到客户端的浏览器中。

（2）response 对象：功能是处理服务器端对客户端的一些响应。

（3）request 对象：功能是用来得到客户端的信息。

（4）application 对象：用来保存网站的一些全局变量。

（5）session 对象：用来保存单个用户访问时的一些信息。

（6）cookie 对象：将服务器端的一些信息写到客户端的浏览器中。

（7）pageContext 对象：提供了访问和放置页面中共享数据的方式。

4.2　out 对象

4.2.1　out 对象概述

out 对象是 javax. servlet. jsp. JspWriter 类的一个子类的对象，它的作用是把信息回送到客户端的浏览器中。在 out 对象中，最常用的方法就是 print( ) 和 println( )。在使用 print( ) 或 println( ) 方法时，由于客户端是浏览器，因此向客户端输出时，可以使用 HTML 中的一些标记，例如：“out. println（" < h1 > Hello，JSP < /h1 >"）；”。

其他一些常用的方法是：out. write 功能和 out. print 相同，newLine( ) 的功能是输出一个换行符，out. flush( ) 的功能是输出缓冲的内容，out. close( ) 的功能是关闭输出流，out 常用的方法详见表 4 - 1。out 对象的生命周期是当前页面。因此，对于每一个 JSP 页面，都有一个 out 对象。

表 4 – 1　JspWriter 常用的方法

方　　法	说　　明
print（输出对象）	显示
println（输出对象）	显示并换行
neWline( )	输出换行符
flush( )	输出缓冲区的内容
close( )	关闭流
clear( )	清除缓冲区
isAutoFlush( )	返回缓冲区是否自动清除
isBuffersize( )	返回缓冲区大小
getRemaining( )	返回缓冲区未使用区域大小

4.2.2　案例一：out 对象应用示例

【案例功能】向客户端输出"Hello"。

【案例目标】掌握 out 对象的基本功能。

【案例要点】out 对象几种输出方法的比较。

【案例步骤】

（1）编写 out. jsp 源代码文件。

【源码】out. jsp

案例视频扫一扫

```
1   <% @ page contentType = "text/html;charset = GBK"% >
2   < html >
3   < body >
4   <%
5      out.print("hello");
6      out.newLine();
7      out.write("hello");
8   % >
9   <% = "hello"% >
10  <%
11     out.close();
12  % >
13  < /body >
14  < /html >
```

【代码说明】

● 第 1 行：JSP 指令元素，page 指令用于定义与整个 JSP 页面相关的属性，对整个页面有效。

● 第 5 行：print 方法，向客户端输出"Hello"。

● 第 7 行：write 方法，向客户端输出"Hello"。

- 第 9 行：JSP 表达式元素，向客户端输出"Hello"。
- 第 11 行：关闭输出流。
- 其他各行：JSP 模板数据，提供一些必要的 HTML 标记语言。

（2）启动 Tomcat 服务器后，运行结果如图 4 - 1 所示。

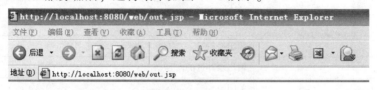

hello hello hello

图 4 - 1　out 对象的运行结果

4.3　request 对象

4.3.1　request 对象概述

request 对象是 javax. servlet. HttpServletRequest 子类的对象，当客户端请求一个 JSP 页面时，JSP 容器会将客户端的请求信息包装在这个 request 对象中。

请求信息的内容包括请求的头信息（Header）、系统信息（比如，编码方式）、请求的方式（比如 GET 以及 POST）、请求的参数名称和参数值等信息。

通常我们用得最多的就是客户端请求的参数名称和参数值信息。得到某参数值的语法为：request. getParameter（"param1"）；也可以通过 request 对象的 getParameterNames（）方法得到客户端传递过来的所有参数名字，如 Enumeration params = request. getParameterNames（）。

4.3.2　案例二：request 对象取表单数据（一）

【案例功能】向客户端输出从表单中取出的数据。

【案例目标】掌握 request 对象取表单数据。

【案例要点】表单中数据的提交和 JSP 程序中的提取。

【案例步骤】

案例视频扫一扫

（1）编写 tijiao. html 源代码文件。

【源码】tijiao. html

```
1   < HTML >
2   < BODY >
3   < FORM ACTION = "tijiao.jsp" METHOD = "POST" >
4   < P >姓名: < INPUT TYPE = "TEXT" SIZE = "20" NAME = "UserID" > < /P >
5   < P >密码: < INPUT TYPE = "PASSWORD" SIZE = "20" NAME = "UserPWD" > < /P >
6   < P > < INPUT TYPE = "SUBMIT" VALUE = "提 交" >  < /P >
7   < /FORM >
8   < /BODY >
9   < /HTML >
```

【代码说明】

- 第 3 行：表单的开始，指明数据提交的对象以及提交的方式。
- 第 4 行：在表单中插入一个文本框。
- 第 5 行：在表单中插入一个密码框。
- 第 6 行：在表单中插入一个提交按钮。
- 其他各行：必要的 HTML 标记。

（2）编写 tijiao. jsp 源代码文件。

【源码】tijiao. jsp

```
1    < % @ page contentType = "text /html;charset = GBK" % >
2    < html >
3    < body >
4    < %
5    request.setCharacterEncoding( "GBK" );
6    String strUserName = "";
7    String strUserPWD = "";
8    strUserName = request.getParameter( "UserID" );
9    strUserPWD = request.getParameter( "UserPWD" );
10   % >
11   姓名：< % = strUserName% > < br >
12   密码：< % = strUserPWD% >
13   < /body >
14   < /html >
```

【代码说明】

- 第 1 行：JSP 指令元素，page 指令用于定义与整个 JSP 页面相关的属性，对整个页面有效。
- 第 5 行：设置字符格式，避免页面上出现乱码。
- 第 6 ~ 7 行：定义两个字符串变量，用于接收从表单传来的值。
- 第 8 ~ 9 行：用 request 对象取出文本框和密码框的值，并赋给刚才定义的两个变量。
- 第 11 ~ 12 行：在页面上显示表单传来的数据。
- 其他各行：JSP 模板数据，提供一些必要的 HTML 标记语言。

（3）启动 Tomcat 服务器后，运行结果如图 4 - 2 和图 4 - 3 所示。

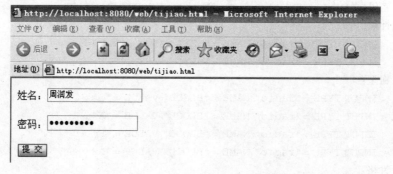

图 4 - 2　request 对象运行效果 1

图 4 – 3　request 对象运行效果 2

说明：表单的 action 动作指明该表单提交之后，数据交给哪个程序去处理。

数据的提交方式有 GET 和 POST 两种，它们的主要区别如下。

（1）使用 GET 方式提交的数据会在 URL 地址栏显示出来，而用 POST 方式提交的数据不会显示。

（2）POST 方式没有数据类型和数据量的限制，而 GET 方式只能提交文本类型的数据，其中数据量的限制一般为 2 048 字节。

4.3.3　案例三：request 对象取表单数据（二）

【案例功能】向客户端输出从表单中取出的数据。

【案例目标】掌握 request 对象取表单数据。

【案例要点】表单中控件类型的多样性。

【案例步骤】

（1）编写 input. html 源代码文件。

【源码】input. html

案例视频扫一扫

```
1     <html >
2     <head >
3     <title >Untitled Document < /title >
4     < meta http - equiv = " Content - Type" content = " text /html; charset =
      GB2312 " >
5     < /head >
6     <body >
7     <BODY >
8     < FORM ACTION = "handle. jsp" METHOD = "post" >
9        姓名: < INPUT TYPE = "text" name = "USERNAME" > < BR >
10       密码: < INPUT TYPE = "password" name = "USERPWD" > < BR >
11       性别:
12       < INPUT TYPE = "radio" NAME = "SEX" VALUE = "男" >男
13       < INPUT TYPE = "radio" NAME = "SEX" VALUE = "女" >女  < BR >
14       血型:
15       < INPUT TYPE = "radio" NAME = "BLOOD" VALUE = "O" >O
16       < INPUT TYPE = "radio" NAME = "BLOOD" VALUE = "A" >A
17       < INPUT TYPE = "radio" NAME = "BLOOD" VALUE = "B" >B
18       < INPUT TYPE = "radio" NAME = "BLOOD" VALUE = "AB" >AB  < BR >
19       性格:
```

20	< INPUT TYPE = "checkbox" Name = "CHATACTER" VALUE = "热情大方" >
21	热情大方
22	< INPUT TYPE = "checkbox" Name = "CHATACTER" VALUE = "温柔体贴" >
23	温柔体贴
24	< INPUT TYPE = "checkbox" Name = "CHATACTER" VALUE = "多情善感" >
25	多情善感 < BR >
26	简介：
27	< TEXTAREA ROWS = "8" COLS = "30" NAME = "MEMO" > < /TEXTAREA > < BR >
28	城市：< SELECT SIZE = "1" NAME = "CITY" >
29	< OPTION VALUE = "北京" >北京市 < /OPTION >
30	< OPTION VALUE = "上海" > 上海市 < /OPTION >
31	< OPTION VALUE = "南京" >南京市 < /OPTION >
32	< /SELECT > < BR >
33	< INPUT TYPE = "submit" VALUE = "提交" >
34	< INPUT TYPE = "reset" VALUE = "重置" >
35	< /FORM >
36	< /BODY >
37	< /body >
38	< /html >
39	

【代码说明】

- 第 8 行：表单的开始，指明数据提交的对象以及提交的方式。
- 第 9 行：在表单中插入一个文本框。
- 第 10 行：在表单中插入一个密码框。
- 第 11 ~ 13 行：在表单中插入一组单选按钮，用来设置性别。
- 第 14 ~ 18 行：在表单中插入一组单选按钮，用来设置血型。
- 第 19 ~ 25 行：在表单中插入一组复选框，用来设置性格特征。
- 第 26 ~ 28 行：插入一个多行文本框，用来作自我介绍。
- 第 29 ~ 33 行：插入一个下拉列表框，用来选择生活的城市。
- 第 34 行：在表单中插入一个提交按钮。
- 第 35 行：在表单中插入一个重置按钮。
- 其他各行：必要的 HTML 标记。

（2）编写 handle. jsp 源代码文件。

【源码】handle. jsp

1	< % @ page contentType = "text /html;charset = GBK" % >
2	< html >
3	< head >
4	< title >Untitled Document < /title >
5	< /head >
6	< body >
7	< %
8	request.setCharacterEncoding("GBK");

```
9       String strUserName = request.getParameter("USERNAME");
10      String strUserPWD = request.getParameter("USERPWD");
11      String strUserSex = request.getParameter("SEX");
12      String strUserBlood = request.getParameter("BLOOD");
13      String strUserChar = request.getParameter("CHATACTER");
14      String strUserIemo = request.getParameter("MEMO");
15      String strUserCity = request.getParameter("CITY");
16    % >
17    用户名是: < % = strUserName% > < br >
18    用户密码: < % = strUserPWD% > < br >
19    你的性别: < % = strUserSex% > < br >
20    你的血型: < % = strUserBlood% > < br >
21    你的性格: < % = strUserChar% > < br >
22    你的简介: < % = strUserIemo% > < br >
23    所在城市: < % = strUserCity% > < br >
24    < /body >
25    < /html >
```

【代码说明】

● 第 1 行：JSP 指令元素，page 指令用于定义与整个 JSP 页面相关的属性，对整个页面有效。

● 第 8 行：设置字符格式，避免页面上出现乱码。

● 第 9 ~ 15 行：提取表单的数据，并赋给相应的变量。

● 第 8 ~ 9 行：用 request 对象取出文本框和密码框的值，并赋给刚才定义的两个变量。

● 第 17 ~ 23 行：在页面上显示表单传来的数据。

● 其他各行：JSP 模板数据，提供一些必要的 HTML 标记语言。

（3）启动 Tomcat 服务器后，运行结果如图 4 - 4 和图 4 - 5 所示。

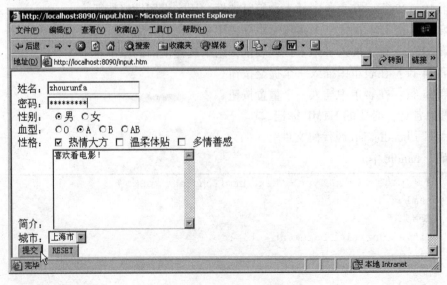

图 4 - 4　request 对象运行效果 3

图 4 – 5　request 对象运行效果 4

4.3.4　request 对象的常用方法

一个 HTTP 请求中包含一个请求行、主机头和下载信息, 下载表单中的信息是用 getParameter 方法来获取的, 此外, request 还提供了很多方法获取由 HTTP 请求传送来的客户端信息。常用的方法见表 4 –2。

表 4 –2　ServletRequest 所提供的方法

方　法	说　明
setAttribute (String name, java. lang. Object o)	设定名字为 name 的 request 参数的值, 该值由 Object 类型的 o 指定
getAttribute (String name)	取得 name 指定的参数值
getCharacterEncoding( )	返回字符编码方式
getContentLength( )	返回客户端请求的对象长度
getContentType( )	返回客户端请求的对象类型
getINPUTStream( )	取得请求体中一行的二进制流
getParameter (String name)	取得 name 指定的客户端传递到服务器的参数值
getParameterName( )	取得客户端传递到服务器的所有参数名称
getParameterVALUEs (String name)	取得 name 指定的字符数组中的值
getProtocol( )	返回请求用的协议类型及版本号
getScheme( )	返回请求用的协议名: http, https, ftp 等
getServerName( )	返回接收此请求服务器的主机名
getServerPort( )	返回服务器接收此请求所用的端口号
getReader( )	返回具有缓冲器的 Reader 对象, 用于读取客户端所请求的文本
getRemoteAddr( )	返回发送此请求的客户端 IP 地址
getRemoteHost( )	返回发送此请求的客户端主机名

4.3.5　案例四: request 对象的常用方法

【案例功能】用 request 对象得到客户的信息。

【案例目标】掌握 request 对象的常用方法。

【案例要点】多种方法之间的区别和各自的应用。

【案例步骤】

（1）编写 method.jsp 源代码文件。

【源码】method.jsp

案例视频扫一扫

```
1   < % @ page contentType = "text/html;charset = GB2312" % >
2   < % @ page import = "java.util. * " % >
3   < BR >客户使用的协议是:
4   < % String protocol = request.getProtocol();
5       out.println(protocol);% >
6   < BR >获取接收客户提交信息的页面:
7   < % String path = request.getServletPath();
8       out.println(path);% >
9   < BR >接收客户提交信息的长度:
10  < % int length = request.getContentLength();
11      out.println(length);% >
12  < BR >客户提交信息的方式:
13  < % String method = request.getMethod();
14      out.println(method); % >
15  < BR >获取 HTTP 头文件中 User - Agent 的值:
16  < % String header1 = request.getHeader("User - Agent");
17      out.println(header1); % >
18  < BR >获取 HTTP 头文件中 accept 的值:
19  < % String header2 = request.getHeader("accept");
20      out.println(header2);% >
21  < BR >获取 HTTP 头文件中 Host 的值:
22  < % String header3 = request.getHeader("Host");
23      out.println(header3);% >
24  < BR >获取 HTTP 头文件中 accept - encoding 的值:
25  < % String header4 = request.getHeader("accept - encoding");
26      out.println(header4);% >
27  < BR >获取客户的 IP 地址:
28  < % String IP = request.getRemoteAddr();
29      out.println(IP);% >
30  < BR >获取客户机的名称:
31  < % String clientName = request.getRemoteHost();
32      out.println(clientName);% >
33  < BR >获取服务器的名称:
34  < % String serverName = request.getServerName();
35      out.println(serverName);% >
36  < BR >获取服务器的端口号:
37  < % int serverPort = request.getServerPort();
38      out.println(serverPort);% >
39
```

【代码说明】

- 第 1 行：JSP 指令元素，page 指令用于定义与整个 JSP 页面相关的属性，对整个页面有效。
- 第 2 行：在页面中导入 java. util 数据包。
- 其他各行：提取客户端相关信息并输出。

（2）启动 Tomcat 服务器后，运行结果如图 4 - 6 所示。

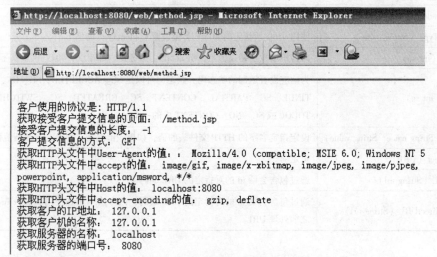

图 4 - 6　request 对象运行效果 5

4.3.6　汉字编码

当利用 request. getParameter 得到 Form 中元素的时候，默认的情况字符编码为 ISO - 8859 - 1，这种编码不能正确的显示汉字。

目前有两种解决方法，一种是在执行操作之前，设置 request 的编码格式，语法是："request. setCharacterEncoding（"GBK"）"；另一种方法是转换字符编码：

```
< % String str = request.getParameter("boy");
byte b[ ] = str.getBytes("ISO - 8859 - 1");
str = new String(b); % >
```

其中 b 是我们用到的一个中间数组，我们表单中元素名为 boy，取得的字符串存放在 str 中，str 能正确的显示汉字。

4.4　response 对象

4.4.1　response 对象概述

response 对象是一个 javax. servlet. http. HttpServletResponse 类的子类的对象，它的作用与 request 对象正好相反，它封装执行 JSP 程序产生的响应，并被发送到客户端，response 对象可以使用由其父类 ServletResponse 所提供的方法，常用的方法见表 4 - 3。

表 4 −3　ServletResponse 所提供的方法

方　法	说　明
addCookies（Cookie cookie）	添加一个 Cookies 对象，用来保存客户端的用户信息，用 request 的 getCookies（） 方法可以获得这个 Cookies
addheader（String name, String value）	添加 HTTP 文件头，该 head 将会传到客户端去，如果同名的 head 存在，那么原来的 head 会被覆盖
Containsheader（String name）	判断指定名字的 HTTP 文件头是否存在并返回布尔值
setContentType（String name）	使用 name 所指定的 MIME 类型设置 ContentType 的值
sendError（int sc）	向客户端发送错误信息，例如 505：服务器内部错误，404：网页找不到错误
setStatus（int sc）	为响应设置返回的状态码，状态码可以是 SC_ ACCEPTED, SC_ OK, SC_ CONTINUE, SC_ PARTIAL_ CONTENT, SC_ CREATED, SC_ SWITCHING_ PROTOCOL 或 SC_ NO_ CONTENT 中的一个
Scheader（String name, String value）	设定指定名字的 HTTP 文件头的值，如果该值存在，那么它会被新值覆盖
sendRedirect（URL）	重定向
encodeURL（String url）	通过包含会话 id 的对指定的 URL 编码
encodeRedirectURL（String url）	通过包含会话 id 的对指定的 URL 编码，该方法用于在使用 sendRedirect（） 方法之前处理 URL

4.4.2　网页重定向

　　sendRedirect 方法可以将客户端浏览器重定向到新的 Web 页面，使用 sendRedirect 方法可以根据用户的不同情况而定位到不同的页面上去，重定向语句之后的代码将不再执行，例如，下面语句就是停止当前网页执行，转向执行程序文件 example. jsp：

```
response.sendRedirect("example.jsp");
```

　　在前面介绍过 < jsp：forword > 也可以重定向到另一个页面，但两种操作有如下区别。

　　（1）当使用 < jsp：forword > 操作重定向到另一个页面，可以通过 < jsp：param > 传递参数到新的网页，新的网页使用 request 对象的 getParameter（） 方法可以读取参数的值，而使用 response 的 sendRedirect（） 方法不需要直接编码 URL，就可以实现传递参数。例如，下面语句在重定向时传递了一个名为 p 值为 234 的参数，同样使用 request 对象访问参数 p。

```
Response.sendRedirect("example.jsp? p =234");
```

　　（2）当使用 < jsp：forword > 操作，两个页面之间可以通过 request 对象分享数据，而 response 对象的 sendRedirect（） 方法不支持这种数据共享。

4.4.3　案例五：网页重定向

　　【案例功能】重定向操作，传递参数并输出相应的结果。

　　【案例目标】掌握 response 对象的 sendRedirect（） 方法。

　　【案例要点】response 的 sendRedirect（） 方法和 < jsp：forword > 操作的区别。

　　【案例步骤】

　　（1）编写 sendRedirectFrom. jsp 源代码文件。

案例视频扫一扫

【源码】 sendRedirectFrom. jsp

```
1      <%@ page contentType = "text/html;charset = GB2312" %>
2      <html>
3      <head>
4      <title>无标题文档</title>
5      </head>
6      <body>
7      <%
8       String s = request.getParameter("redirectType");
9       if(s = = null)
10        {
11      %>
12       <form action = "sendRedirectFrom.jsp" method = "get">
13      请网页重定向方式<br>
14       <input type = "radio" name = "redirectType" value = "0" checked>使用
15      response.sendRedirect<br>
16       <input type = "radio" name = "redirectType" value = "1">使用jsp:forward<br>
17       <input type = "submit" name = "submit" value = "确定">
18       </form>
19      </body>
20      </html>
21      <%}
22      else
23      {
24       request.setAttribute("n","50");
25        if(s.equals("0"))
26           {response.sendRedirect("sendRedirectTo.jsp");}
27      else
28      {
29      %>
30      <jsp:forward page = "sendRedirectTo.jsp"/>
31
32       <%
33         }
34        }
35      %>
```

【代码说明】

* 第 1 行：JSP 指令元素，page 指令用于定义与整个 JSP 页面相关的属性，对整个页面有效。

* 第 8 行：取得表单中单选按钮的值。

* 第 9 行：解决初始加载时页面内容为空的情况。

* 第 12 ~ 18 行：表单的相关内容，首先指明表单提交后由本页面进行处理。表单中有一组单选按钮，如果值为 0，表示用 response 的 sendRedirect() 方法进行跳转；如果值为 1，

表示用 < jsp：forword > 操作完成页面的跳转（当然此处只是提示作用，并未实现真正跳转操作）。

● 第 21 ~ 35 行：完成页面跳转功能的代码。试图传递参数 n，值为 50。判断单选按钮的值，如果为 0，用 response 对象的 sendRedirect( ) 方法跳转到页面 sendRedirectTo. jsp；如果为 1，用 < jsp：forword > 操作跳转到页面 sendRedirectTo. jsp。

● 其他各行：JSP 模板数据，提供一些必要的 HTML 标记语言。

（2）编写 sendRedirectTo. jsp 源代码文件。

【源码】sendRedirectTo. jsp

```
1      < % @  page contentType = "text /html;charset = GB2312 " % >
2      < html >
3      < head >
4      < title >无标题文档 < /title >
5      < /head >
6      < body >
7      < % String s = (String)request. getAttribute( "n");
8      if(s! = null)
9      {
10         int n = Integer. parseInt(s);
11         int sum = 0;
12         for(int i = 0;i < = n;i + +)
13         { sum = sum + i;}
14         out. print( "累加的和是:" + sum);
15         }
16         else
17           {
18         out. print( "请确定 n 的值");
19         }
20      % >
21      < /body >
22      < /html >
```

【代码说明】

● 第 1 行：JSP 指令元素，page 指令用于定义与整个 JSP 页面相关的属性,对整个页面有效。

● 第 7 行：取得由 sendRedirectFrom. jsp 传递过来的参数的值,存放在字符串 s 中。

● 第 8 ~ 20 行：对 s 的值做如下处理:如果 s 为空,提示"请确定 n 的值",如果 s 不为空,将其转化为整型数据并赋值给变量 n,计算 1 到 n 的累加和存储于变量 sum 并输出。

● 其他各行：JSP 模板数据,提供一些必要的 HTML 标记语言。

（3）启动 Tomcat 服务器后,运行 sendRedirectFrom. jsp,结果如图 4 – 7 所示。

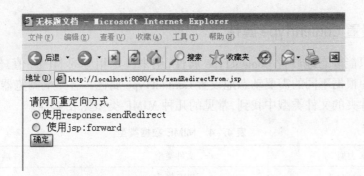

图 4-7　运行 sendRedirectFrom. jsp 结果图 1

(4)选择默认选项,提交后运行结果如图 4-8 所示。

图 4-8　运行 sendRedirectFrom. jsp 结果图 2

(5)改变单选按钮选项,如图 4-9 所示。

图 4-9　运行 sendRedirectFrom. jsp 结果图 3

(6)提交后运行结果如图 4-10 所示。

图 4-10　运行 sendRedirectFrom. jsp 结果图 4

4.4.4　设置 ContentType 属性

page 指令只能静态地设置 ContentType 属性,用来决定相应的 MIME 值,使用 response 对象可以在程序中根据不同的需要动态地设置 ContentType 属性。客户端浏览器所支持的 MIME 类型可以在文件夹的文件类型中找到,常见的几种 MIME 类型见表 4 - 4。

表 4 - 4　MIME 数据类型

MIME 类型	文件类型	后缀名
Application/pdf	PDF 格式	. pdf
Application/rtf	Rich Text FORMat 文件	. rtf
Application/msword	Word 文档文件	. doc
Application/x – msexcel	Excel 表格文件	. xml
Image/Gif	GIF 图像	. gif
Image/Jpeg	JPEG 图像	. jpeg
Text/Html	HTML 超文本文件	. htm
Text/Plain	Plain 文本	. txt

4.4.5　案例六: 动态设置 ContentType 属性

【案例功能】动态设置页面的显示形式。
【案例目标】掌握 response 对象的 setContentType 方法。
【案例要点】页面的各种 ContentType 属性。
【案例步骤】
（1） 编写 setContentType. jsp 源代码文件。
【源码】 setContentType. jsp

案例视频扫一扫

```
1    <% @ page contentType = "text/html;charset = GB2312" % >
2    <html >
3    <head >
4    <title >无标题文档 </title >
5    </head >
6    <body >
7    <%
8       String s = request.getParameter( "showtype");
9       if(s = =null)
10       {
11    % >
12     <form action = "setContentType.jsp" method = "get" >
13     请选择文件显示方式 <br >
14     <input type = "radio" name = "showtype" value = "0" checked >word <br >
15     <input type = "radio" name = "showtype" value = "1" > excel <br >
16    <input type = "radio" name = "showtype" value = "2" > html <br >
17     <input type = "submit" name = "submit" value = "确定" >
```

```
18        </form>
19     <%}
20     else
21     {
22          if(s.equals("0"))
23          {response.setContentType("application/msword;charset = GB2312 ");}
24     else if(s.equals("1"))
25     { response.setContentType("application/x-msexcel;charset = GB2312 ");}
26     else
27     { response.setContentType("text/html;charset = GB2312 ");}
28     %>
29     <jsp:include page = "data.txt"/>
30     <%
31        }
32     %>
33     </body>
34     </html>
```

【代码说明】

● 第 1 行：JSP 指令元素，page 指令用于定义与整个 JSP 页面相关的属性，对整个页面有效。

● 第 8 行：取得表单中单选按钮的值。

● 第 9 行：解决初始加载时页面内容为空的情况。

● 第 12 ~ 18 行：表单的相关内容，首先指明表单提交后由本页面进行处理。表单中有一组单选按钮，如果值为 0，设置页面的显示形式为 Word 文档；如果值为 1，设置页面的显示形式为 excel 表格，否则设置页面的显示形式为一般的网页形式（当然此处只是提示作用，并未真正实现动态 contentType 的属性设置）。

● 第 20 ~ 28 行：完成动态 contentType 属性设置。判断单选按钮的值，如果为 0，用 response 对象的 setContentType 方法设置页面的显示形式为 Word 文档；如果为 1，用 response 对象的 setContentType 方法设置页面的显示形式为 excel 表格，否则设置页面的显示形式为一般的网页形式。

● 第 29 行：设置在当前页面中包含 data. txt 文件。

● 其他各行：JSP 模板数据，提供一些必要的 HTML 标记语言。

（2）跟程序文件同一目录下，定义 data. txt 的内容如下。

```
54      56      67      35

67      90      12      33

54      93      78      23

87      37      61      48
```

（3）启动 Tomcat 服务器后，运行 setContentType. jsp，结果如图 4 - 11 所示。

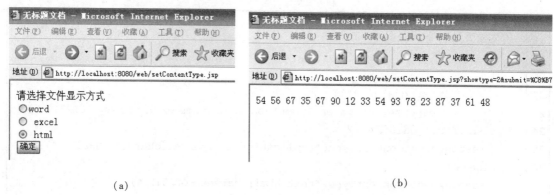

图 4 – 11　运行 setContentType. jsp 结果图

(a) 选择 html 方式；(b) 显示结果

4.5　session 对象

很多商务网站需要能够在用户访问的过程中记住用户，为用户提供个性化服务，比如在商城购物时，站点必须允许顾客同时购买多个商品，反复在不同的位置挑选后，再一次性付款，在顾客购物的过程中，网站需要记录顾客的个人信息和已选购的商品。这就需要会话级变量，记录用户在一段时间内的逻辑上相关联的不同请求。

4.5.1　会话和会话 id

HTTP 协议是一个无状态协议，一个请求完成后，客户端与服务器端的连接是关闭的，所以一个请求与另一个请求之间是没有关联的。一个客户在访问一个服务器时，可能会在同一个应用程序的多个页面之间反复连接，或刷新同一个页面，服务器端不能自动判断这一个请求和另一个请求是不是属于同一个客户，所以在应用程序中需要创建会话（session）记录，记录一个客户的有关连接信息。从一个客户打开浏览器并连接到服务器开始，一直到这个客户关闭浏览器视为一个会话。JSP 提供了内置对象 session 帮助服务器识别一个客户的连接。

当一个客户通过浏览器与服务器建立连接发出第一次请求时，服务器会为这个客户分配一个 session 对象，并为这个 session 对象分配了一个 String 类型的 id 号，JSP 引擎在响应客户请示的同时将这个 id 号发往客户端，并写入客户端的 cookie 中，这样服务器就可以通过不同的会话 id 识别一个客户，通过 session 对象创建会话级变量，就可以跨网页分享数据的目的。

服务器为每一个客户线程分配不同的 session 对象，也就是说每一个客户拥有自己独立的 session 对象，当客户在一个服务器中的不同 JSP 页面之间反复连接，或者连接到其他服务器后，再返回到该服务器，这个服务器都不会重新分配 session 对象，直到一次会话结束，服务器分配给客户的 session 对象才会被注销，当然不同服务器分配的 session 对象是不同的。

4.5.2　案例七：会话 id

【案例功能】显示客户端访问服务器时所拥有的会话 id。

【案例目标】理解什么是一次会话。

【案例要点】掌握会话的含义。

案例视频扫一扫

【案例步骤】

（1）编写 sessionId.jsp 源代码文件。

【源码】sessionId.jsp

```
1    <% @ page contentType = "text/html;charset = GB2312" % >
2    <html >
3    <head >
4    <title >无标题文档 </title >
5    </head >
6    <body >
7    <%
8     out.print(" <p >sessionId.jsp </p >" + " <br >");
9     out.print("我的 session id 为:" + session.getId());
10    out.print(" <p > <a href = sessionId_1.jsp >sessionId_1.jsp </a > </p >");
11    out.print(" <p > <a href = sessionId_2.jsp >sessionId_2.jsp </a > </p >");
12    % >
13    </body > </html >
```

【代码说明】

● 第 1 行：JSP 指令元素，page 指令用于定义与整个 JSP 页面相关的属性，对整个页面有效。

● 第 8 行：输出页面所属的程序。

● 第 9 行：输出本次访问的 id 号。

● 第 10 行：链接到另一个页面 sessionId_1.jsp。

● 第 11 行：链接到另一个页面 sessionId_2.jsp。

● 其他各行：JSP 模板数据，提供一些必要的 HTML 标记语言。

（2）编写 sessionId_1.jsp 源代码文件。

【源码】sessionId_1.jsp

```
1    <% @ page contentType = "text/html;charset = GB2312" % >
2    <html >
3    <head >
4    <title >无标题文档 </title >
5    </head >
6    <body >
7    <%
8     out.print(" <p >sessionId_1.jsp </p >" + " <br >");
9     out.print("我的 session id 为:" + session.getId());
10    out.print(" <p > <a href = sessionId.jsp >sessionId_1.jsp </a > </p >");
11    out.print(" <p > <a href = sessionId_2.jsp >sessionId_2.jsp </a > </p >");
12    % >
13    </body >
14    </html >
```

【代码说明】

· 第1行：JSP 指令元素，page 指令用于定义与整个 JSP 页面相关的属性，对整个页面有效。

· 第8行：输出页面所属的程序。

· 第9行：输出本次访问的 id 号。

· 第10行：链接到另一个页面 sessionId. jsp。

· 第11行：链接到另一个页面 sessionId_ 2. jsp。

· 其他各行：JSP 模板数据，提供一些必要的 HTML 标记语言。

（3）编写 sessionId_ 2. jsp 源代码文件。

【源码】sessionId_ 2. jsp

```
1    <% @ page contentType = "text /html;charset = GB2312" % >
2    <html >
3    <head >
4    <title >无标题文档 < /title >
5    < /head >
6    <body >
7    <%
8      out.print(" <p >sessionId_2.jsp < /p >" + " <br >");
9      out.print("我的 session id 为:" + session.getId());
10     out.print(" <p > <a href = sessionId.jsp >sessionId_1.jsp < /a > < /p >");
11     out.print(" <p > <a href = sessionId_1.jsp >sessionId_2.jsp < /a > < /p >");
12   % >
13   < /body >
14   < /html >
```

【代码说明】

①第1行：JSP 指令元素，page 指令用于定义与整个 JSP 页面相关的属性，对整个页面有效。

②第8行：输出页面所属的程序。

③第9行：输出本次访问的 id 号。

④第 10 行：链接到另一个页面 sessionId. jsp。

⑤第 11 行：链接到另一个页面 sessionId_ 1. jsp。

⑥其他各行：JSP 模板数据，提供一些必要的 HTML 标记语言。

（4）启动 Tomcat 服务器后，运行结果如图 4 – 12 ~ 图 4 – 14 所示。

图 4 – 12   sessionId. jsp 运行结果图

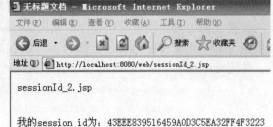

图 4 – 13　sessionId_ 1.jsp 运行结果图　　　图 4 – 14　sessionId_ 2.jsp 运行结果图

说明：打开浏览器执行程序后，通过超链接在 3 个 JSP 页面间反复连接，可以看到，session id 的值是不变的。打开另一个 IE，再次执行，显示的 session id 才是不同的。

4.5.3　session 对象的常用方法

session 对象是 javax. servlet. http. HttpSession 类的一个实例，HttpSession 类中常用方法见表 4 –5。

表 4 –5　HttpSession 类提供的方法

方　法	说　明
setAttribute（String 变量名称，Object 值）	将数据存入 session 对象，其中，变量名称是指保存于 session 中的变量名称；值为要保存的数据，类型为 Object
getAttribute（String 变量名称）	从 session 中取得变量，返回值的类型为 Object，若返回值为 null，代表 session 中并不存在该变量
removeAttribute（“变量名称”）	删除保存在 session 对象中的数据
getAttributeNames( )	该方法将返回一个 Enumeration 对象（枚举），使用枚举对象的 nextElements( ) 方法可以获取 application 对象中存放的所有变量名
getMaxInactiveInterval( )	取得目前所设置的 session 对象的超时周期（秒）
setMaxInactiveInterval( )	设置 session 对象的超时周期（秒）。当超时周期设为 –1 时，表示会话永不过期
getCreationTime( )	取得 session 对象建立的时间。返回类型为 long 型，其值为 session 对象建立时间距离 1970 年 1 月 1 日午夜的毫秒数
getLastAccessTime( )	取得 session 对象的最后存取时间。返回类型为 long 型，其值为 session 对象建立时间距离 1970 年 1 月 1 日午夜的毫秒数
getId( )	取得 session 对象的编号
Invalidate( )	删除会话

4.5.4　会话的结束

由于 WWW 联机的特性，所以很难确定使用者何时完成 JSP 的执行，且不再联机，如果不定时地清除旧会话，服务器的存储空间将被耗尽。一般在服务器默认设置了一个 30 分钟的会话超期时间，让客户停止活动后 session 对象自动失效。

设置会话超时周期可以在程序中使用 session 对象的 setMaxInactiveInterval( ) 方法，也可以使用 web. xml 文件在 tomcat 上部署，可以在默认的 web. xml 文件中找到 session 的设置如下，使用 < session – timeout > 标签设置了 30 分钟的会话的超时周期。

```
<! --===================Default Session Configuration =================  -->
  <! -- You can set the default session timeout(in minutes)for all newly -->
  <! -- created sessions by modifying the value below.  -->
  < session – config >
      < session – timeout >30 < /session – timeout >
  < /session – config >
```

当会话不需要时，还可以使用 session 对象的 invalidate( ) 方法直接关闭一个会话。

4. 6   application 对象

网络程序是个分布式程序，很多用户在不同的地方执行并操作同一个程序，这时程序要能够实时地反映各种改变。例如，在一个聊天室程序中，一个聊天室的在线用户名单．用户在聊天室的发言对于每一个用户都是相同的，而且能够实时更新，这些信息为所有网络用户所共享。又例如，在一些网站的首页都有一个计数器，记录访问过网站的人数，这个计数变量同样是为所有用户所共享的。

4.6.1   application 对象简介

不同于 session 对象，application 对象是以服务器为主角，服务器的启动和关闭决定了 application 的生命周期。服务器启动一个服务，然后创建此服务下的 Web 应用程序，同时为此 Web 应用程序新建 application 对象，它将一直存在，直到服务器关闭，所以 application 对象开始于任何一个 JSP 网页被开始执行时，终止于服务器的关闭。当一个用户在客户端访问 JSP 页面时，JSP 引擎会为该用户启动一个线程，分配这个 application 对象，每一个应用程序的所有线程将共享这个 application 对象，也就是说，所有的用户将共享这个 application 对象。

4.6.2   application 对象的常用方法

application 是 javax. servlet. ServletContext 类的一个实例，它可以使用类 ServletContext 中的方法，常用方法见表 4 – 6。

表 4 –6   ServletContext 类常用的方法

方　法	说　明
setAttribute（String 变量名称，Object 值）	将数据存入 application 对象中，其中，变量名称是保存于 application 对象中的数据名称，值为要保存的数据，类型为 Object
getAttribute（String 变量名称）	从 application 对象中取得数据。其中，变量名称为要取得数据的名称。返回值的类型为 Object，若返回值为 null，代表 application 对象并没有该名称的数据

续表

方　法	说　明
getAttributeName( )	该方法将返回一个 Enumeration（枚举），使用枚举对象的 nextElement( ) 方法可以获取 application 对象中存放的所有变量名
removeAttribute （"变量名称"）	删除保存在 application 对象中的数据
getServerInfo( )	取得 JSP 引擎名及版本号

1. setAttribute 方法

该方法是为应用程序级变量赋值，若在 application 对象中还不存在这个变量，会添加这个变量。例如，为应用程序级变量 maxnum 赋值为 25。

```
application.setAttribute("maxnum",25);
```

2. getAttribute 方法

该方法是获取 application 对象中某个应用程序级变量的值。该方法返回一个 Object 类型的数据，使用时要根据应用程序级变量的数据类型进行转换。例如，读取 maxnum 值的语句为：

```
Integer num =(Integer)application.getAttribute("maxnum");
```

应用程序级变量只能是一个对象，而不能是基本数据类型变量如 int、double。基本数据类型的变量要首先转换成对应的类，如 int 转换成 Integer。如果对 Java 不熟悉，也可以先将数字转换成字符串，再保存到 application 对象，当从 application 对象中取得数据时，再转换成数值。下面的语句中，第一句表示将把 num 变量（类型为整型）转换为字符串，再保存进 application 对象；第二句表示把从 application 对象中取得数据再转换成整数。

```
application.setAttribute("num",String.valueOf(num1));
int num2 = Integer.parseInt(application.getAttribute("num".toString()));
```

由于 application 对象是为所有用户所共享的，所以操作应用程序级变量时，要考虑同步处理。

4.6.3　案例八：网站计数器

【案例功能】显示访问网站的人数。

【案例目标】如何制作网站计数器。

【案例要点】防止刷新的网站计数器。

【案例步骤】

（1）编写 CountV1. jsp 源代码文件。

【源码】CountV1. jsp

案例视频扫一扫

1	`<% @ page contentType = "text/html;charset = GB2312" % >`
2	`<HTML >`
3	`<BODY >`
4	`<%`
5	
6	`Integer number =(Integer)application.getAttribute("Count");`
7	`if(number = =null){`

8	number = new Integer(1);
9	application.setAttribute("Count",number);
10	}
11	else {
12	number = new Integer(number.intValue() + 1);
13	application.setAttribute("Count",number);
14	}
15	% >
16	您是第 <% =(Integer)application.getAttribute("Count")% >
17	个访问本站的客户。
18	< /BODY >
19	< /HTML >

【代码说明】

- 第 1 行：JSP 指令元素，page 指令用于定义与整个 JSP 页面相关的属性，对整个页面有效。
- 第 6 行：取得页面级变量 count 的值，并赋给整型对象 number。
- 第 7 ~ 9 行：设置 number 的初值，并赋给页面级变量 count。
- 第 11 ~ 13 行：将 number 的值每次自增 1，即实现网站计数器功能。
- 第 16 ~ 17 行：输出结果。
- 其他各行：JSP 模板数据，提供一些必要的 HTML 标记语言。

（2）编写 CountV2. jsp 源代码文件。

【源码】 CountV2. jsp

1	<% @ page contentType = "text /html;charset = GB2312" % >
2	< HTML >
3	< BODY >
4	<%
5	if(session.isNew())
6	{Integer number =(Integer)application.getAttribute("Count");
7	if(number = =null){
8	number = new Integer(1);
9	application.setAttribute("Count",number);
10	}
11	else {
12	number = new Integer(number.intValue() + 1);
13	application.setAttribute("Count",number);
14	} }
15	% >
16	您是第 <% =(Integer)application.getAttribute("Count")% >
17	个访问本站的客户。
18	< /BODY >
19	< /HTML >

【代码说明】

- 第 5 行：用 session 对象判断是否为一个新的用户。
- 其他各行：代码说明同 CountV1. jsp。

（3）启动 Tomcat 服务器后，运行结果如图 4 - 15 所示。

注意：图 4 - 16 中，同一用户刷新多次后仍显示 1 个客户，因其用 session 进行了判断。

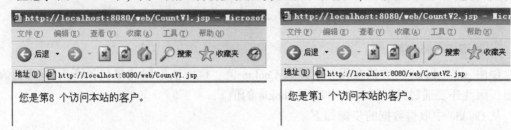

图 4 - 15　同一用户刷新网页 8 次的结果　　　　图 4 - 16　同一用户刷新多次的结果

4.7　Cookie 对象

4.7.1　Cookie 概述

Cookie 是服务器发送给浏览器的体积很小的纯文本信息，用户以后访问同一个 Web 服务器时浏览器会把它们原样发送给服务器。通过让服务器读取它原先保存到客户端的信息，网站能够为浏览者提供一系列的方便，例如，在线交易过程中标识用户身份、安全要求不高的场合避免用户重复输入名字和密码、门户网站的主页定制、有针对性地投放广告等。

Cookie 的目的就是为用户带来方便，为网站带来增值。虽然有着许多误传，事实上 Cookie 并不会造成严重的安全威胁。Cookie 永远不会以任何方式被执行，因此也不会带来病毒或攻击你的系统。另外，由于浏览器一般只允许存放 300 个 Cookie，每个站点最多存放 20 个 Cookie，每个 Cookie 的大小限制为 4 kB，因此 Cookie 不会塞满用户的硬盘，更不会被用作"拒绝服务"攻击手段。

4.7.2　操作 Cookie

1. 创建 Cookie

调用 Cookie 对象的构造函数可以创建 Cookie。Cookie 对象的构造函数有两个字符串参数：Cookie 名字和 Cookie 值。名字和值都不能包含空白字符以及下列字符：[ ] ( ) = , " /
? @ : ;

```
Cookie cookie = new Cookie(CookieName,"Test_Content");
```

以上语句建立了一个 Cookie 对象，初始化有两个参数，第一个参数 CookieName 定义了 Cookie 的名字，后一个参数也是一个字符串，定义了 Cookie 的内容，也就是我们希望网页在用户的机器上标识的文件内容。举例如下。

```
<html>
<body>
<% String CookieName = "Sender";          //声明一个变量
Cookie cookie = new Cookie(CookieName,"Test_Content");
```

```
                                          //为这个变量创建 Cookie 对象
Cookie.setMaxAge(10);                     //设置 Cookie 变量的有效时间
Response.add Cookie(cookie);              //将 Cookie 变量加入到 Cookie 中
% >
< /body >
< /html >
```

2. 读取 Cookie 值

使用 getCookies() 方法在程序中读取 Cookie 值。该方法返回的是包括所有 Cookie 值的数组，因此还要通过循环语句取出每个 Cookie 的值。

从 Cookie 中取得数据的步骤如下。

（1）调用 request 对象的 getCookies 方法，取得保存在 Cookie 中的数据，返回值为一个 Cookie 变量的数组，语法如下：

```
Cookie [ ] 数组名 = request. getCookies();
```

（2）利用循环从 Cookie 变量数组中取出 Cookie 变量。

（3）调用 Cookie 的 getName 方法取得该变量中的数据的名称和值，加以对比，从而找出要取得的数据。语法如下：

```
Cookie 变量 .getName();
Cookie 变量 .getValue();
```

返回值为一个字符串，代表 Cookie 变量中所保存数据的名称。

4.7.3 案例九：Cookie 操作示例

【案例功能】读取 Cookie。

【案例目标】掌握 Cookie 变量的基本使用。

【案例要点】Cookie 数组。

【案例步骤】

（1）编写 getCookie. jsp 源代码文件。

案例视频扫一扫

【源码】getCookie. jsp

```
1    < % @ page contentType = "text /html; charset = GB2312" language = "java" % >
2    < html >
3    < head >
4    < title > 读取 Cookie 的值 < /title >
5    < /head >
6    < body >
7    < %
8      Cookie cookies[] = request.getCookies();
9      Cookie sCookie = null;
10     String sname = null;
11     String name = null;
12     if(cookies = = null){
13   % >
14   < p > no cookie exists < /p > < br >
```

```
15        <%{
16         else
17         {
18       %>
19       The cookie length is:<% = cookies.length%> <br>
20        <%
21         for(int i = 0;i<cookies.length;i + +)
22       {
23          sCookie = cookies[i];
24        sname = sCookie.getName();
25        name = sCookie.getValue();
26        %>
27        cookie name is:<% = sname%> <br>
28        cookie value is <% = name%> <br>
29         <%}}%>
30       </body>
31       </html>
```

【代码说明】

 - 第 1 行：JSP 指令元素，page 指令用于定义与整个 JSP 页面相关的属性，对整个页面有效。
 - 第 8 行：读取 Cookie 的值，存放于数组 Cookies 中。
 - 第 9 ~ 11 行：定义三个字符串变量，并赋初值为 null。
 - 第 12 ~ 15 行：判断如果没有 Cookie，即 Cookies 数组为空，则给出相应提示。
 - 第 16 ~ 29 行：如果 Cookies 数组有值，则依次读取并输出。
 - 其他各行：JSP 模板数据，提供一些必要的 HTML 标记语言。

（2）启动 Tomcat 服务器后，运行结果如图 4 – 17 所示。

图 4 – 17　getCookie. jsp 的运行结果

4.7.4　查看、设置 Cookie 属性的方法

把 Cookie 加入发送的应答头文件之前，可以查看或设置 Cookie 的各种属性。下面简要介绍这些方法，见表 4 – 7。

表 4 - 7　查看、设置 Cookie 属性的方法

方　法	说　明
getComment/setComment	获取/设置 Cookie 的注释
getDomain/setDomain	获取/设置 Cookie 适用的域。一般地，Cookie 只返回给与发送它的服务器名字完全相同的服务器。使用这里的方法可以指示浏览器把 Cookie 返回给同一域内的其他服务器。注意域必须以点开始（例如 . sitename. com），非国家类的域（如 . com，. edu，. gov）必须包含一个点，国家类的域（如 . com. cn，. edu. uk）必须包含两个点
getMaxAge/setMaxAge	获取/设置 Cookie 过期之前的时间，以秒计。如果不设置该值，则 Cookie 只在当前会话内有效，即在用户关闭浏览器之前有效，而且这些 Cookie 不会保存到磁盘上
getName/setName	获取/设置 Cookie 的名字。本质上，名字和值是我们始终关心的两个部分。由于 HttpServletRequest 的 getCookies 方法返回的是一个 Cookie 对象的数组，因此通常要用循环来访问这个数组查找特定名字，然后用 getValue 检索它的值
getPath/setPath	获取/设置 Cookie 适用的路径。如果不指定路径，Cookie 将返回给当前页面所在目录及其子目录下的所有页面。这里的方法可以用来设定一些更一般的条件。例如，someCookie. setPath（"/"），此时服务器上的所有页面都可以接收到该 Cookie
getSecure/setSecure	获取/设置一个 boolean 值，该值表示是否 Cookie 只能通过加密的连接（即 SSL）发送
getValue/setValue	如前所述，名字和值实际上是我们始终关心的两个方面。不过也有一些例外情况，比如把名字作为逻辑标记（也就是说，如果名字存在，则表示 true）
getVersion/setVersion	获取/设置 Cookie 所遵从的协议版本。默认版本 0（遵从原先的 Netscape 规范）；版本 1 遵从 RFC 2109，但尚未得到广泛的支持

4.8　其他内置对象

除了前面介绍的几种对象外，JSP 的内置对象还包括 config 对象、exception 对象、page 对象、pageContext 对象，本节只作一些简单介绍。

4.8.1　config 对象

config 对象是 java. servlet. ServletConfig 接口的一个实例，它用于初始化参数，常用方法见表 4 - 8。

表 4 - 8　ServletConfig 提供的方法

方　法	说　明
getInitParameter（String name）	返回指定初始化参数的值，没有则返回 null
getInitParameterNames()	返回所有初始化参数名称的枚举
getServletContext	返回与调用的 servlet 相关联的 ServletContext 对象的值，保存 servlet 正在运行的环境信息
getServletName()	返回正在调用的 servlet 的名字

4.8.2　exception 对象

exception 对象是 javax. lang. Throwable 类的一个实例。当一个 JSP 对象在运行过程中发生例外时，就将产生这个对象，也就是被调用的错误页面的结果（该页面的 isErrorPage 属性值为 true）。常用的方法见表 4 – 9。

表 4 – 9　Throwable 提供的方法

方　法	说　明
getMessage( )	返回描述例外消息的字符串
toString( )	返回关于例外的简短描述消息
printStackTrace( )	返回例外及其栈轨迹

4.8.3　page 对象和 pageContext 对象

page 对象是 java. lang. Object 类的一个实例，它指的是 JSP 页面本身，如同引用 this。

pageContext 对象是 java. servlet. jsp. PageContext 类的一个实例，由 JSP 引擎产生的servlets代码使用。用于访问在 JSP 中的各种可用的范围。

在一般的 JSP 编程中很少使用 page 对象和 pageContext 对象。

4.9　上机实训

1. 实训目的

（1）掌握 out、request、response 等内置对象的使用。

（2）掌握典型的聊天室和网站计数器的制作。

2. 实训内容

（1）完成用户登录系统的后台处理。

（2）制作网站计数器和聊天室。

4.10　本章习题

一、选择题

1. 下面不属于 JSP 内置对象的是（　　）。

　　A. out 对象　　　　B. respone 对象　　　C. application 对象　　D. page 对象

2. 以下（　　）对象提供了访问和放置页面中共享数据的方式。

　　A. pageContext　　B. response　　　　C. request　　　　D. session

3. 调用 getCreationTime( ) 可以获取 session 对象创建的时间，该时间的单位是（　　）。

　　A. 秒　　　　　　B. 分秒　　　　　　C. 毫秒　　　　　D. 微秒

4. 一个典型的 HTTP 请求消息包括请求行、多个请求头和（　　）。

　　A. 响应行　　　　B. 信息体　　　　　C. 响应行　　　　D. 响应头

5. out 对象是一个输出流，其输出各种类型数据并换行的方法是（　　）。

A. out. print （　　）　　　B. out. newLine （　　）　　C. out. println （　　）　　　D. out. write （　　）

6. out 对象是一个输出流，其输出不换行的方法是 （　　　　）。

　　A. out. print （　　）　　　B. out. newLine （　　）　　C. out. println （　　）　　　D. out. write （　　）

7. Form 表单的 method 属性能取下列 （　　　　） 的值。

　　A. submit　　　　　　　B. puts　　　　　　　　C. post　　　　　　　　D. out

8. 能在浏览器的地址栏中看到提交数据的表单提交方式是 （　　　　）。

　　A. submit　　　　　　　B. get　　　　　　　　C. post　　　　　　　　D. out

9. 可以利用 request 对象的 （　　　　） 方法获取客户端的表单信息。

　　A. request. getParameter（ ）　　　　　　　B. request. outParameter（ ）

　　C. request. writeParameter（ ）　　　　　　D. request. handlerParameter（ ）

10. JSP 页面中 request. getParamter（ ） 得到的数据，其类型是 （　　　　）。

　　A. Double　　　　　B. int　　　　　　　　C. String　　　　　　D. Integer

11. JSP 页面程序片中可以使用下列 （　　　　） 方法将 strNumx = request. getParamter （"ix"）得到的数据类型转换为 Double 类型。

　　A. Double. parseString （strNumx）　　　　B. Double. parseDouble （strNumx）

　　C. Double. parseInteger （strNumx）　　　　D. Double. parseFloat （strNumx）

12. 下面不属于 <input> 标记中的 name 属性取值的是 （　　　　）。

　　A. text　　　　　　B. radio　　　　　　　C. checkbox　　　　　D. picture

13. <select> 用于在表单中来定义下拉列表框和滚动列表框控件，下面 （　　　　） 属性指定列表框默认选项。

　　A. size　　　　　　B. value　　　　　　　C. selected　　　　　D. checked

二、判断题

1. Tomcat 服务器支持直接使用 application 对象。　　　　　　　　　　　　　　　（　　）

2. out 对象是一个输出流，它实现了 javax. servlet. JspWriter 接口，用来向客户端输出数据。　　　　　　　　　　　　　　　　　　　　　　　　　　　　　　　　　　　（　　）

3. 利用 response 对象的 sendRedirect 方法只能实现本网站内的页面跳转，但不能传递参数。　　　　　　　　　　　　　　　　　　　　　　　　　　　　　　　　　　　　（　　）

4. respone 对象主要用于向客户端发送数据。　　　　　　　　　　　　　　　　　（　　）

5. contentType 属性用来设置 JSP 页面的 MIME 类型和字符编码集，取值格式为" MIME 类型" 或" MIME 类型；charset = 字符编码集"，response 对象调用 addHeader 方法修改该属性的值。　　　　　　　　　　　　　　　　　　　　　　　　　　　　　　　　　　　　　（　　）

6. Post 属于表单的隐式提交信息方法。　　　　　　　　　　　　　　　　　　　（　　）

7. <select> 标记用于在表单中插入一个下拉菜单。　　　　　　　　　　　　　　（　　）

8. 表单信息的验证只能放在服务器端执行。　　　　　　　　　　　　　　　　　（　　）

9. 网页中只要使用 GB2312 编码就不会出现中文乱码。　　　　　　　　　　　　（　　）

10. 表单提交的信息就封装在 HTTP 请求消息的信息体部分，用户使用 request 对象的 getParameter 方法可以得到通过表单提交的信息。　　　　　　　　　　　　　　　（　　）

11. request 对象的 getRemoteHost（ ） 方法既能获取客户机的名称，又能获取客户 IP 地址。　　　　　　　　　　　　　　　　　　　　　　　　　　　　　　　　　　　　（　　）

12. 同一个客户在同一个 Web 服务目录中的 session 对象是相同的，在不同的 Web 服务

目录中的 session 对象是不相同的。　　　　　　　　　　　　　　　　　（　　）

13. session 对象是 HttpSession 接口类的实例，由客户端负责创建和销毁，所以不同客户的 session 对象不同。　　　　　　　　　　　　　　　　　　　　　　　　　（　　）

14. public long session. setMaxInactiveInterval( ) 设置最长发呆时间，单位毫秒。（　　）

15. session 对象可以用来保存用户会话期间需要保存的数据信息。　　　　（　　）

16. application 对象对所有用户都是共享的，任何对它的操作都会影响到所有的用户。

　　　　　　　　　　　　　　　　　　　　　　　　　　　　　　（　　）

三、填空题

1. out 对象的＿＿＿＿＿＿＿方法，功能是输出缓冲的内容。

2. JSP 的＿＿＿＿＿＿＿对象用来保存单个用户访问时的一些信息。

3. response 对象的＿＿＿＿＿＿＿方法可以将当前客户端的请求转到其他页面去。

4. 当客户端请求一个 JSP 页面时，JSP 容器会将请求信息包装在＿＿＿＿＿＿＿对象中。

5. response. setHeader（"Refresh","5"）的含义是指页面刷新时间为＿＿＿＿＿＿＿。

6. 表单的提交方法包括＿＿＿＿＿＿和＿＿＿＿＿＿＿方法。

7. 通过设置 Cookie 变量的＿＿＿＿＿＿＿属性来设置它的生命期限。

四、思考题

1. 请简述 JSP 中常用的内置对象。

2. 简述 request 对象和 response 对象的作用。

3. session 对象与 application 对象有何区别？

4. 网页中的表单如何定义？通常表单中包含哪些元素？

5. 如何处理表单提交的汉字？

6. 一个用户在不同的 Web 服务目录的 session 相同吗？

7. 内置对象的 4 个作用范围是什么？什么情况下 session 会关闭？

8. response. sendRedirect（URL url）方法的作用是什么？

9. 怎样使用 request、session 和 application 对象进行参数存取？

10. 什么是 Cookie？怎么设置和获取 Cookie 值？

第 5 章　JDBC 技术

【学习要点】
- JDBC 的工作原理及接口类型
- JDBC 连接数据库
- JDBC 访问数据库

5.1　JDBC 概述

5.1.1　什么是 JDBC

JDBC 是 Java 的开发者——Sun 的 Javasoft 公司制定的 Java 数据库连接（Java DataBase Connectivity）技术的简称，是 Java 语言访问数据库的一个规范，本质上是一个面向对象的 Java API（Application Programming Interface 应用程序接口），为各种常用数据库提供无缝连接。JDBC 对应用开发人员、数据库前台工具开发人员而言是 API，使开发人员可以用纯 Java 语言编写完整的数据库应用程序，降低了开发人员的工作量；同时它为数据库厂商及第三方中间件厂商实现与数据库的连接提供了一个标准体系结构，让厂商可以为自己的数据库产品提供 JDBC 驱动程序，从而提高了 Java 程序访问数据库的效率。

JDBC 的主要功能包括以下几点。

（1）与数据库建立连接。

（2）发送 SQL 语句。

（3）处理数据库返回结果。

JDBC 在 Web 和 Internet 应用程序中的作用和 ODBC 在 Windows 系列平台应用程序中的作用类似。使用 JDBC 可以很容易地把 SQL 语句传送到任何关系型数据库中。换而言之，用户不需要为每一个关系数据库单独写一个程序，用 JDBC API 写出唯一的程序，便能将 SQL 语句发送到相应的任何一种数据库。程序员编程时，可以不关心它所要操作的数据库是哪个厂家的产品，从而提高了软件的通用性。只要系统上安装了正确的驱动器组，JDBC 应用程序就可以访问其相关的数据库。JDBC 与 Java 语言的结合使程序员不必为不同的平台编写不同的应用程序，只需写一遍程序就可以让它在任何平台上运行。由于 Java 语言具有健壮性、安全、易使用、易理解和自动下载到网络等优点，因此，它是数据库应用的一个极好的基础语言。现在需要找到一种能使 Java 应用与各种不同数据库对话的方式，而 JDBC 正是实现这种对话的一种机制。

5.1.2　JDBC 的体系结构

使用 JDBC 来完成对数据库的访问包括以下 4 个主要组件：Java 的应用程序、JDBC 驱动器管理器、JDBC 驱动程序和数据源。而 JDBC 的结构大致可分为 JDBC API、JDBC 驱动管理者和 JDBC 驱动程序 3 个部分，如图 5 - 1 所示。

各部分的功能说明如下。

（1）应用程序：用于发送或者接收数据。

（2）JDBC API：屏蔽不同的数据库驱动程序之间的差别，提供一个标准的、纯 Java 的数据库程序设计接口，为在 Java 中访问任意类型的数据库提供技术支持。

（3）JDBC 驱动程序管理器：为应用程序装载数据库驱动程序。

（4）JDBC 驱动程序：提供数据源和应用程序之间的接口，与具体的数据库相关，用于向数据库提交 SQL 请求。

（5）数据源：与 SQL 兼容的数据库。

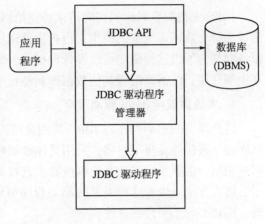

图 5 - 1　JDBC 体系结构图

综上所述，应用程序只需调用 JDBC API，而由 JDBC 实现层（即 JDBC 驱动程序）去处理与数据库的通信，从而让应用程序不再受限于具体的数据库产品。如果想通过 JDBC 去连接某个特定的数据库系统，只需使用专门为这种数据库系统开发的 JDBC 驱动程序，而这些相关的 JDBC 驱动程序可以到各大数据库厂商的官方网站上进行下载。

5.1.3　JDBC 驱动程序

所谓 JDBC 驱动程序，就是各个数据库厂商根据 JDBC 规范开发的 JDBC 实现类，目前比较常见的 JDBC 驱动程序可分为以下 4 种类型。

1. JDBC - ODBC 桥

JDBC - ODBC 桥实质上就是利用 ODBC 驱动程序提供 JDBC 访问。因为微软推出的 OD-BC 比 JDBC 出现的时间早，且应用广泛，支持绝大多数的数据库，当 SUN 公司推出 JDBC 时，为了支持更多的数据库，Intersolv 和 JavaSoft 联合开发 JDBC - ODBC 桥。这种类型的驱动实际是把所有 JDBC 的调用传递给 ODBC，再由 ODBC 调用本地数据库驱动代码。但由于 JDBC - ODBC 先调用 ODBC，再由 ODBC 去调用本地数据库接口访问数据库，需要经过多层调用，所以执行效率比较低，对于那些大数据量存取的应用是不适合的。而且这种方法要求客户端必须安装 ODBC 驱动，所以对于基于 Internet、Intranet 的应用是不现实的。目前，JDBC - ODBC 桥应被看成是一种过渡性解决方案，不过，在数据库没有提供 JDBC 驱动，只有 ODBC 驱动的情况下，也只能采用 JDBC - ODBC 桥的方式访问数据库。例如，对微软的 Access 数据库操作时，就只能用 JDBC - ODBC 桥来访问了。

2. JDBC 本地 API 桥

大部分数据库厂商提供与他们的数据库产品进行通信所需要的 API，这些 API 往往用 C 语言编写，依赖于具体的平台，本地 API 桥通过 JDBC 驱动程序将应用程序中的调用请求转化为本地 API 调用，由本地 API 与数据库通信，数据库处理完请求将结果通过本地 API 返回，进而返回给 JDBC 驱动程序，JDBC 驱动程序将返回的结果转化为 JDBC 标准形式，再返回给客户程序。

3. JDBC 网络纯 Java 驱动程序

JDBC 先把对数局库的访问请求传递给网络上的中间件服务器，中间件服务器再把请求翻译为符合数据库规范的调用，再把这种调用传给数据库服务器。由于大部分功能实现都在服务器端，所以这种驱动可以设计得很小，可以非常快速地加载到内存中。但是，这种驱动在中间件层仍然需要配置其他数据库驱动程序。

4. 本地协议纯 Java 驱动程序

这种类型的驱动程序将 JDBC 调用直接转换为 DBMS 所使用的网络协议。这种驱动与数据库建立直接的套接字连接，采用具体数据库厂商的网络协议把 JDBC API 调用转换为直接网络调用，也就是允许从客户机机器上直接调用 DBMS 服务器，是 Intranet 访问的一个很实用的解决方法。由于这种类型的驱动程序可以直接和数据库服务器通信，且完全由 Java 实现，因此实现了平台独立性。

在以上 4 种类型的驱动程序中，后面两种类型更为常用，且效率较高，前面两种目前作为过渡方案在使用，效率较低。

5.2　JDBC API 简介

5.2.1　什么是 JDBC API

JDBC 的核心是为用户提供 Java API 类库，让用户能够创建数据库连接、执行 SQL 语句、检索结果集、访问数据库元数据。JDBC API 实质上就是为 java 语言访问数据设计的一组应用程序接口，由一组用 Java 语言编写的类和接口组成，可以为多种关系数据库提供统一访问，如 Sybase、Oracle、Sql Server。

JDBC API 包含在 JDK 中，被分散入了两个包：java. sql 和 javax. sql。

（1）java. sql：用来连接数据源的类和接口，处理将数据提取到结果集中的 SQL 语句，插入、更新或删除数据，执行存储过程。

（2）javax. sql：用于像连接池和分布式事务这类的高级服务器端处理特性的类和接口。

根据 JDBC API 对于程序开发人员和数据库厂商的不同意义，可以把 JDBC API 接口分为两个层次：一个是面向程序开发人员的 JDBC API；另一个是底层的 JDBC Driver API。

①面向 Java 程序员的 JDBC API：Java 程序员通过调用此 API 从而实现连接数据库、执行 SQL 语句并返回结果集等编程数据库的能力。

②面向数据库厂商的 JDBC Drive API：数据库厂商必须提供相应的驱动程序并实现 JDBC API 所要求的基本接口（每个数据库系统厂商必须提供对 DriveManager、Connection、Statement、ResultSet 等接口的具体实现），从而最终保证 Java 程序员通过 JDBC 实现对不同的数据库操作。

JDBC API 中定义的类和接口比较多，下面列出了一些常用的类与接口。

（1）java. sql. DriverManager：用于跟踪 JDBC 驱动程序，其主要功能是使用其 getConnection（）方法来取得一个与数据库的连接。

（2）java. sql. Driver：该接口代表 JDBC 驱动程序。这个接口由数据库的厂商实现，如 oracle. jdbc. OracleDriver 类是 Oracle 数据库提供的该接口的一个实现。

（3）java. sql. Connection：该接口代表与数据库的连接，它通过 DriverManager. getConnection（）方法来获得。该接口提供了创建 SQL 语句的方法，以完成 SQL 操作。SQL 语句只能在 Connection 提供的环境内部执行。

（4）java. sql. Statement：该接口提供了在给定数据库连接的环境中执行 SQL 语句的方法。该接口的子接口 java. sql. PreparedStstement 可以执行预先解析过的 SQL 语句；该接口的另外一个子接口 java. sql. CallableStatement 可以执行数据库的存储过程。

（5）java. sql. ResultSet：这个接口保存了执行数据库查询语句后所产生的结果集，可以通过它提供的 next（）或 absolute（）等方法定位到结果的某行。

（6）java. sql. SQLException：这是一个异常类，它提供了对数据库操作错误时的信息。
这些接口和类的具体用法会在后面章节中进行介绍。

5.2.2 JDBC API 的接口

Java 接口实际上是常量和方法的集合。通过接口机制可以使不同层次、甚至互不相关的类具有相同的行为。接口机制具有比多重继承更简单、更灵活的特点，并且具有更强的功能。与类不同的是，一个接口可以有多个父接口，用逗号隔开；而一个类只能有一个父类，子接口继承父接口中所有的常量和方法。

Java 接口主要作用如下。

（1）通过接口可以实现不相关类的相同行为，而不需要考虑这些类之间的层次关系。

（2）通过接口可以指明多个类需要实现的方法。

（3）通过接口可以了解对象的交互界面，而不需要了解对象所对应的类。

1. java. sql. Driver 接口

Driver 接口是每个驱动程序类必须实现的接口。每种数据库的驱动程序都应该提供一个实现 java. sql. Driver 接口的类，简称 Driver 类，在加载某一驱动程序的 Driver 类时，应该创建自己的实例并向 java. sql. DriverManager 类注册该实例。当创建一个连接时，DriverManager 驱动程序管理器将试图使用所能找到的驱动程序建立与 URL 统一资源定位器的连接。Driver 接口的常用方法见表 5 – 1。

表 5 – 1　Driver 接口的常用方法

序　号	方　法	功　能
1	Connection connect（String URL, Properties info）	url 表示需要创建连接的数据库的 URL 地址； 　Info 表示创建连接需要的辅助参数，如访问数据库需要的用户名（user）和密码（password）； 　connect 方法在成功建立与 URL 的连接时返回一个 Connection 对象，如果不能建立连接则返回 null，如果出现错误则会产生一个 SQLException 异常
2	DriverPropertyInfo［］getProp-ertyInfo（StringURL, Proper-ties info）	获得与指定 URL 建立连接需要的属性信息，返回指是一个 DriverPropertyInfo 数组，保存了建立连接需要的属性名称及相应的值，若为空则表示没有属性
3	boolean acceptsURL（String URL）	判断给定的 URL 是否是合法，合法返回 true，否则返回 false

2. java. sql. Connection 接口

Connection 接口用来与特定数据源建立连接，是进行其他数据库访问操作的前提。只有在成功建立连接的前提下，SQL 语句才可能被传递到数据库，最终被执行并返回结果。Connection 接口的常用方法见表 5－2。

表 5－2　Connection 接口的常用方法

序　号	方　　法	功　　能
1	Statement createStatement( )	创建一个 Statement
2	PreparedStatement PrepareStatement（String sql）	使用指定的 SQL 语句创建一个预处理语句，返回值是包含了经过预编译的 SQL 语句的新的 Prepared Statement 对象
3	CallableStatement prepareCall（String sql）	创建一个 CallableStatement 用于执行存储过程，sql 参数是调用的存储过程
4	void close( )	关闭和数据库的连接
5	void commit( )	提交对数据库的更改，这个方法只有调用了 setAuto Commit（false）方法后才有效，否则对数据库的更改会自动提交到数据库
6	void rollback( )	回滚当前执行的操作，只有调用了 setAutoCommit（false）才可以使用
7	boolean isClosed( )	判断连接是否已经关闭
8	boolean setAutoCommit（boolean autoCommit）	设置操作是否自动提交到数据库，默认情况下是 true
9	boolean isReadOnly( )	判断连接是否为只读模式
10	void setReadOnly( )	设置连接的只读模式
11	void clearWarnings( )	清除连接的所有警告信息
12	String getCatalog( )	获取连接对象的当前目录名

3. java. sql. Statement 接口

Statement 接口用于在已经建立的连接的基础上向数据库发送 SQL 语句并返回结果。实际上有 3 种 Statement 对象：Statement、PreparedStatement（继承自 Statement）和 CallableStatement（继承自 PreparedStatement）。它们都作为在给定连接上执行 SQL 语句的容器，每个都专用于发送特定类型的 SQL 语句：Statement 对象用于执行不带参数的简单 SQL 语句；PreparedStatement 对象用于执行带或不带 IN 参数的预编译 SQL 语句；CallableStatement 对象用于执行对数据库已存储过程的调用。Statement 接口提供了执行语句和获取结果的基本方法；PreparedStatement 接口添加了处理 IN 参数的方法；而 CallableStatement 添加了处理 OUT 参数的方法。Statement 接口的常用方法见表 5－3。

表 5－3　Statement 接口的常用方法

序　号	方　　法	功　　能
1	void addBatch（String sql）	在 Statement 语句中增加用于数据库操作的 SQL 批处理语句
2	void cancel( )	取消 Statement 中的 SQL 语句指定的数据库操作命令
3	void clearBatch( )	清除 Statement 中的 SQL 批处理语句

序　号	方　　法	功　　能
4	void clearWarnings( )	清除 Statement 语句中的操作引起的警告
5	void close( )	关闭 Statement 语句指定的数据库连接
6	boolean execute（String sql）	执行 SQL 语句
7	int［］executeBatch( )	执行多个 SQL 语句
8	ResultSet executeQuery（String sql）	进行数据库查询，返回结果集
9	int executeUpdate（String sql）	进行数据库更新
10	Connection getConnection( )	获取对数据库的连接
11	int getFetchDirection（ ）	获取从数据库表中获取行数据的方向
12	int getFetchSize( )	获取返回的数据库结果集行数
13	int getMaxFieldSize( )	获取返回的数据库结果集最大字段数
14	int getMaxRows( )	获取返回的数据库结果集最大行数
15	boolean getMoreResults( )	获取 Statement 的下一个结果
16	int getQueryTimeout( )	获取查询超时设置
17	ResultSet getResultSet( )	获取结果集
18	nt getUpdateCount( )	获取更新记录的数量
19	void setCursorName（String name）	设置数据库 Cursor 的名称
20	void setFetchDirection（int dir）	设置数据库表中获取行数据的方向
21	void setFetchSize（int rows）	设置返回的数据库结果集行数
22	void setMaxFieldSize（int max）	设置最大字段数
23	void setMaxRows（int max）	设置最大行数
24	void setQueryTimeout（int seconds）	设置查询超时时间

4. java. sql. PreparedStstement 接口

PreparedStatement 接口继承了 Statement 接口，但 PreparedStatement 语句中包含了经过预编译的 SQL 语句，因此可以获得更高的执行效率。此外，PreparedStatement 与 Statement 不同之出在于它构造的 SQL 语句不是完整的语句，而需要在程序中进行动态设置，在 Prepared-Statement 语句中可以包含多个用 "?" 代表的字段，在程序中可以利用 setXXX 方法设置该字段的内容，从而增强了程序设计的动态性及程序设计的灵活性。所以对于某些使用频繁的 SQL 语句，用 PreparedStatement 语句比用 Statement 具有明显的优势。Prepared Ststement 接口的常用方法见表 5 - 4。

表 5 - 4　PreparedStstement 接口的常用方法

序　号	方　　法	功 · 能
1	void addBatch（String sql）	在 Statement 语句中增加用于数据库操作的 SQL 批处理语句
2	void clearparameters（ ）	清除 PreparedStatement 中的设置参数
3	ResultSet executeQuery（String sql）	执行 SQL 查询语句
4	ResultSetMetaData getMetaData( )	进行数据库查询，获取数据库元数据

序　号	方　法	功　能
5	void setArray（int index，Array x）	设置为数组类型
6	void setAsciiStream（int index，InputStream stream，int length）	设置为 ASCII 输入流
7	void setBigDecimal（int index，BigDecimal x）	设置为十进制长类型
8	void setBinaryStream（int index，InputStream stream，int length）	设置为二进制输入流
9	void setCharacterStream（int index，InputStream stream，int length）	设置为字符输入流
10	void setBoolean（int index，boolean x）	设置为逻辑类型
11	void setByte（int index，byte b）	设置为字节类型
12	void setBytes（int index byte［］b）	设置为字节数组类型
13	void setDate（int index，Date x）	设置为日期类型
14	void setFloat（int index，float x）	设置为浮点类型
15	void setInt（int index，int x）	设置为整数类型
16	void setLong（int index，long x）	设置为长整数类型
17	void setRef（int index，int ref）	设置为引用类型
18	void setShort（int index，short x）	设置为短整数类型
19	void setString（int index，String x）	设置为字符串类型
20	void setTime（int index，Time x）	设置为时间类型

5. java. sql. CallableStatemet 接口

CallableStatement 接口继承并扩展了 PreparedStatement 接口，用于执行数据库中的 SQL 存储过程。CallableStatement 接口是 PreparedStatement 类的子类，存放在 java. sql 包中用 Connection 接口的 prepareCall 方法创建。在使用该接口时可以通过 PreparedStatement 接口的 setXXX 方法来设置存储过程需要的 IN 参数，存储过程中的 OUT 参数可以使用 CallableStatement 接口中的 getXXX 方法来获取，其值在存储过程中的 IN 或 OUT 参数按其出现的先后排序从 1 开始。CallableStatement 可以返回一个或多个 ResultSet 实例。处理多个 ResultSet 对象的方法是从 Statement 中继承来的。CallableStatement 接口的常用方法见表 5 - 5。

表 5 - 5　CallableStatement 接口的常用方法

序　号	方　法	功　能
1	Array getArray（int I）	获取数组
2	boolean getBoolean（int index）	获取逻辑类型
3	byte getByte（int index）	获取字节类型
4	Date getDate（int index）	获取日期类型
5	double getDouble（int index）	获取双精度类型

序　号	方　法	功　能
6	float getFloat（int index）	获取浮点类型
7	int getint（int index）	获取整数类型
8	long getLong（int index）	获取长整数类型
9	Object getObject（int index）	获取对象类型
10	short getShort（int index）	获取短整数类型
11	String getString（int index）	获取字符串类型
12	Time getTime（int index）	获取时间类型
13	void registerOutput Parameter（int index，int type，int scale）	注册输出参数

6. java. sql. ResultSet 接口

ResultSet 接口提供访问 ResultSet（结果集）的方法，可以使用 ResultSet 接口中的方法来获得结果集中的内容，它不仅提供了一套 get 方法对这些结果集中的数据进行访问，还提供了很多移动指针（cursor，也译为光标）的方法。ResultSet 接口的常用方法见表 5 - 6。

表 5 - 6　ResultSet 接口的常用方法

序　号	方　法	功　能
1	boolean absolute（int row）	将指针移动到结果集对象的某一行
2	void afterLast()	将指针移动到结果集对象的末尾
3	void beforeFirst()	将指针移动到结果集对象的头部
4	boolean first()	将指针移动到结果集对象的第一行
5	Array getArray（int row）	获取结果集中的某一行并将其存入一个数组
6	boolean getBoolean（int columnIndex）	获取当前行中某一列的值，返回一个布尔型值
7	byte getByte（int columnIndex）	获取当前行中某一列的值，返回一个字节型值
8	short getShort（int columnIndex）	获取当前行中某一列的值，返回一个短整型值
9	int getInt（int columnIndex）	获取当前行中某一列的值，返回一个整型值
10	long getLong（int columnIndex）	获取当前行中某一列的值，返回一个长整型值
11	double getDouble（int columnIndex）	获取当前行中某一列的值，返回一个双精度型值
12	float getFloat（int columnIndex）	获取当前行中某一列的值，返回一个浮点型值
13	String getString（int columnIndex）	获取当前行中某一列的值，返回一个字符串
14	Date getDate（int columnIndex）	获取当前行中某一列的值，返回一个日期型值
15	Object getObject（int columnIndex）	获取当前行中某一列的值，返回一个对象
16	Statement getStatement()	获得产生该结果集的 Statement 对象
17	URL getURL（int columnIndex）	获取当前行中某一列的值，返回一个 java. net. URL 型值
18	boolean isBeforeFirst()	判断指针是否在结果集的头部
19	boolean isAfterLast()	判断指针是否在结果集的末尾
20	boolean isFirst()	判断指针是否在结果集的第一行

序　号	方　法	功　能
21	boolean isLast( )	判断指针是否在结果集的最后一行
22	boolean last( )	将指针移动到结果集的最后一行
23	boolean	将指针移动到当前行的下一行
24	next( )　boolean previous( )	将指针移动到当前行的前一行

5.2.3　JDBC API 的类

JDBC API 中定义的类比较多，下面只对 JDBC API 常用的两个类进行介绍。

1. java. sql. DriverManager 类

在 DriverManager 类中提供了用于管理 JDBC 驱动程序的方法，作用于用户和驱动程序之间。它跟踪可用的驱动程序，并在数据库和相应驱动程序之间建立连接，另外，DriverManager 类也处理诸如驱动程序登录时间限制及登录和跟踪消息的显示等事务。当 DriverManager 类进行初始化时，将使用系统的"jdbc. drivers"属性，DriverManager 类会装载每一个找到的驱动类，可以在 . hotjava \ properties 文件中设置 jdbc. drivers 属性和查找驱动类的路径。在创建与数据库的连接时，DriverManager 类将从已装载的驱动程序中选择一个合适驱动程序用于建立连接。DriverManager 类的常用方法见表 5 – 7。

表 5 – 7　DriverManager 类的常用方法

序　号	方　法	功　能
1	Connection getConnection（String url，Properties info）	创建与指定数据库 url 的连接，info 表示创建连接需要的辅助参数
2	Driver getDriver（String url）	获得与 url 一致的驱动类
3	void registerDriver（Driver driver）	向 DriverManager 注册新的驱动类
4	Enumeration getDrivers( )	获得已装载的 JDBC 驱动程序类的信息
5	int getLoginTimeout( )	获得登录到数据库需要等待的最长时间
6	void setLogStream（Print Stream out）	设置 DriverManager 及其他驱动程序所使用的登录及跟踪的流
7	void printIn（String message）	向当前 JDBC 的登录流中输出消息

2. java. sql. SQLException 类

SQLException 类是 java. lang. Exception 类的子类。SQLException 类提供处理访问数据库时的出错信息。一般来说一个 SQLException 对象可以为用户提供如下信息。

（1）错误描述字符串：该字符串作为 Java Exception 消息，可以使用 getMessage( ) 方法来获取这个错误消息。

（2）SQLstate 字符串：该字符串遵循 XOPEN 的 SQLstate 标准，在 XOPEN 的 SQL 标准中描述该字符串的值。可以使用 getSQLState 方法来获取该字符串。

（3）错误代码：由数据库厂商提供的错误代码，是一个整数值，可以使用 getErrorCode( )

方法来获取该代码。

（4）与下一个错误的链接：有时程序运行过程中产生的错误不止一个。JDBC 提供一个错误链接来保存所有产生的错误信息，可以使用 getNextException( ) 方法来获取下一个保存错误信息的 SQLException 对象。

SQLException 类的常用方法见表 5 – 8。

表 5 – 8　SQLException 类的常用方法

序　　号	方　　法	功　　能
1	SQLException（String reason，String SQL-State，int VendorCode）	使用指定的参数构造一个 SQLException 对象
2	String getSQLState( )	获得 SQLState 代码
3	int getErrorCode( )	获得特定厂家指定的错误代码
4	SQLException getNextException( )	获得当前错误的链指向的下一个错误
5	void setNextException（SQLException ex）	将一个 SQLException 对象添加到错误链中

5.3　连接数据库

JDBC 数据库应用的第一步便是创建与数据库的连接，数据库连接是其他操作的基础。

5.3.1　JDBC 连接数据库的一般过程

创建一个以 JDBC 连接数据库的程序，包含以下 7 个步骤。

1. 加载 JDBC 驱动程序

在连接数据库之前，首先要加载想要连接的数据库的驱动到 JVM（Java 虚拟机），这通过 java. lang. Class 类的静态方法 forName（String className）实现。成功加载后，会将 Driver 类的实例注册到 DriverManager 类中。

2. 提供 JDBC 连接的 URL

连接 URL 定义了连接数据库时的协议、子协议、数据源标识。

语法格式如下。

协议：子协议：数据源标识。

具体说明如下。

（1）协议：在 JDBC 中总是以 jdbc 开始。

（2）子协议：是桥连接的驱动程序或是数据库管理系统名称。

（3）数据源标识：标记找到数据库来源的地址与连接端口。

例如，SQL Server 的连接 URL 如下所示。

```
jdbc:sqlserver: //localhost:;DatabaseName = ClassDB;
```

其中，localhost 是数据库服务器的 IP 地址，此处为本地地址；1433 是数据库的监听端口，需要看安装时的配置，默认为 1433；ClassDB 是数据库的名字。

3. 创建数据库的连接

要连接数据库，需要向 java. sql. DriverManager 请求并获得 Connection 对象，该对象就代

表一个数据库的连接。使用 DriverManager 的 getConnectin 方法传入指定的待连接的数据库的路径、数据库的用户名和密码。

4. 创建一个 Statement

要执行 SQL 语句，必须获得 java. sql. Statement 实例，Statement 实例分为以下 3 种类型。

（1）执行静态 SQL 语句。一般通过 Statement 实例实现。

（2）执行动态 SQL 语句。一般通过 PreparedStatement 实例实现。

（3）执行数据库存储过程。一般通过 CallableStatement 实例实现。

5. 执行 SQL 语句

Statement 接口提供了 3 种执行 SQL 语句的方法。

（1）ResultSet executeQuery（String sqlString）：执行查询数据库的 SQL 语句，返回一个结果集（ResultSet）对象。

（2）int executeUpdate（String sqlString）：用于执行 INSERT、UPDATE 或 DELETE 语句以及 SQL DDL 语句，如 CREATE TABLE 和 DROP TABLE 等。

（3）execute（sqlString）：可以像 executeQuery 和 executeUpdate 一样处理单个语句，还可以处理返回多个结果的预编译语句。

6. 处理结果

一般有以下两种情况。

（1）执行更新，返回的是本次操作影响到的记录数。

（2）执行查询，返回的结果是一个 ResultSet 对象。

7. 关闭 JDBC 对象

操作完成以后要把所有使用的 JDBC 对象全都关闭，以释放 JDBC 资源，关闭顺序和声明顺序相反：关闭记录集→关闭声明→关闭连接对象。

5.3.2　案例一：JDBC – ODBC 桥连接数据库

【案例功能】通过 JDBC – ODBC 桥接方式连接 SQL Server 数据库。

【案例目标】掌握 JDBC 连接数据库的一般过程，能运用 JDBC – ODBC 桥接方式连接数据库。

【案例要点】JDBC – ODBC 桥连接数据库的实施过程。

【案例步骤】

案例视频扫一扫

（1）创建第 5 章源码文件夹 ch05。

（2）先建立一个 ODBC 数据源 ClassDB，该数据源的默认数据库为 ClassDB。具体过程如下。

①选择"开始"→"控制面板"→"管理工具"→"数据源"，打开"ODBC 数据源管理器"，如图 5 – 2 所示。

②打开"系统 DSN"选项卡，单击"添加"按钮，弹出"创建新数据源"对话框，选择驱动程序为 SQL Server 选项，单击"完成"按钮，如图 5 – 3 所示。

图 5 - 2　"ODBC 数据源管理器"界面　　　　图 5 - 3　"创建新数据源"对话框

③弹出"创建到 SQL Server 的新数据源"对话框，在"名称"文本框中输入数据源的名称 ClassDB，"服务器"列表框中选择要连接的数据库服务器或直接输入数据库服务器的名称，如图 5 - 4 所示。

④单击"下一步"按钮，使用默认设置即可，再单击"下一步"按钮，选中"更改默认的数据库为"复选框，选择数据库为 ClassDB，如图 5 - 5 所示。

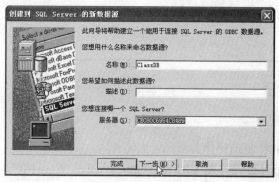 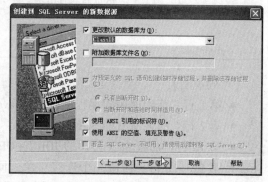

图 5 - 4　"创建到 SQL Server 的新数据源"对话框　　　图 5 - 5　更改默认数据库

⑤单击"下一步"按钮，使用默认设置即可，再单击"完成"按钮，完成配置，如图 5 - 6 所示。

⑥在弹出的对话框中，单击"测试数据源"按钮，对数据进行测试，测试成功后，单击"确定"按钮，完成测试，如图 5 - 7 所示。

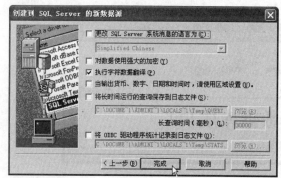 

图 5 - 6　完成配置　　　　　　　　　图 5 - 7　完成测试

（3）在 ch05 目录下编写 test1. jsp 源文件。

【源码】 test1. jsp

```
1   <% @ page language = "java" contentType = "text/html; charset = GB2312 "% >
2   <% @ page import = "java.sql. * " % >
3   <html >
4   <head >
5   <title >JDBC - ODBC 桥连接数据库 < /title >
6   < /head >
7   <body >
8   <%
9   try{
10  Class. forName( "sun. jdbc. odbc. JdbcOdbcDriver");
11  Connection conn = DriverManager. getConnection("jdbc:odbc:ClassDB","sa","sa");
12
13  out. print( " <h1 >JDBC - ODBC 桥连接数据库成功！ < /h1 >");
14  conn. close();}
15  catch( java. lang. ClassNotFoundException e){
16  System. err. println("加载驱动器有错误:" + e. getMessage());
17  System. out. print("执行插入有错误:" + e. getMessage()); }
18  % >
19  < /body >
20  < /html >
```

【代码说明】

- 第1行：指明使用的编程语言为 "java"。
- 第2行：引入所有的 SQL 包。
- 第10行：加载 SUN 公司的 JDBC - ODBC 驱动程序。
- 第11～12行：构造一个连接对象，同时设置连接 URL 为 "jdbc：odbc：ClassDB"，用户名和密码为 "sa"（用户名、密码为登录 SQL Server 时管理控制台时的用户名和密码），使用 DriverManager 类的 getConnection( ) 方法建立与数据源 ClassDB 的连接。
- 第13行：若数据库连接成功，则显示 "JDBC - ODBC 桥连接数据库成功！" 信息。
- 第14行：关闭数据库连接。
- 第15～17行：连接过程中的异常处理。

页面运行效果如图 5 -8 所示。

图 5 - 8   test1. jsp 运行效果图

5.3.3　案例二：本地协议纯 Java 驱动程序连接数据库

【案例功能】通过本地协议纯 Java 驱动的方式连接 SQL Server 数据库。

【案例目标】掌握 JDBC 连接数据库的一般过程，能运用本地协议纯 Java 驱动的方式连接后台数据库。

【案例要点】本地协议纯 Java 驱动的方式连接数据库的实施过程。

【案例步骤】

（1）到微软的官方网站下载 MS SQL Server for JDBC 的本地协议驱动程序。

（2）安装该驱动程序。

（3）设置环境变量，将驱动程序路径加入 CLASSPATH 环境变量中。

（4）在 ch05 目录下编写 test2. jsp 源文件。

案例视频扫一扫

【源码】test2. jsp

```
1   <% @ page language = "java" contentType = "text/html; charset = GB2312"% >
2   <% @ page import = "java.sql. * " % >
3   <html >
4   <head >
5   <title >本地协议纯 Java 驱动的方式连接数据库 </title >
6   </head >
7   <body >
8   <%
9   try{
10  Class.forName("com.microsoft.jdbc.sqlserver.SQLServerDriver ");
11  String url = "jdbc:microsoft: sqlserver: //localhost:1433;
12  databasename = ClassDB";
13  String user = "sa";
14  String pwd = "sa";
15  Connection conn = DriverManager.getConnection(url,user,pwd);
16  out.print(" <h1 >本地协议纯 Java 驱动的方式连接数据库成功! </h1 >");
17  conn.close();
18  }catch(Exception e){
19    out.println(e.getMessage());
20  }
21  % >
22  </body >
23  </html >
```

【代码说明】

- 第 1 行：指明使用的编程语言为 "java"。
- 第 2 行：引入所有的 SQL 包。
- 第 10 行：加载 SQL Server 数据库的本地协议纯 java 驱动程序。
- 第 11 ~ 15 行：设置连接字符串、用户名、密码，构造一个连接对象，使用 Driver-Manager 类的 getConnection( ) 方法建立与数据源 ClassDB 的连接。

- 第 16 行：若数据库连接成功，显示"本地协议纯 Java 驱动的方式连接数据库成功!"。
- 第 17 行：关闭数据库连接。
- 第 18～20 行：连接过程中的异常处理。

页面运行效果如图 5-9 所示。

图 5-9　test2. jsp 运行效果图

5.4　访问数据库

对数据库的访问包括数据的查询操作和更新操作。在查询操作中可以通过结果集得到查询结果。数据的更新操作包括：记录的修改、插入和删除，表的创建和删除，表中列的增加和删除。

5.4.1　查询数据库

在 SQL 中查询是通过 select 语句来完成的，通常，执行 SQL 查询语句会返回一个 ResultSet 对象，使用该对象可将查询结果输出显示给用户。在 JDBC 中要执行查询语句可以通过执行一般查询、参数查询和存储过程 3 种方式，分别对应 Statement、PrepareStatement 和 CallableStatement 对象。

1. 一般查询

一般查询是没有参数的，使用 Statement 对象实现。一般查询的执行过程有以下几步。

1）创建 Statement 对象

使用 Connection 接口的 CreateStatement 方法进行创建。

例如，Statement st = con. CreateStatement( );

2）选项设置

建立一个 Statement 对象后，可以使用该对象的一些方法设置需要的选项，具体方法见表 5-3。

3）执行查询语句

执行 SQL 查询语句可以使用 Statement 的 executeQuery( ) 和 execute( ) 方法，两种方法的参数均为一个需要执行的 select 语句字符串。

例如，ResultSet rs = st. executeQuery（"SELECT ＊ FROM student"）；该方法执行后将返

回表 student 中的所有行，存放在 ResultSet 对象 rs 中。

说明：executeQuery( ) 方法在一般情况下只能执行一个 SQL 查询语句，并且只能返回一个结果集。而 execute( ) 方法可以返回多个结果集，返回值是一个布尔值，如果至少能够返回一个 ResultSet 对象则其返回值为 true，否则为 false。执行 execute( ) 方法后，调用方法 getResultSet( ) 获得第一个结果集，然后调用适当的 getXXX 方法获取其中的值。要获得第二个结果集，需要先调用 getMoreResults 方法，然后再调用 getResultSet 方法。

4）关闭 Statement 对象

关闭 Statement 对象可以使用 Statement 对象的 close 方法。Statement 对象被关闭后用该对象创建的结果集也会被自动关闭。

2. 参数查询

参数查询的特点是可以接收查询参数，使用 PreparedStatement 对象实现。在准备好的 SQL 语句中指出需要的参数，再将该语句传递给数据库进行预编译，这样可以得到较高的性能，适合于在需要多次执行相同查询语句时使用。

创建 PreparedStatement 对象可以使用 Connection 对象的 prepareStatement( ) 方法。

例如：PreparedStatement ps = con. PrepareStatement （"SELECT ＊ FROM student where stu_age > = ?"）；//语句中的问号表示需要在执行查询时传递的参数。

说明：当 SQL 语句中设置了参数后，可以使用 PreparedStatement 对象的 setXXX 方法来设置需要的参数，设置参数时需要注意参数的数据类型。因为设置的是 SQL 语句的参数，所以参数的数据类型必须与 SQL 的数据类型一致，同时需要注意 SQL 数据类型与 Java 数据类型之间的对应关系。使用 PreparedStatement 对象时执行查询的方法与 Statement 对象的方法完全一样即使用 executeQuery( ) 和 execute( ) 方法，唯一不同的是 PreparedStatement 对象可以接收参数。

3. 存储过程

存储过程实际上是数据库中已经存在的 SQL 查询语句，执行相应的存储过程相当于是执行相应的 SQL 查询语句，使用 CallableStatement 对象实现。

创建 CallableStatement 对象可以使用 Connection 对象的 prepareCall( ) 方法。prepareCall( ) 方法的参数是一个字符串，在该字符串中是调用存储过程的语句。其格式为 "｛call procedurename( )｝"，其中 procedurename 是存储过程的名称。执行存储过程同样可以使用 executeQuery( ) 或 execute( ) 方法。

5.4.2　案例三：查询 ClassDB 数据库中的学生信息

【案例功能】查询学生信息，并以表格形式显示在页面上。

【案例目标】掌握查询数据库的一般过程，能运用 Statement 对象查询数据库。

【案例要点】Statement 对象查询数据库的实施过程。

【案例步骤】

（1）建立一个 ODBC 数据源 ClassDB，更改默认数据库为 ClassDB。

（2）在 ch05 目录下编写 test3. jsp 源文件。

【源码】test3. jsp

案例视频扫一扫

```
1   < % @ page language = "java" contentType = "text /html; charset = GB2312"% >
2   < % @ page import = "java.sql. * " % >
3   <html > < head > < title >数据库查询 < /title > < /head >
4   < body >
5   < table width = "75% " border = "1" align = "center" >
6   <tr > < td >学号 < /td > < td >姓名 < /td > < td >性别 < /td > < td >籍贯 < /td >
7   <td >所属系部 < /td > < td >联系电话 < /td > < td >E_mail < /td > < /tr >
8   < %
9   try { Class.forName("sun.jdbc.odbc.JdbcOdbcDriver");
10  }catch (ClassNotFoundException e)
11  {out.println(e.getMessage());}
12  try {Connection conn = DriverManager.getConnection("jdbc:odbc:
13      ClassDB","sa","sa");
14      Statement st = conn.createStatement();
15      ResultSet rs = st.executeQuery("select * from student");
16      while (rs.next())
17     { String id = rs.getString("id");
18      String name = rs.getString("name");
19      String jiguan = rs.getString("jiguan");
20      String department = rs.getString("department");
21      String sex = rs.getString("sex");
22      String tel = rs.getString("tel");
23      String email = rs.getString("e_mail");
24      out.print("<tr > < td >" + id + " < /td >");
25      out.print("<td >" + name + " < /td >");
26      out.print("<td >" + sex + " < /td >");
27      out.print("<td >" + jiguan + " < /td >");
28      out.print("<td >" + department + " < /td >");
29      out.print("<td >" + tel + " < /td >");
30      out.print("<td >" + email + " < /td > < /tr >");
31     }
32    out.print("< /table >");
33    rs.close(); st.close(); conn.close();
34   }catch (Exception e)
35   {out.println(e.getMessage());}
36  % > < /body > < /html >
```

【代码说明】
- 第 5 ~ 7 行：创建表格，并在第 1 行设计列标题，表格整体居中显示。
- 第 9 ~ 11 行：加载 JDBC – ODBC 驱动程序。
- 第 10 行：加载 SQL Server 数据库的本地协议纯 java 驱动程序。
- 第 12 ~ 15 行：创建 connection 对象、Statement 对象及 Resultset 对象，与数据库建立连接并从 student 表中读出所有记录存入结果集对象 rs 中。
- 第 16 ~ 32 行：依次从结果集 rs 中读出所有记录并以表格格式显示。
- 第 33 行：关闭相关对象。

● 第 34 ~ 35 行：异常处理。

页面运行效果如图 5 - 10 所示。

图 5 - 10　test3. jsp 运行效果图

注意以下问题。

（1）getString（）方法用来从结果集中读出字符串类型的数据，其参数可以为列的名称（如本例），也可以为列的索引号，从 1 开始，例如上例中的"rs. getString（"id"）;"语句也可以用"rs. getString（1）;"语句代替。

（2）在 jsp 对 sqlserver 数据库进行数据读取的时候，必须按照表中列名的顺序读取，否则会出现错误。例如，在数据库的 student 表中"name"字段定义顺序在"jiguan"字段前面，在读取字段的值时就不能先读取"jiguan"字段，再读取"name"字段。

（3）数据库查询完毕，必须关闭所有使用过的对象，关闭对象时应注意先后顺序，关闭的顺序一般与创建的顺序相反，此例中的关闭顺序为 Resultset→statement→connection。

5.4.3　更新数据库

数据库的更新包括：记录的修改，插入和删除，表的创建和删除，增加和删除表中的列等操作。这些操作涉及的 SQL 语句有 create，delete，drop，insert，update 等。数据库更新操作可以使用 Statement 对象上的 executeUpdate 方法执行 SQL 更新语句来实现。

executeUpdate（）方法的参数是一个字符串对象，代表需要执行的 SQL 语句，其返回值是一个整数，该整数代表 delete、insert 和 update 操作所影响的记录的条数，对于其他不返回结果的 SQL 语句，该方法返回值为零。

5.4.4　案例四：更新 ClassDB 数据库中的学生信息

【案例功能】在学生信息输入界面，输入学生基本信息，单击"添加"按钮加入数据库。

【案例目标】掌握更新数据库的一般过程，能运用 PreparedStatement 对象更新数据库。

【案例要点】PreparedStatement 对象的使用方法。

【案例步骤】

（1）建立一个 ODBC 数据源 ClassDB，更改默认数据库为 ClassDB。

（2）在 ch05 目录下编写 input. jsp 源文件，作为添加学生信息的输入界面。

案例视频扫一扫

【源码】 input. jsp

```
1   <%@ page contentType = "text/html; charset = GB2312"% >
2   <html >
3   <head > <title >学生信息录入 </title > </head >
4   <body >
5   <h1 > <center >添加学生信息 </center > </h1 >
6   <form action = "insert.jsp" method = "post" target = "_self" >
7   <table border =1 align = "center" bgcolor = "yellow" >
8   <tr > <td >学号 </td >
9   <td > <input name = "id" type = "text" maxlength = "20" > </td > </tr >
10  <tr > <td >姓名 </td >
11  <td > <input name = "name" type = "text" maxlength = "20" > </td > </tr >
12  <tr > <td >性别 </td >
13  <td > <input name = "sex" type = "radio" value = "男" checked >男
14  <input name = "sex" type = "radio" value = "女" >女 </td > </tr >
15  <tr > <td >籍贯 </td >
16  <td > <select name = "jiguan" >
17  <option value = "重庆" >重庆 </option >
18  <option value = "北京" >北京 </option >
19  <option value = "上海" >上海 </option > </select > </td > </tr >
20  <tr > <td >系部 </td >
21  <td > <select name = "dep" >
22  <option value = "计算机系" >计算机系 </option >
23  <option value = "管理系" >管理系 </option >
24  <option value = "社科系" >社科系 </option > </select > </td > </tr >
25  <tr > <td >电话 </td >
26  <td > <input name = "tel" type = "text" maxlength = "20" > </td > </tr >
27  <tr > <td >邮箱 </td >
28  <td > <input name = "email" type = "text" maxlength = "20" > </td > </tr >
29  <tr > <td colspan = "2" align = "center" >
30  <input type = "submit" name = "Submit" value = "添加" >
31  <input type = "reset" name = "reset" value = "重置" > </td > </tr >
32  </table > </form > </body > </html >
```

【代码说明】

• 第 1 行：设置文档类型为 "text/html"，文本类型的 html 文件的字符集编码是 GB2312。

• 第 6 行：指出提交表单内容到 insert. jsp 页面处理，新页面在当前窗口打开。

• 第 13 ~ 14 行：定义一组单选按钮，默认选中 "男"。

• 第 16 ~ 19 行，第 21 ~ 24 行：定义了两个下拉列表框，分别有 3 个选项。

• 第 30 ~ 31 行：定义了页面的提交按钮和重置按钮。

页面运行效果如图 5 - 11 所示。

图 5 – 11 input. jsp 运行效果图

（3）在 ch05 目录下编写 insert. jsp 源文件，添加学生信息到数据库。

【源码】insert. jsp

```
1   <% @ page language = "java" contentType = "text /html; charset = GB2312"% >
2   <% @ page import = "java.sql. * "% >
3   <html > <head > <title >数据库更新 < /title > < /head >
4   <body >
5   <% ! public String Bytes(String str)
6      | try |String str1 = str;
7            byte[] str2 = str1. getBytes("ISO8859 - 1");
8            String strnew = new String(str2);
9            return strnew;|
10     catch (Exception e)||
11     return null ; |
12  % >
13  <%
14  try | Class. forName("sun. jdbc. odbc. JdbcOdbcDriver");|
15  catch (ClassNotFoundException e)|out. println(e. getMessage());|
16  try |Connection conn = DriverManager. getConnection("jdbc:odbc:
17  ClassDB","sa","sa");
18  String id = request. getParameter("id");
19  String name = Bytes(request. getParameter("name"));
20  String sex = Bytes(request. getParameter("sex"));
21  String jiguan = Bytes(request. getParameter("jiguan"));
22  String dep = Bytes(request. getParameter("dep"));
23  String tel = request. getParameter("tel");
24  String email = request. getParameter("email");
25  PreparedStatement pst = conn. prepareStatement("insert into student
26  values(?,?,?,?,?,?,?)");
27    pst. setString(1,id);
28    pst. setString(2,name);
29    pst. setString(3,jiguan);
30    pst. setString(4,dep);
31    pst. setString(5,sex);
32    pst. setString(6,tel);
33    pst. setString(7,email);
34    int temp = pst. executeUpdate();
35    if (temp!  = 0)
36        |out. println(" <center > <h1 >学生信息添加成功! < /h1 > < /center >");|
37  else |out. println(" <center > <h1 >学生信息添加失败! < /h1 > < /center >");|
38  pst. close();
39  conn. close();
40  |catch (Exception e)
41  |out. println(e. getMessage());|
42  % >
43  < /body > < /html >
```

【代码说明】

● 第 5 ~ 12 行：进行编码转换，解决中文乱码问题，处理传递过来的参数时就可以直接调用 Bytes 方法实现中文的正常显示。

说明：由于 Tomcat 服务器默认是 ISO – 8859 – 1 编码，所以它在传递数据的时候会将编码转换成 ISO – 8859 – 1，而中文的编码方式是 GB2312，这种情况下中文在传递过程中就会变成乱码。

- 第 14 ~ 17 行：装入 JDBC – ODBC 驱动，连接数据库。
- 第 18 ~ 24 行：应用 request 对象的 getParameter 方法取得用户在 input. jsp 页面表单中输入的学生信息，并对中文信息进行类型转换。
- 第 25 ~ 26 行：创建 PreparedStatement 对象。
- 第 27 ~ 33 行：应用 PreparedStatement 对象的 setString 方法设置预编译 SQL 语句中对应的参数值。注意，参数的顺序应与 student 表中的字段顺序一致。
- 第 34 行：应用 PreparedStatement 对象的 executeUpdate 方法完成学生信息的添加，并把影响的行数存入变量 temp 中。
- 第 35 ~ 37 行：对操作结果进行判断，并打印出相应的信息。

页面运行效果如图 5 – 12 和图 5 – 13 所示。

图 5 – 12　input. jsp 页面中添加结果示意图

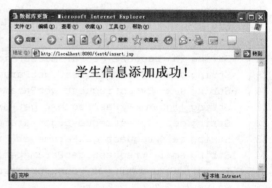

图 5 – 13　数据的处理结果图

5.5　数据库操作典型应用

分页显示是 Web 数据库应用中经常遇到的问题，当用户的数据库查询结果远远超过了计算机屏幕的显示能力的时候，如何将数据合理地呈现给用户成为一个必然要解决的问题，数据库的分页显示正是用于解决此类问题。

5.5.1　综合案例：数据库查询分页显示

【案例功能】在页面中输入查询条件，单击"查询"按钮，将查询结果进行分页显示。
【案例目标】理解分页显示的编程思想，掌握分页显示的编程方法。
【案例要点】分页显示的编程技巧。
【案例步骤】
（1）建立一个 ODBC 数据源 ClassDB，更改默认数据库为 ClassDB。
（2）在 ch05 目录下编写 searchinput. jsp 源文件，提供给用户输入查询条件。

案例视频扫一扫

【源码】searchinput. jsp

```
1   <% @ page contentType = "text /html; charset =GB2312"% >
2   <html > <head > <title >查询信息 < /title > < /head >
3   <body >
4   <center > <h1 >输入学生信息查询条件 < /h1 >
5   < form action = "resultdisplay.jsp" method = "post" target = "_self" >
6   <table width =600 border =1 bgcolor = #00ffee >
7   <tr > <td >请选择查询条件: <select name = "item" >
8                  <option value = "id" >学号 < /option >
9                  <option value = "name" >姓名 < /option >
10                 <option value = "department" >系部 < /option >
11                 <option value = "sex" >性别 < /option > < /select > < /td >
12  <td >输入查询内容: <input name = "content" type = "text" maxlength
13  = "50" > < /td >
14  <td > <input type = "submit" name = "Submit" value = "查询" > < /td > < /tr >
15  < /table > < /form > < /center >
16  < /body > < /html >
```

【代码说明】

- 第 5 行: 设置表单处理页面为 resultdisplay. jsp, 新页面在当前窗口打开。
- 第 7~11 行: 创建一个下拉列表框, 用于查询条件选择。
- 第 12~13 行: 创建一个文本输入框, 用于输入查询条件。
- 第 14 行: 创建一个"查询"按钮, 用于提交表单。

(3) 在 ch05 目录下编写 resultdisplay. jsp 源文件, 分页显示数据库记录。

【源码】resultdisplay. jsp

```
1   <% @ page language = "java" contentType = "text /html; charset =GB2312"% >
2   <% @ page import = "java.sql. * "% >
3   <html > <head > <title >分页显示数据库记录 < /title >
4   <style type = "text /css" >
5   <! - -
6   .biaoti{font - family:"隶书";font - size:14pt;text - align:center;}
7   td,center{font - size:10pt;}
8   - - >
9   < /style > < /head >
10  <body >
11  <% !
12  public String Bytes(String str)
13  { try {String str1 = str;
14       byte [] str2 = str1.getBytes( "ISO8859 -1");
15       String strnew = new String(str2);
16       return strnew;
17     }
18   catch (Exception e){}
19   return null ; }
20  % >
21  <table width = "75% " border = "1" align = "center" bgcolor = "#bbffee" >
22      <tr > <td class = "biaoti" >学号 < /td >
23      <td class = "biaoti" >姓名 < /td >
25      <td class = "biaoti" >性别 < /td >
```

```
26        <td class = "biaoti" >籍贯 < /td >
27        <td class = "biaoti" >所属系部 < /td >
28        <td class = "biaoti" >联系电话 < /td >
29        <td class = "biaoti" >E_mail < /td > < /tr >
30   < %
31   int PageSize; //一页显示的记录数
32   int RowCount; //总的记录数
33   int PageCount; //总页数
34   int intPage; //待显示的页码
35   String strPage;
36   int i;
37   try { Class. forName( "sun. jdbc. odbc. JdbcOdbcDriver"); }
38   catch (ClassNotFoundException e){out. println(e. getMessage()); }
39   try {Connection conn = DriverManager. getConnection( "jdbc:odbc:
40      ClassDB","sa","sa");
41   String item = Bytes(request. getParameter( "item"));
42   String content = Bytes(request. getParameter( "content"));
43   Statement st = conn. createStatement(ResultSet. TYPE_SCROLL_INSENSIT
44   IVE,ResultSet. CONCUR_READ_ONLY);
45   ResultSet rs = st. executeQuery( "select * from student where " + item + "
46   like '% " + content + "% '");
47   PageSize = 2;
48   strPage = request. getParameter( "Page");
49   if (strPage = = null ){intPage = 1; }
50   else {intPage = Integer. parseInt(strPage); }
51   if (intPage <1){intPage = 1; }
52   rs. last();
53   RowCount = rs. getRow();
54   PageCount = (RowCount + PageSize - 1)/PageSize;
55   if (intPage > PageCount){intPage = PageCount; }
56   if (PageCount >0){rs. absolute((intPage - 1) * PageSize + 1); }
57   i = 0;
58   while (i < PageSize&&! rs. isAfterLast()){
59      String id = rs. getString( "id");
60      String name = rs. getString( "name");
61      String jiguan = rs. getString( "jiguan");
62      String department = rs. getString( "department");
63      String sex = rs. getString( "sex");
64      String tel = rs. getString( "tel");
65      String email = rs. getString( "e_mail");
66      out. print( " <tr > <td > " + id + " < /td > ");
67      out. print( " <td > " + name + " < /td > ");
68      out. print( " <td > " + sex + " < /td > ");
69      out. print( " <td > " + jiguan + " < /td > ");
70      out. print( " <td > " + department + " < /td > ");
71      out. print( " <td > " + tel + " < /td > ");
72      out. print( " <td > " + email + " < /td > < /tr > ");
73      rs. next(); i + +; }
74      out. print( " < /table > ");% >
75
76   <br > <br > <center >当前页数 < % = intPage% >/< % = PageCount% > 
```

```
77  <% if(intPage >1){ % >
78  <a href = "resultdisplay.jsp? Page =1&item = <% = item% >&content =
79  <% = content% > " >第一页 </a >
80  <a href = "resultdisplay.jsp? Page = <% = intPage -1% >&item = <% = item% >
81  &content = <% = content% > " >上一页 </a >
82  <% }
83    if(intPage < PageCount){ % >
84  <a href = "resultdisplay.jsp? Page = <% = intPage +1% >&item = <% = item% >
85  &content = <% = content% > " >下一页 </a >
86  <a href = "resultdisplay.jsp? Page = <% = PageCount% >&item = <% = item% >
87  &content = <% = content% > " >尾页 </a >
88  <% }
89      rs.close(); st.close(); conn.close();
90  }catch(Exception e){out.println(e.getMessage());} % >
91  </center > </body > </html >
```

【代码说明】

- 第 4~9 行：创建 CSS 样式表，设置表格标题和内容的格式。
- 第 11~20 行：进行编码转换，解决中文乱码问题。
- 第 21~29 行：创建表格，在第 1 行输入列标题，并设置样式。
- 第 31~36 行：定义相关变量，变量说明见代码注释。
- 第 37~40 行：加载数据库驱动程序，创建 connection 对象连接数据库。
- 第 41~42 行：接收从 searchinput. jsp 页面传过来的两个参数"item"和"conten t"，并进行类型转换。
- 第 43~44 行：创建便于分页显示的 Statement 对象。

说明：createStatement 方法有 3 种格式。

①createStatement( )。

②createStatement (int resultSetType, int resultSetConcurrency)。

③createStatement (int resultSetType, int resultSetConcurrency, int resultSetHoldability)。

参数 resultSetType 用来定义后面得到的记录集的游标类型，取值如下。

①ResultSet. TYPE_ FORWARD_ ONLY：在 ResultSet 中只能先前移动游标，只允许向前访问一次，并且不会受到其他用户对该数据库所作更改的影响。

②ResultSet. TYPE_ SCROLL_ INSENSITIVE：在 ResultSet 中可以向前向后移动游标，不会受到其他用户对该数据库所作更改的影响。

③ResultSet. TYPE_ SCROLL_ SENSITIVE：在 ResultSet 中向前向后移动游标，这种类型受到其他用户所作更改的影响。如果用户在执行完查询之后删除一个记录，那个记录将从 ResultSet 中消失。同时 ResultSet 的值有所改变的时候，他可以得到改变后的最新的值。

参数 resultSetConcurrency 定义后面得到的记录集是否是可更新的，取值如下。

①ResultSet. CONCUR_ READ_ ONLY：默认值，在 ResultSet 中的数据记录是只读的，不能修改。

②ResultSet. CONCUR_ UPDATABLE：在 ResultSet 中的数据记录可以任意修改，然后更新到数据库，可以插入、删除和修改。

参数 resultSetHoldability 定义数据库更新时 Resultset 的状态，取值如下。

①ResultSet. HOLD_ CURSORS_ OVER_ COMMIT：表示修改提交时，不关闭 ResultSet 的游标。

②ResultSet. CLOSE_ CURSORS_ AT_ COMMIT：修改提交时，关闭 ResultSet 的游标。

③如果不加任何参数，表示使用默认设置创建，即 TYPE_ FORWARD_ ONLY 及 CONCUR_ READ_ ONLY。ResultSet 是一种只能被访问一次、只能向前访问和只读的对象。

- 第 45 ~46 行：执行 SQL 查询，返回结果集 rs。
- 第 47 行：设置每页显示的记录数为 2。
- 第 48 ~51 行：获取当前要显示的页数。其中 "Page" 参数页面内部通过超链接附加参数的方式传递。
- 第 52 ~54 行：根据总的记录个数和每页的显示记录格式计算需要的总页数。
- 第 55 行：把待显示页数与总数作比较，若大于总页数则定位到最后一页。
- 第 56 行：确定待显示页面的第一条记录的位置。
- 第 57 ~74 行：按规定的每页的总记录数显示记录到当前页。
- 第 76 ~87 行：在记录下方显示页面切换的相关链接 "第一页" "上一页" "下一页" "尾页"。并在超链接的 URL 地址中附加参数：要切换到的页数、查询参数。
- 第 89 ~90 行：关闭相关对象，异常处理。

页面运行效果如图 5 – 14 ~ 图 5 – 17 所示。

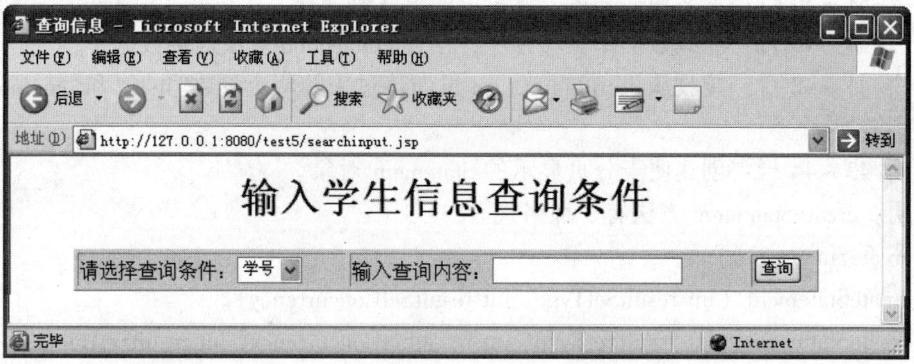

图 5 – 14　searchinput. jsp 运行的初始界面

图 5 – 15　输入查询条件后的运行界面

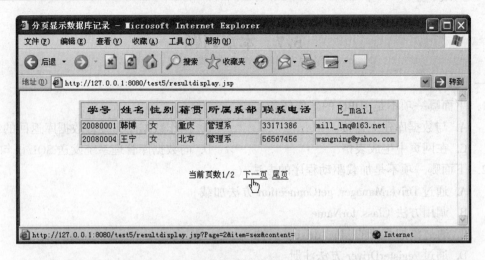

图 5 – 16　在查询到第一页记录中单击"下一页"

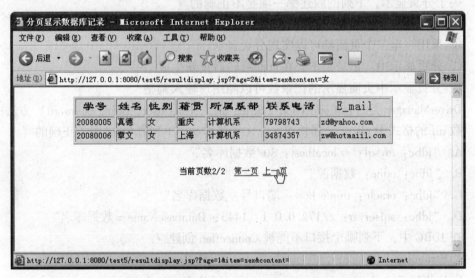

图 5 – 17　显示符合查询条件的第 2 页记录

5.6　上机实训

1．实训目的

（1）掌握 JDBC 连接数据库的方法。

（2）掌握 JDBC 访问数据库的方法。

（3）掌握典型的数据库操作应用模块的设计。

2．实训内容

（1）实现学生课绩管理系统的后台数据库连接功能。

（2）对学生课绩管理系统中的数据库进行常规访问，并将结果按需要进行分页显示。

5.7　本章习题

一、选择题

1. 下面哪一项不是 JDBC 的工作任务（　　）。
   - A. 与数据库建立连接
   - B. 操作数据库，处理数据库返回的结果
   - C. 在网页中生成表格
   - D. 向数据库管理系统发送 SQL 语句

2. 下面哪一项不是加载驱动程序的方法（　　）。
   - A. 通过 DriverManager. getConnection 方法加载
   - B. 调用方法 Class. forName
   - C. 通过添加系统的 jdbc. drivers 属性
   - D. 通过 registerDriver 方法注册

3. 关于分页显示，下列的叙述哪一项是不正确的（　　）。
   - A. 只编制一个页面是不可能实现分页显示的
   - B. 采用一至三个页面都可以实现分页显示
   - C. 分页显示中，记录集不必在页面跳转后重新生成
   - D. 分页显示中页面显示的记录数可以随用户输入调整

4. DriverManager 类的 getConnection（String url，String user，String password）方法中，参数 url 的格式为 jdbc：＜子协议＞：＜子名称＞，下列哪个 url 是不正确的（　　）。
   - A. "jdbc：mysql：//localhost：80/数据库名"
   - B. "jdbc：odbc：数据源"
   - C. "jdbc：oracle：thin@host：端口号：数据库名"
   - D. "jdbc：sqlserver：//172. 0. 0. 1：1443；DatabaseName ＝数据库名"

5. 在 JDBC 中，下列哪个接口不能被 Connection 创建（　　）。
   - A. Statement
   - B. PreparedStatement
   - C. CallableStatement
   - D. RowsetStatement

6. 下面是加载 JDBC 数据库驱动的代码片段：

```
try {
        Class. forName（"sun. jdbc. odbc. JdbcOdbcDriver"）;
}
        catch（ClassNotFoundException e）{
        out. print（e）;
}
```

该程序加载的是哪个驱动（　　）。
   - A. JDBC－ODBC 桥连接驱动
   - B. 部分 Java 编写本地驱动
   - C. 本地协议纯 Java 驱动
   - D. 网络纯 Java 驱动

7. 下面是创建 Statement 接口并执行 executeUpdate 方法的代码片段：

```
conn = DriverManager. getConnection（"jdbc：odbc：book"，""，""）;
stmt = conn. createStatement（）;
```

String strsql = " insert into book values（′TP003′，′ASP. NET′，′李′，′清华出版社′，35)" ；

n = stmt. executeUpdate（strsql）；

代码执行成功后 n 的值为（　　　）。

A. 1　　　　　　　　B. 0　　　　　　　　C. －1　　　　　　D. 一个整数

8. 下列代码中 rs 为查询得到的结果集，代码运行后表格的每一行有几个单元格（　　　）。

```
while（rs. next（）） {
        out. print（" <tr>"）；
                out. print（" <td>" + rs. getString（1）+" </td>"）；
                out. print（" <td>" + rs. getString（2）+" </td>"）；
                out. print（" <td>" + rs. getString（3）+" </td>"）；
                out. print（" <td>" + rs. getString（"publish"）+" </td>"）；
                out. print（" <td>" + rs. getFloat（"price"）+" </td>"）；
        out. print（" </tr>"）；
}
```

A. 4　　　　　　　　B. 5　　　　　　　　C. 6　　　　　　　D. 不确定

9. 查询结果集 ResultSet 对象是以统一的行列形式组织数据的，执行 ResultSet rs = stmt. executeQuery（"select bid，name，author，publish，price from book"）；语句，得到的结果集 rs 的列数为（　　　）。

A. 4　　　　　　　　B. 5　　　　　　　　C. 6　　　　　　　D. 不确定

10. 下列代码生成了一个结果集

conn = DriverManager. getConnection（uri，user，password）；

stmt = conn. createStatement（ResultSet. TYPE_ SCROLL_ SENSITIVE，

ResultSet. CONCUR_ READ_ ONLY）；

rs = stmt. executeQuery（"select * from book"）；

下面哪项对该 rs 描述正确的是（　　　）。

A. 只能向下移动的结果集　　　　　　　B. 可上下滚动的结果集

C. 只能向上移动的结果集　　　　　　　D. 不确定是否可以滚动

11. 给出了如下的查询条件字符串 String condition = " insert book values（?,?,?,?,?)" ；下列哪个接口适合执行该 SQL 查询（　　　）。

A. Statement　　　　　　　　　　　　　B. PrepareStatement

C. CallableStatement　　　　　　　　　　D. 不确定

二、判断题

1. JDBC 构建在 ODBC 基础上，为数据库应用开发人员、数据库前台工具开发人员提供了一种标准，使开发人员可以用任何语言编写完整的数据库应用程序。　　　　　　（　　　）

2. JDBC 加载不同数据库的驱动程序，使用相应的参数可以建立与各种数据库的连接。

（　　　）

3. 应用程序分页显示记录集时，不宜在每页都重新连接和打开数据库。　　（　　　）

4. JDBC 中的 URL 提供了一种标识数据库的方法，使 DriverManage 类能够识别相应的

驱动程序。 （　　）

5. 进行分页，可调用 JDBC 的规范中有关分页的接口。 （　　）

6. JDBC 的 URL 字符串是由驱动程序的编写者提供的，并非由该驱动程序的使用者指定。 （　　）

7. ResultSet 结果集，每一次 rs 可以看到一行，要在看到下一行，必须使用 next（）方法移动当前行。 （　　）

8. 如果需要在结果集中前后移动或随机显示某一条记录，这时就必须得到一个可以滚动的结果集。 （　　）

9. Statement 对象提供了 int executeUpdate（String sqlStatement）方法，用于实现对数据库中数据的添加、删除和更新操作。 （　　）

10. Statement 对象的 executeUpdate（String sqlStatement）方法中，sqlStatement 参数是由 insert、delete 和 update 等关键字构成的 SQL 语句。 （　　）

三、填空题

1. JDBC 的英文全称是_____，中文意义是_____。

2. 简单地说，JDBC 能够完成下列三件事：_____、_____、_____。

3. JDBC 主要由两部分组成：一部分是访问数据库的高层接口，即通常所说的_____；另一部分是由数据库厂商提供的使 Java 程序能够与数据库连接通信的驱动程序，即_____。

4. 目前，JDBC 驱动程序可以分为四类：_____、_____、_____、_____。

5. 数据库的连接是由 JDBC 的_____管理的。

6. 查询结果集 ResultSet 对象是以统一的行列形式组织数据的，执行 ResultSet rs = stmt. executeQuery（"select bid，name，author，publish，price from book"）；语句，得到的结果集 rs 第一列对用_____；而每一次 rs 只能看到_____行，要在看到下一行，必须使用_____方法移动当前行。ResultSet 对象使用_____方法获得当前行字段的值。

7. stmt 为 Statement 对象，执行 String sqlStatement = "delete from book where bid = ′tp1001′"；语句后，删除数据库表的记录需要执行_____语句。

四、思考题

1. 什么是 JDBC 编程接口？
2. 试列举一个自己在编程和调试中碰到的数据库问题及其解决办法。
3. 如何实现记录集的行操作？
4. 进行记录定位的方法有哪些？
5. 使用本地协议纯 Java 驱动操作 SQL Server 数据库的步骤是什么？
6. 使用预处理语句和存储过程有什么好处？
7. 如何使用滚动的结果集？

第 6 章　JavaBean 技术

【学习要点】
- JavaBean 概述
- 创建和使用 JavaBean
- JavaBean 的典型应用

6.1　JavaBean 概述

Bean 的中文含义是"豆子",顾名思义,JavaBean 是指一段特殊的 Java 类。应用 JavaBean 的主要目的是实现代码重用,便于维护和管理。在 MVC 开发模型中,JavaBean 是主要的组成部分,主要用来封装事务逻辑、数据库操作等。

6.1.1　什么是 JavaBean

简单地说,JavaBean 是用 Java 语言描述的软件组件模型,其实际上是一个 Java 类。这些类遵循一个接口格式,以便于使函数命名、底层行为以及继承或实现的行为,可以把类看做标准的 JavaBean 组件进行构造和应用。

JavaBean 一般分为可视化组件和非可视化组件两种。可视化组件可以是简单的 GUI 元素,如按钮或文本框,也可以是复杂的,如报表组件;非可视化组件没有 GUI 表现形式。

6.1.2　使用 JavaBean 的原因

程序中往往有重复使用的段落,JavaBean 就是为了能够重复使用设计的程序段落,而且这些段落并不只服务于某一个程序,而且每个 JavaBean 都具有特定功能,当需要这个功能的时候就可以调用相应的 JavaBean。从这个意义上来讲,JavaBean 大大简化了程序的设计过程,也方便了其他程序的重复使用。

JavaBean 传统应用于可视化领域,如 AWT（窗口工具集）下的应用。而现在,JavaBean 更多地应用于非可视化领域,同时,JavaBean 在服务器端的应用也表现出强大的优势。非可视化的 JavaBean 可以很好地实现业务逻辑、控制逻辑和显示页面的分离,现在多用于后台处理,使得系统具有更好的健壮性和灵活性。JSP + JavaBean 和 JSP + JavaBean + Servlet 成为当前开发 Web 应用的主流模式。

6.1.3　JavaBean 的优点

JavaBean 最大的优点在于可以实现代码的可重用性。总的来说,JavaBean 具有以下优点。

（1）易于维护、使用、编写。

（2）可实现代码的重用性。

（3）可移植性强，但仅限于 Java 工作平台。

（4）便于传输，不限于本地还是网络。

（5）可以以其他部件的模式进行工作。

6.1.4　JavaBean 与 ActiveX、EJB 组件的区别

对于有过其他语言编程经验的读者，可以将其看做类似微软的 ActiveX 的编程组件。但是区别在于 JavaBean 是跨平台的，而 ActiveX 组件则仅局限于 Windows 系统。总之，JavaBean 比较适合于那些需要跨平台的、并具有可视化操作和定制特性的软件组件。

JavaBean 组件与 EJB（Enterprise JavaBean，企业级 JavaBean）组件完全不同。EJB 是 J2EE 的核心，是一个用来创建分布式应用、服务器端以及基于 Java 应用的功能强大的组件模型。JavaBean 组件主要用于存储状态信息，而 EJB 组件可以存储业务逻辑。

6.1.5　JavaBean 的特性

JavaBean 主要有以下特性。

（1）JavaBean 是公共的类。

（2）构造函数没有输入参数。

（3）属性必须声明为 private，方法必须声明为 public。

（4）用一组 set 方法设置内部属性。

（5）用一组 get 方法获取内部属性。

（6）JavaBean 是一个没有主方法的类（但可以编写主方法进行 JavaBean 功能测试），不需要继承自 Object 类。

6.2　创建和使用 JavaBean

6.2.1　案例一：第一个简单的 JavaBean

【案例功能】使用 JavaBean 定义、获取用户名和密码两个属性的方法。

【案例目标】学习在 JSP 文件中编写 JavaBean 的方法。

【案例要点】掌握 JavaBean 的基本编写、set 和 get 方法、JavaBean 与普通 Java 类的区别。

【案例步骤】

（1）在 MyEclipse 中，选择 File→New→WebProject 命令创建第 6 章源码文件夹 ch06。

（2）编写 TestBean. java 源代码文件。

案例视频扫一扫

【源码】TestBean. java

```
1   package mybean;
2   public class TestBean {
3   private String name = null;
4   private String pass = null;
5   public TestBean()
```

```
6   {
7   }
8   public void setName(String value)
9   {
10      name = value;
11  }
12  public void setPass(String value)
13  {
14      pass = value;
15  }
16  public String getName()
17  {
18      return name;
19  }
20  public String getPass()
21  {
22      return pass;
23  }
24
```

【代码说明】

- 第 1 行：定义包 mybean，将当前 JavaBean 类放在 mybean 包中。
- 第 2 行：定义类名 TestBean，必须定义为公共类。
- 第 3～4 行：定义两个私有属性 name 和 pass。
- 第 5～7 行：定义一个没有参数的构造函数。
- 第 8～15 行：定义属性 name 和 pass 的 setXXX 方法，设置属性的值。
- 第 16～23 行：定义属性 name 和 pass 的 getXXX 方法，获取属性值。

JavaBean 程序编写好后，保存（注意必须使用与类名相同的文件名保存）。

（3）将 TestBean. java 编译成类（TestBean. class 文件）。

（4）部署 JavaBean。将 TestBean. class 类（连同所在的包 ch06）复制到指定的应用程序项目文件夹中的 classes 文件夹（如 E：\ JSP \ ch06 \ WebRoot \ WEB – INF \ classes）下，才可以被指定的 JSP 程序调用。

Web 应用程序的目录层次结构见表 6–1。

表 6－1　Web 应用程序的目录层次结构

目　录	描　述
\ ch06	Web 应用程序的根目录，属于此 Web 应用程序的所有文件都存在这个目录下
\ ch06 \ WebRoot \ WEB – INF	存放 Web 应用程序的部署描述文件 web. xml
\ ch06 \ WebRoot \ WEB – INF \ classes	存放 JavaBean 和其他有用的类文件
\ ch06 \ WebRoot \ WEB – INF \ lib	存放 Web 应用程序需要的 jar 包，这些 jar 包中可以包含 Servlet、Bean 和其他有用的类文件
\ ch06 \ WebRoot \ WEB – INF \ web. xml	web. xml 文件包含 Web 应用程序的配置和部署信息

6.2.2　案例二：调用 JavaBean

【案例功能】在 JSP 中使用 JavaBean、为用户名和密码赋值并显示输出。

【案例目标】学习在 JSP 文件中调用 JavaBean 的方法。

【案例要点】jsp：getProperty 动作的使用、jsp：setProperty 动作的使用和 JavaBean 的属性的读写操作。

案例视频扫一扫

【案例步骤】

（1）在 MyEclipse 中打开第 6 章源码文件夹 ch06。

（2）编写调用 TestBean 的 JSP 文件 firstbean. jsp。

【源码】firstbean. jsp

```
1   <%@ page language = "java" contentType = "text/html; charset = GB2312"
2       import = "mybean.TestBean"%>
3   <html>
4   <head><title>第一个 JavaBean</title></head>
5   <body>
6   <jsp:useBean id = "test" class = "mybean.TestBean"/>
7   <% test.setName("wangym");
8       test.setPass("wangym0806");
9   %>
10  <h3>应用 getProperty 获得的值为:</h3>
11  用户名:
12  <jsp:getProperty name = "test" property = "name"/>
13  密码为:
14  <jsp:getProperty name = "test" property = "pass"/>
15  <jsp:setProperty name = "test" property = "name" value = "liujin"/>
16  <jsp:setProperty name = "test" property = "pass" value = "liujin0104"/>
17  <h3>调用属性 get 方法获得值为:</h3>
18  用户名:
19  <% =test.getName()%>
20  密码为:
21  <% =test.getPass()%>
22  </body>
                                              </html>
```

【代码说明】

- 第 2 行：导入 mybean 包中的类 TestBean。
- 第 6 行：应用 <jsp：useBean> 声明使用 TestBean，指定其 id 为"test"。
- 第 7～8 行：调用 TestBean 属性的 set 方法分别设置两个属性值。
- 第 10～14 行：应用 <jsp：getProperty> 获得 TestBean 中的属性值并输出。
- 第 15～16 行：应用 <jsp：setProperty> 分别设置两个属性值。
- 第 17～21 行：调用 TestBean 属性的 get 方法获得 TestBean 中的属性值并输出。

（3）运行该 JSP 文件：在 Web Browser 的地址栏输入"http://uj：8030/ch06/

firstbean. jsp"，运行结果如图 6 – 1 所示。

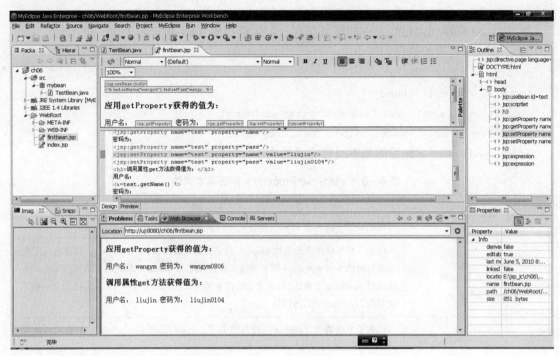

图 6 – 1　运行结果图

6.2.3　JSP 中 JavaBean 的动作元素

在 JSP 中用 < jsp:useBean > 、 < jsp:getProperty > 、 < jsp:setProperty >3 个动作元素来实现对 JavaBean 的操作。

1. < jsp:useBean >

< jsp:useBean > 的基本语法格式如下：

< jsp:useBean id = "beanName" scope = "page |request |session |application" class = "packageName. className" />

< jsp： useBean > 标签的基本属性含义见表 6 – 2。

表 6 – 2　< jsp:useBean > 标签基本属性

序　号	属性名	功　能
1	id	JavaBean 对象的唯一标志，代表了一个 JavaBean 对象的实例。它具有特定的存在范围（page	request	session	application）。在 JSP 页面中通过 id 来识别 JavaBean
2	scope	代表了 JavaBean 对象的生存周期，可以是 page、reques、session 和 application 中的一种，默认为 page
3	class	代表了 JavaBean 对象的 class 名字，需要特别注意的是大小写要完全一致

2. < jsp： setProperty >

< jsp:setProperty > 的作用是设置 JavaBean 的属性值。

<jsp:setProperty> 的基本语法格式如下：

```
<jsp:setProperty name = "beanName" last_syntax />
```

其中 name 属性代表已经存在的并且具有一定生存范围（scope）的 JavaBean 实例。last_ syntax 代表的语法如下。

```
property = " * " |
property = "propertyName" |
property = "propertyName" param = "parameterName" |
property = "propertyName" value = "propertyValue"
```

<jsp：setProperty> 标签的基本属性含义见表 6 – 3。

表 6 – 3　<jsp：setProperty>标签基本属性

序　号	属性名	功　　能
1	name	代表通过 <jsp：useBean> 标签定义的 JavaBean 的实例
2	property	代表了想要设置值的属性 property 名字。如果使用 property = " * "，程序会反复地查找当前的 ServletRequest 所有参数，并且匹配 JavaBean 中相同名字的属性 property，并通过 JavaBean 中属性的 set 方法给这个属性赋值 value。如果 value 属性为空，则不会修改 JavaBean 中的属性值
3	param	代表了页面请求（request）的参数名字，<jsp：setProperty> 标签不能同时使用 param 和 value
4	Value	代表了赋给 JavaBean 的属性 property 的具体值

3. <jsp：getProperty>

< jsp：getProperty > 的作用：得到 JavaBean 实例的属性值，并将其转换为 java. lang. String，最后放置在隐含的 Out 对象中。JavaBean 的实例必须在 < jsp：getProperty > 前面定义。

< jsp：getProperty > 的基本语句格式如下：

```
<jsp:getProperty name = "beanName" property = "propertyName" />
```

< jsp：getProperty > 标签的基本属性含义见表 6 – 4。

表 6 – 4　<jsp：getProperty>标签基本属性

序　号	属性名	功　　能
1	Name	代表了想要获得属性值的 JavaBean 的实例，JavaBean 实例必须在前面用 <jsp：useBean> 标签定义
2	property	代表了想要获得值的那个 property 的名字

6.2.4　案例三：JavaBean 与 HTML 表单的交互

【案例功能】通过表单输入两个数字，单击"计算"按钮，调用 JavaBean 类实现计算两个数的最大公因数，并显示输出计算结果。

【案例目标】学习应用 JavaBean 实现与 HTML 表单交互的方法 。

【案例要点】HTML 表单的设计、与 HTML 表单交互的 JavaBean 的编写和调用、JavaBean 获取 HTML 表单元素值、使用 JavaBean 封装业务逻辑的优点。

【案例步骤】

（1）在 MyEclipse 中打开第 6 章源码文件夹 ch06。

（2）编写用于计算两个数的最大公因数的 JavaBean 文件 Bean. java。

【源码】Bean. java

案例视频扫一扫

```
1   package mybean;
2   public class Bean {
3   private int num1;
4   private int num2;
5   public Bean(){
6   }
7   public int getGCD(){
8       int r = 0;
9       while(num2 ! = 0){
10          r = num1 % num2;
11          num1 = num2;
12          num2 = r;
13          }
14      return num1;
15      }
16      public int getNum1(){
17          return num1;
18          }
19          public void setNum1(int num1){
20              this .num1 = num1;
21          }   public int getNum2(){
22              return num2;
23          }
24              public void setNum2(int num2){
25                  this .num2 = num2;
26                  }
                                        }
```

【代码说明】

- 第 1 行：定义包 mybean，将当前 JavaBean 类放在 mybean 包中。
- 第 2 行：定义类名：Bean，必须定义为公共类。
- 第 3 ~ 4 行：定义两个私有属性：num1 和 num2。
- 第 5 ~ 6 行：定义一个没有参数的构造函数。
- 第 7 ~ 15 行：定义计算两个数的最大公因数的 getGCD() 方法，返回计算的值。
- 第 16 ~ 26 行：定义属性 num1 和 num2 的 getXXX 方法和 setXXX 方法，分别获取和设置属性值。

（3）JavaBean 程序编写好后，保存（注意必须使用与类名相同的文件名保存）。

将 TestBean. java 编译成类 TestBean. class 文件（在 MyEclipse 中保存操作即可同时完成编译和部署，编译好的类被部署在应用程序项目文件夹中的 classes 文件夹（如 E：\ JSP \ ch06 \ WebRoot \ WEB – INF \ classes）。

Web 应用程序的目录层次结构见表 6 – 1。

（4）编写输入两个数字的 HTML 页面 form. html。

【源码】 form. html

```
1    < html >
2    < head >
3    < title >输入数字 < /title >
4    < /head >
5        < body >
6            < form name = "login" method = "get" action = "beanTest.jsp" >
7                数字 1： < input type = "text" name = "num1" > < br >
8                数字 2： < input type = "text" name = "num2" > < br >
9                < input type = "submit" value = "计算" >
10       < input type = "reset" value = "清除" >
11       < /form >
12       < /body >
                                                            < /html >
```

【代码说明】

- 第 6 行：创建输入数字表单，并指定以 beanTest. jsp 进行计算处理。
- 第 7 ~ 8 行：创建数字 1 和数字 2 两个输入框，其中的属性 name 指定的 num1 和 num2 与 beanTest. jsp 中的 num1 和 num2 属性对应，以便交互。
- 第 9 ~ 10 行：定义两个按钮 "计算" 和 "清除"。

（5）保存该文件到应用程序项目文件夹中（如 E： \ JSP \ ch06 \ WebRoot）。

（6）编写进行计算公因数的 JSP 文件 beanTest. jsp。

【源码】 beanTest. jsp

```
1    <% @  page contentType = "text /html;charset =GB2312"% >
2    < html >
3        < body >
4            < jsp:useBean id = "gcdBean" class = "mybean. Bean" />
5                < jsp:setProperty name = "gcdBean" property = " * " />
6                最大公因数：
7                    < jsp:getProperty name = "gcdBean" property = "GCD" />
8                < /body >
9                                                            < /html >
```

【代码说明】

- 第 4 行：应用 < jsp： useBean >定义一个 id 为 "gcdBean" 的一个 Bean 实例。
- 第 5 行：应用 property = " * " 实现 HTML 表单元素与 Bean 中属性的映射（同名匹配），完成 Bean 重属性的赋值。
- 第 6 ~ 7 行：应用 property = "GCD"实现对两个数字计算公因数，完成获取 Bean 属性的值并显示输出。

（7）保存该文件到应用程序项目文件夹中（如 E： \ JSP \ ch06 \ WebRoot）。

（8）在 MyEclipse 中的 Web Browserde 的 location 栏中输入 "http://localhost：8080/ch06/form. htm"，运行结果如图 6 - 2 所示。

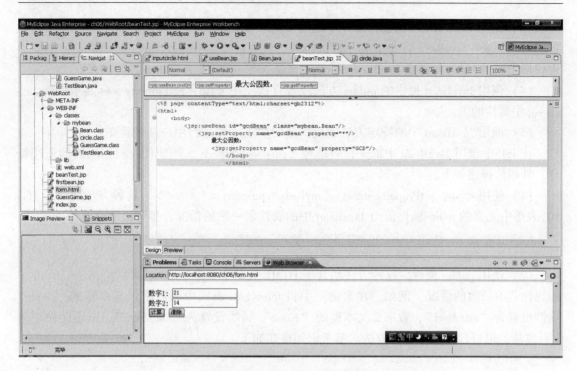

图 6-2　beanTest. jsp 运行结果 1

（9）在表单中输入两个数的值，单击"计算"按钮，可得到两数字的最大公因数。运行运行结果如图 6-3 所示。

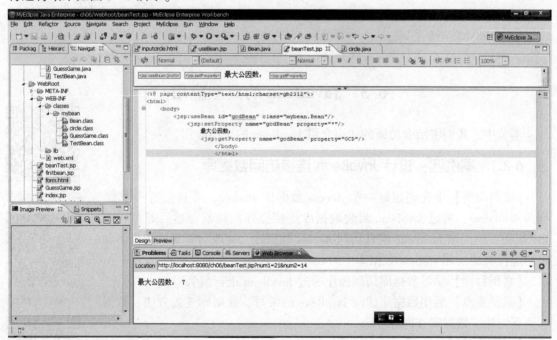

图 6-3　beanTest. jsp 运行结果 2

JSP 中使用 JavaBean 的操作方法总结如下。

（1）编写并编译实现特定功能的 JavaBean。

（2）将编译好的 JavaBean 部署到特定应用程序的 classes 文件夹中。

（3）在调用 JavaBean 的 JSP 文件中应用 **< jsp：useBean >**，在 JSP 页面中声明并初始化 JavaBean，这个 JavaBean 有一个唯一的 id 标志，还有一个生存范围 scope（根据具体的需要进行指定），同时还要指定 JavaBean 的 class 来源（如 mybean. LoginBean）。

（4）调用 JavaBean 提供的 public 方法或者直接使用 **< jsp：getProperty >** 标签来得到 JavaBean 中属性的值。

（5）调用 JavaBean 中的特定方法完成指定的功能（如进行用户登录验证）。

在 JSP 中调用 JavaBean 中最关键的是对 < jsp：setProperty > 的使用，根据不同的适用场合，其用法描述如下。

（1）使用 < jsp: setProperty name = "myBean" property = " * " / >。这种方法适合于 HTML 表单中元素的 name 属性值与 JavaBean 中的属性名一致的情况，参考语句格式如下。

```
< jsp:useBean id = "gcdBean" scope = "page" class = "mybean. Bean" />
< jsp:setProperty name = "gcdBean" property = " * " />
```

（2）使用 param 属性。这种方法适合于 HTML 表单中元素的 name 属性值与 JavaBean 中的属性名不一致的情况。例如，在案例三中将 form. htm 页面中的数字 1 文本框的"name"属性设置为"number1"，数字 2 文本框的"name"属性设置为"number2"，则不能使用第 1 种方法，但可以使用第 2 种方法。参考语句格式如下。

```
< jsp:useBean id = "gcdBean" scope = "page" class = "mybean. Bean" />
< jsp:setProperty name = "gcdBean" property = "num1" param = "number1" />
< jsp:setProperty name = "gcdBean" property = "num2" param = " number2 " />
```

（3）使用 value 属性。这种方法适合于直接给指定的属性赋值，参考语句格式如下。

```
< jsp:useBean id = "gcdBean" scope = "page" class = "mybean. Bean" />
< jsp:setProperty name = " gcdBean" property" = "num1" value = "24" />
< jsp:setProperty name = " gcdBean" property = "num2" value = "8" />
```

6.3　JavaBean 的典型应用

本节中，我们将结合前面的知识介绍 JavaBean 的典型应用。

6.3.1　案例四：设计 JavaBean 连接访问数据库

【案例功能】事先创建好一个 Access 数据库 student，并且配置一个数据源 dbstudent，通过 JavaBean 封装数据库连接操作的功能，然后通过一个 JSP 页面，使用该 JavaBean 组件访问 Access 数据库，完成对登录的用户名和密码进行验证（用 student 数据库中的 user 表的合法用户记录比较）。

案例视频（连接数据库）

【案例目标】学习数据库访问操作通过 JavaBean 进行封装 。

【案例要点】通用数据库访问 JavaBean 的编写、数据库连接方法、数据库更新方法、数据库查询方法等。

案例视频（登录功能）

【案例步骤】

（1）在开始设计之前，先创建所需的数据库，这里使用了 Access 数据库的示例，图 6 - 4 是一个创建好的 Access 数据库 student. mdb，在数据库中包含 user 表，该表有两个字段 s_ name、s_ pass，分别存储用户名和密码。

案例视频（注册功能）

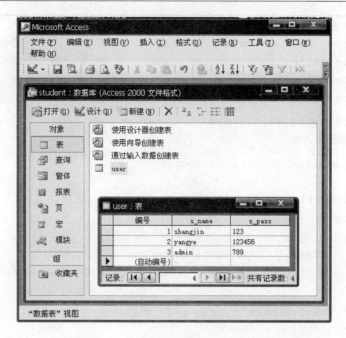

图 6 - 4　创建好的数据库 db. mdb

（2）然后配置一个 ODBC 数据源，数据源的名字为 dbstudent，并指向上一步创建的 Access 数据库 student. mdb，如图 6 - 5 所示。

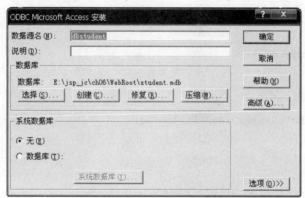

图 6 - 5　添加数据源

（3）在 MyEclipse 中打开第 6 章源码文件夹 ch06。

（4）编写用于连接数据库的 JavaBean 文件 ConnDB. java。

【源码】ConnDB. java

```
1   package mybean;
2   import java.sql. * ;
3   import java.io. * ;
4   import java.util. * ;
5   public class ConnDB
6   {
7       public Connection conn = null ;
```

```
8       public Statement stmt = null ;
9       public ResultSet rs = null ;
10      private static String dbDriver = "sun.jdbc.odbc.JdbcOdbcDriver";
11      private static String dbUrl = "jdbc:odbc:dbstudent";
12      private static String dbUser = "sa";

13      private static String dbPwd = "";
        //打开数据库连接
14      public static Connection getConnection()
15      {
16          Connection conn = null ;
17          try
18          {
19              Class.forName(dbDriver);
20              conn = DriverManager.getConnection(dbUrl,dbUser,dbPwd);
21          }
22          catch(Exception e)
23          {
24              e.printStackTrace();
25          }
26      if (conn = = null )
27          {
28              System.err.println("警告:数据库连接失败!");
29          }
30          return conn;

31      }
        //读取结果集
32      public ResultSet doQuery(String sql)
33      {
34          try
35          {
36              conn = ConnDB.getConnection();
37      stmt = conn.createStatement ( ResultSet.TYPE _ SCROLL _ INSENSITIVE, Result-
Set.CONCUR_READ_ONLY);
38              rs = stmt.executeQuery(sql);
39          }
40          catch ( SQLException e)
41          {
42              e.printStackTrace();
43          }
44          return rs;

45      }
        //更新数据
```

```
46        public int doUpdate(String sql)
47        {
48            int result = 0;
49            try
50            {
51                conn = ConnDB.getConnection();
52        stmt = conn.createStatement(ResultSet.TYPE_SCROLL_INSENSITIVE,Result-
    Set.CONCUR_READ_ONLY);
53                result = stmt.executeUpdate(sql);
54            }
55            catch(SQLException e)
56            {
57                result = 0;
58            }
59            return result;
60        }
        //关闭数据库连接
61        public void closeConnection()
62        {
63            try
64            {
65                if(rs! =null)
66                    rs.close();
67            }
68            catch(Exception e)
69            {
70                e.printStackTrace();
71            }
72            try
73            {
74                if(stmt! =null)
75                    stmt.close();
76            }
77            catch(Exception e)
78            {
79                e.printStackTrace();
80            }
81            try
82            {
83                if(conn! =null)
84                    conn.close();
85            }
86            catch(Exception e)
```

87	{
88	e.printStackTrace();
89	}
90	}
91	}

【代码说明】

- 第 1 行：定义包 mybean，将当前 JavaBean 类放在 mybean 包中。
- 第 2 ~ 4 行：引入相关包。
- 第 7 ~ 9 行：初始化连接对象、命令对象、结果集对象。
- 第 10 ~ 13 行：设置连接属性（使用 JDBC – ODBC 桥接方式）。
- 第 14 ~ 31 行：getConnection 方法，打开数据库连接并返回连接对象。
- 第 32 ~ 45 行：doQuery 方法，根据指定的 SELECT 语句执行数据库查询并返回结果集。
- 第 46 ~ 60 行：doUpdate 方法，根据指定的 INSERT、UPDATE、或 DELETE 语句执行数据库的更新操作，并返回更新操作所影响的行数。
- 第 61 ~ 90 行：closeConnection 方法，关闭数据库连接。

（5）编写用于登录验证的 JSP 文件 login_ ok. jsp。

【源码】login_ ok. jsp

1	`<% @ page contentType = "text/html;charset = GB2312" % >`
2	`<% @ page import = "mybean.ConnDB" % >`
3	`<% @ page import = "java.sql. * " % >`
4	`<%`
5	`String s_name = (String)request.getParameter("s_name");`
6	`String s_pass = (String)request.getParameter("s_pass");`
7	`String name = "",pass = "";`
8	`ConnDB conn = new ConnDB();`
9	`if(s_name! = null || s_name! = "")`
10	`{`
11	`try`
12	`{`
13	`String strSql = "select s_name,s_pass from user where s_name = '" + s_name + "' and s_pass = '" + s_pass + "'";`
14	`ResultSet rsLogin = conn.doQuery(strSql);`
15	`while(rsLogin.next())`
16	`{`
17	`name = rsLogin.getString("s_name");`
18	`pass = rsLogin.getString("s_pass");`
19	`}`
20	`}`
21	`catch(Exception e)`

```
22              {}
23       if(name.equals(s_name)&& pass.equals(s_pass))
24       {
25           session.setAttribute("s_name",s_name);
26             % >
27                   <jsp:forward page = "welcome.jsp"/>
28             < %
29       }
30       else
31       {
32       out.println( " < script > alert ('用户名或者密码错误,请验证后再输入');
    window.history.go( -1); < /script >");
33
34       }
35 }
36                                                        % >
```

【代码说明】

login_ ok. jsp 文件通过 ConnDB 的 doQuery 方法调用实现数据库的连接，根据所输入的用户名和密码执行查询，实现用户名和密码的验证，如果是合法用户就跳转到 welcome. jsp 页面，否则，提示用户名或密码错误重新输入。

（6）编写登录界面的 HTML 文件 mylogin. html。

【源码】 mylogin. html

```
1  < html >
2  < body >
3  < form action = "login_ok.jsp" method = "post" ;" >
4      < table width = "180" border = "0" cellpadding = "0" cellspacing = "0"
5  bordercolor = " #99CCFF" bgcolor = " # eeeeee"  style = " border - collapse:
   collapse" >
6      < tr >
7          < td width = "125" height = "14" align = "left" valign = "middle" > < span
8  class = "STYLE1" >用户名   < /span > < /td >
9          < td width = "125" valign = "top" > < input type = "text" name = "s_name"
   size = "10"
10 /> < /td > < td valign = "top" > < br > < /td >
11      < /tr >
12      < tr >
13          < td height = "14" align = "left" valign = "middle" > < span class = "
   STYLE1" >密  码   < /span > < /td >
14          < td height = "14" valign = "top" > < input type = "password" name = "s_
   pass"
15 size = "10" /> < /td > < td valign = "top" > < br > < /td >
```

```
16            </tr>
17            </table>
18            <input type="submit" value="登录">
19        <input type="reset" value="重置">
20
21    </form>
22    </body>
23                                           </html>
```

【代码说明】

该登录界面可输入用户名和密码，然后调用 login_ ok. jsp 页面，完成登录验证。

（7）运行效果如图 6 - 6 所示。当输入非法用户名和密码时，显示如图 6 - 7 所示。

图 6 - 6 登录验证运行效果图   图 6 - 7 输入非法用户名和
密码的运行结果图

重新输入正确用户名和密码，如图 6 - 8 所示。

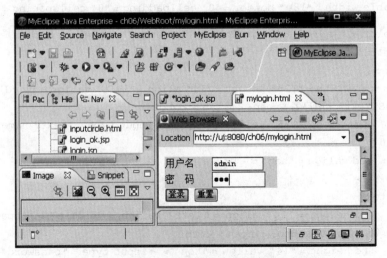

图 6 - 8 重新输入正确的用户名和密码的运行界面

跳转到 welcome. jsp 页面，显示如图 6 - 9 所示。

图 6 - 9　输入正确登录信息之后跳转成功界面

6.3.2　案例五：处理字符串的 JavaBean

编写 JSP 程序时，经常需要对 HTML 表单中的中文数据进行编码处理，如将 ISO - 8859 - 1 编码转换成 GBK 编码格式，或者将 GBK 转换成 ISO - 8859 - 1 格式。通常使用 JavaBean 技术将编码转换功能封装到 JavaBean 中实现代码重用。

【案例功能】转换中文字符串解决中文乱码问题、过滤空格与空值。

【案例目标】学会解决中文乱码问题和过滤空格与空值的方法。

【案例要点】ISO - 8859 - 1 转换成 GB2312 编码格式及中文乱码问题。

【案例步骤】

编写实现处理字符串的 JavaBean 文件 Str. java。

【源码】Str. java

案例视频扫一扫

```
1   package mybean;
2   import java.io.*;
3   public class Str {
4   public String toChinese(String str){
5       if(str = = null || str.length() < 1){
6           str = "";
7       } else {
8           try {
9               str = (new String(str.getBytes("iso - 8859 - 1"), "GB2312"));
10          } catch (UnsupportedEncodingException e){
11          System.err.print(e.getMessage());
12          e.printStackTrace();
13          return str;
14          }
15      }
```

```
16          return str;
17      }
18      public String dbEncode(String str){
19        if(str == null){
20        str = "";
21        } else {
22          try {
23            str = str.replace('\',(char )1).trim();
24            } catch (Exception e){
25            System.err.print(e.getMessage());
26          e.printStackTrace();
27        return str;
28          }
29        }
30      return str;
31    }
32 }
```

【代码说明】

- 第 1 行：定义包 mybean，将当前 JavaBean 类放在 mybean 包中。
- 第 2 行：引入相关包。
- 第 4 行~第 17 行：定义方法 toChinese，主要在从数据库中提取数据后并送 HTML 输出显示到客户端前使用，实现由 iso－8859－1 编码格式到 GB2312 的转换，避免中文乱码的出现。此处是通过调用 String 类的 getBytes 方法实现的。
- 第 18 行~第 31 行：定义方法 dbEncode，主要用于从 HTML 页面获取数据后、存入数据库前对数据进行过滤空格。
- 该 JavaBean 组件的 toChinese( ) 方法，主要在从数据库中提取数据后并送 HTML 输出显示到客户端前使用，对数据进行编码转换，避免中文乱码的出现。
- 该 JavaBean 组件的 dbEncode ( ) 方法，主要在从 HTML 页面获取数据后，存入数据库前对数据进行过滤空格。

6.3.3　案例六：利用 JavaBean 实现文件上传

【案例功能】在使用电子邮箱时，会将一些文件以附件的形式发送出去，再由服务器转发到收件者的邮箱中。本例实现将文件上传到服务器中的功能。

【案例目标】学会利用 JavaBean 实现上传文件的方法。

【案例要点】Bean 文件将所读取的文件以字节方式更新到服务器的指定位置。

【案例步骤】

（1）编写实现文件上传的 JavaBean 文件 upload. java。

【源码】upload. java

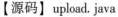

案例视频扫一扫

```
1    package mybean;
2    import java.io.*;
3    import javax.servlet.*;
4    import javax.servlet.http.*;
5    public class upload{
6      private static String newline = "\n";
7      private String uploadDirectory = ".";
8      private String ContentType = "";
9      private String CharacterEncoding = "";
10     private String getFileName(String s){
11       int i = s.lastIndexOf("\\");
12       if(i < 0 ||i > s.length() -1){
13         i = s.lastIndexOf("/");
14         if(i < 0 ||i > s.length() - 1)
15         return s;
16       }
17     return s.substring(i +1);
18     }
19   public void setUploadDirectory(String s){
20     uploadDirectory = s;
21   }
22   public void setContentType(String s){
23     ContentType = s;
24     int j;
25   if((j = ContentType.indexOf("boundary = "))! = -1){
26       ContentType = ContentType.substring(j +9);
27       ContentType = " - - " + ContentType;
28     }
29   }
30   public void setCharacterEncoding(String s){
31     CharacterEncoding = s;
32   }
33   public void uploadFile(HttpServletRequest req)throws ServletException, IOEx-
     ception{
34     setCharacterEncoding(req.getCharacterEncoding());
35     setContentType(req.getContentType());
36     uploadFile(req.getInputStream());
37   }
38   public void uploadFile( ServletInputStream servletinputstream)throws Servle-
     tException, IOException{
39     String s5 = null;
40     String filename = null;
41     byte Linebyte[] = new byte[4096];
42     byte outLinebyte[] = new byte[4096];
43     int ai[] = new int[1];
```

```
44     int ai1[ ] = new int[1];
45     String line;
46  while((line = readLine(Linebyte, ai, servletinputstream, CharacterEncoding))!  = null){
47         int i = line.indexOf("filename = ");
48         if( i > = 0){
49         line = line.substring(i + 10);
50         if((i = line.indexOf("\"")) > 0)
51         line = line.substring(0,i);
52         break;
53       }
54     }
55  filename = line;
56  if(filename!  = null && ! filename.equals("\"")){
57  filename = getFileName(filename);
58     String sContentType = readLine(Linebyte, ai, servletinputstream, CharacterE-
    ncoding);
59     if(sContentType.indexOf("Content - Type") > = 0)
60     readLine(Linebyte, ai, servletinputstream, CharacterEncoding);
61     File file = new File(uploadDirectory, filename);
62     FileOutputStream FileOutputStream1 = new FileOutputStream(file);
63     while((sContentType = readLine(Linebyte, ai,servletinputstream,CharacterEn-
    coding))!  = null){
64         if(sContentType.indexOf(ContentType) = = 0 && Linebyte[0] = = 45)
65         break;
66         if(s5!  = null){
67         FileOutputStream1.write(outLinebyte, 0, ai1[0]);
68         FileOutputStream1.flush();
69         }
70         s5 = readLine(outLinebyte, ai1, servletinputstream, CharacterEncoding);
71         if(s5 = = null ||s5.indexOf(ContentType) = = 0 && outLinebyte[0]  = = 45)
72     break;
73     FileOutputStream1.write(Linebyte, 0, ai[0]);
74     FileOutputStream1.flush();
75     }
76  byte byte0;
77  if(newline.length() = = 1)
78     byte0 = 2;
79  else
80     byte0 = 1;
81  if(s5!  = null && outLinebyte[0]!  = 45 && ai1[0] > newline.length() * byte0)
82  FileOutputStream1.write(outLinebyte, 0,ai1[0] - newline.length() * byte0);
83  if(sContentType!  = null && Linebyte[0]!  = 45 && ai[0] > newline.length() * byte0)
84  FileOutputStream1. write (Linebyte, 0, ai [0] - newline. length() * byte0);
85     FileOutputStream1. close();
86  }
```

```
87  }
88  private String readLine (byte Linebyte [ ], int ai [ ], ServletInputStream serv-
    letinputstream, String CharacterEncoding) {
89  try {
90  ai [0] = servletinputstream. readLine (Linebyte, 0, Linebyte. length);
91  if (ai [0] = = -1)
92    return null;
93  }
94      catch (IOException _ ex) {
95      return null;
96  }
97  try {
98      if (CharacterEncoding = = null) {
99        return new String (Linebyte, 0, ai [0]);
100     } else {
101       return new String (Linebyte, 0, ai [0], CharacterEncoding);
102     }
103 }
104 catch (Exception _ ex) {
105   return null;
106       }
107   }
108 }
```

【代码说明】

- 第 1 行：定义包 mybean，将当前 JavaBean 类放在 mybean 包中。
- 第 2 ~ 4 行：引入相关包。
- 第 6 行：声明上传行标识。
- 第 7 行：声明上传路径标识。
- 第 8 行：声明上传类型标识。
- 第 9 行：声明上传文件字符编码。
- 第 10 ~ 18 行：获取上传文件名。
- 第 19 ~ 21 行：设置上传路径。
- 第 22 ~ 29 行：设置上传文件类型。
- 第 30 ~ 32 行：设置上传文件字符编码。
- 第 33 ~ 37 行：初始化上传设置。
- 第 38 ~ 38 行：上传文件。
- 第 39 ~ 45 行：定义使用的变量。
- 第 46 ~ 54 行：得到文件名。
- 第 55 ~ 87 行：将数组中的内容写入文件。
- 第 88 ~ 108 行：使用 while 循环读取行内容，每次循环读入一行内容，并通过 Print-Write 的输出方法，把它写入磁盘。我们知道，文件的最后一行包含两个回车换行符，所以保存到磁盘的字节数据不应该包含这两个字符。因此，如果读入的行不是文件的最后一行，写入磁盘的字节数据要减去最后两个字符，只要检查下一行内容是否是分界符即可判断循环结束。完成上传。

（2）编写上传界面文件 upload. html。

【源码】 upload. html

```
1    < html >
2      < head >
3        < title > upload.html < /title >
4      < /head >
5      < body >
6      < center > 上传界面 < /center >
7    < br >
8    < table > < tr >
9    < form method = "post" enctype = "multipart /form - data" action = "upload.jsp" >
10   < td > < input type = file size = 20 name = "fname" > < /td >
11   < td > < input type = Submit value = 上传 > < /td > < /form >
12   < /tr > < /table >
13     < /body >
14   < /html >
```

【代码说明】

第 9～11 行：构成表单界面，完成获取上传文件路径及文件名，并提交给文件 upload. jsp 去做上传处理。

（3）编写调用 JavaBean 的文件 upload. jsp。

【源码】 upload. jsp

```
1    < html >
2      < head >
3        < title > My JSP' upload.jsp' starting page < /title >
4      < /head >
5      < body >
6    < % @ page contentType = "text /html;charset = gb2312" import = "mybean.upload"% >
7    < % String path  = getServletContext().getRealPath( "/");
8    % >
9    < %
10   String Dir = path;
11   upload upload = new upload();
12   upload.setUploadDirectory(Dir);
13   upload.uploadFile(request);
14   out.print(" < center > < font color = red > 文件已成功上传 < /font > < /center >");
15   % >
16     < /body >
17   < /html >
```

【代码说明】

第 6~15 行：引入 upload 类，获取当前工作目录的根目录，然后将选定的文件上传到该工作目录下。

(4) 运行程序 upload. html，过程如图 6-10~图 6-12 所示。

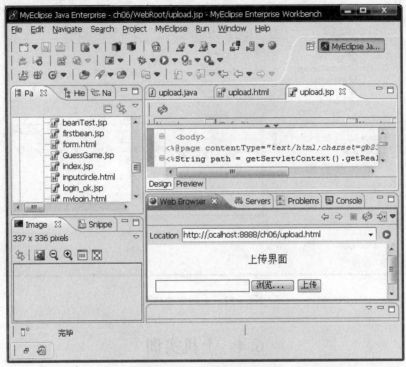

图 6-10　运行程序界面

图 6-11　"选择文件"对话框

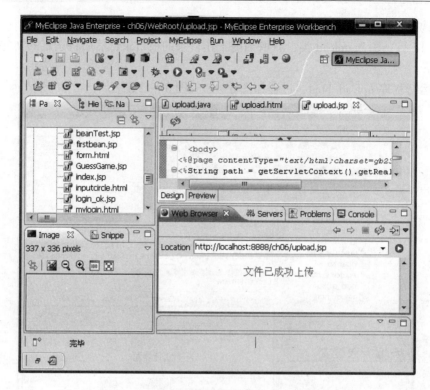

图 6－12　上传成功界面

6.4　上机实训

1. 实训目的

（1）掌握 JavaBean 的创建和部署。

（2）掌握 JavaBean 的 get 和 set 方法的使用。

（3）掌握 JavaBean 与 JSP 页面的交互性。

（4）掌握使用 JavaBean 连接和操作数据库。

2. 实训内容

（1）编写 JavaBean 计算圆的周长和面积。

（2）将学生课绩管理系统数据库访问功能封装成 JavaBean（sqlBean. java）。

（3）编写用户登录模块，实现用户登录验证功能。

6.5　本章习题

一、选择题

1. 下面（　　）属于工具 Bean 的用途。

A. 完成一定运算和操作，包含一些特定的或通用的方法，进行计算和事务处理

B. 负责数据的存取

C. 接收客户端的请求，将处理结果返回客户端

D. 在多台机器上跨几个地址空间运行

2. JavaBean 可以通过相关 jsp 动作指令进行调用。下面（　　　）不是 JavaBean 可以使用的 jsp 动作指令。

　　A. < jsp：useBean >　　　　　　　　　B. < jsp：setProperty >

　　C. < jsp：getProperty >　　　　　　　　D. < jsp：setParameter >

3. 关于 JavaBean，下列的叙述（　　　）是不正确的。

　　A. JavaBean 的类必须是具体的和公共的，并且具有无参数的构造器

　　B. JavaBean 的类属性是私有的，要通过公共方法进行访问

　　C. JavaBean 和 Servlet 一样，使用之前必须在项目的 web. xml 中注册

　　D. JavaBean 属性和表单控件名称能很好地耦合，得到表单提交的参数

4. JavaBean 的属性必须声明为 private，方法必须声明为(　　　)访问类型。

　　A. private　　　　　　B. static　　　　　　C. protect　　　　　　D. public

5. JSP 页面通过(　　　)来识别 Bean 对象，可以在程序片中通过 xx. method 形式来调用 Bean 中的 set 和 get 方法。

　　A. name　　　　　　B. class　　　　　　C. id　　　　　　D. classname

6. JavaBean 的作用范围可以是 page、request、session 和(　　　)4 个作用范围中的一种。

　　A. application　　　B. local　　　　　　C. global　　　　　　D. class

7. 下列哪个作用范围的 Bean，请求响应完成则该 Bean 即被释放，不同客户的 Bean 互不相同。(　　　)

　　A. application　　　B. request　　　　　C. page　　　　　　D. session

8. 下列哪个作用范围的 Bean，被 Web 服务目录下所有用户共享，任何客户对 Bean 属性的修改都会影响到其他用户。(　　　)

　　A. application　　　B. request　　　　　C. page　　　　　　D. session

9. 下列哪个作用范围的 Bean，当客户离开这个页面时，JSP 引擎取消为客户该页面分配的 Bean，释放他所占的内存空间。(　　　)

　　A. application　　　B. request　　　　　C. page　　　　　　D. session

10. 使用 < jsp：getProperty > 动作标记可以在 JSP 页面中得到 Bean 实例的属性值，并将其转换为(　　　)类型的数据，发送到客户端。

　　A. String　　　　　　B. Double　　　　　C. Object　　　　　D. Classes

11. 使用 < jsp：setProperty > 动作标记可以在 JSP 页面中设置 Bean 的属性，但必须保证 Bean 有对应的什么方法。(　　　)

　　A. SetXxx 方法　　　B. setXxx 方法　　　C. getXxx 方法　　　D. GetXxx 方法

12. 使用格式 < jsp：setProperty name = "beanid" property = "bean 的属性" value = " < % = expression % > " / > 给 Bean 的属性赋值，expression 的数据类型和 bean 的属性类型（　　　）。

　　A. 必须一致　　　B. 可以不一致　　　C. 必须不同　　　D. 无要求

13. 在 JSP 页面中使用 < jsp：setProperty name = "beanid" property = "bean 的属性" value = "字符串" / > 格式给 Long 类型的 Bean 属性赋值，会调用(　　　)数据类型转换方法。

A. Long. parseLong（String s）　　　　　　B. Integer. parseInt（Stirng s）

C. Double. parseDouble（String s）　　　　　D. 不确定

14. 下列哪个调用数据类型转换方法会发生 NumberFormatException 异常？（　　　）

A. Long. parseLong（"1234"）　　　　　　B. Integer. parseInt（"1234"）

C. Double. parseDouble（"123. 45"）　　　　D. Integer. parseInt（"123a"）

15. 在 JSP 页面中使用 < jsp：setProperty name = "bean 的名字" property = " * " / > 格式，将表单参数为 Bean 属性赋值，property = " * " 格式要求 Bean 的属性名字（　　　）。

A. 必须和表单参数类型一致　　　　　B. 必须和表单参数名称一一对应

C. 必须和表单参数数量一致　　　　　D. 名称不一定对应

16. 在 JSP 页面中使用 < jsp：setPropety name = "bean 的名字" property = "bean 属性名" param = "表单参数名"/ > 格式，用表单参数为 Bean 属性赋值，要求 Bean 的属性名字（　　　）。

A. 必须和表单参数类型一致　　　　　B. 必须和表单参数名称一一对应

C. 必须和表单参数数量一致　　　　　D. 名称不一定对应

二、判断题

1. JavaBean 的属性可读写，编写时 set 方法和 get 方法必须配对。　　　　　　（　　　）

2. JavaBean 也是 Java 类，因此也必须有主函数。　　　　　　　　　　　　（　　　）

3. JavaBean 组件就是 Java 开发中的一个类，通过封装属性和方法成为具有某种功能和接口的类，所以具有 Java 程序的特点。　　　　　　　　　　　　　　　　　　（　　　）

4. Sun 公司把 JavaBean 定义为一个可重复使用的软件组件，类似于电脑 CPU、硬盘等组件。　　　　　　　　　　　　　　　　　　　　　　　　　　　　　　　　　　（　　　）

5. JavaBean 分为可视化组件和非可视化组件。　　　　　　　　　　　　　　（　　　）

6. JavaBean 的属性必须声明为 private，方法必须声明为 public 访问类型。　　（　　　）

7. 创建 JavaBean 要经过编写代码、编译源文件、配置 JavaBean 这样一个过程。（　　　）

8. 在 JSP 页面中调用的 Bean 类中如果有构造方法，必须是 public 类型且必有参数。

　　　　　　　　　　　　　　　　　　　　　　　　　　　　　　　　　　　　（　　　）

9. 布置 JavaBean 须在 Web 服务目录的 WEB – INF \ classes 子目录下建立与包名对应的子目录，并将字节文件复制到该目录中。　　　　　　　　　　　　　　　　　（　　　）

10. Javabean 中，对于 boolean 类型的属性，可以使用 is 代替方法名称中的 set 和 get 前缀，创建 Bean 必须带有包名。　　　　　　　　　　　　　　　　　　　　　　（　　　）

11. 在 JSP 页面中使用 Bean 首先要使用 import 指令将 Bean 引入。　　　　　（　　　）

12. 修改了 Bean 的字节码后，要将新的字节码复制到对应的 WEB – INF \ classes 目录中，重新启动 tomcat 服务器才能生效。　　　　　　　　　　　　　　　　　　（　　　）

13. 客户在某个页面修改 session 作用范围 Bean 的属性，在其他页面，该 Bean 的属性会发生同样的变化，不同客户之间的 Bean 也发生变化。　　　　　　　　　　　（　　　）

14. 使用 < jsp：setProperty > 动作标记，可以使用表达式或字符串为 Bean 的属性赋值。

　　　　　　　　　　　　　　　　　　　　　　　　　　　　　　　　　　　　（　　　）

15. 使用格式 < jsp：setProperty name = "beanid" property = ""bean 的属性" value = "字符

串"／>给 Bean 的属性赋值，这个字符串会自动被转化为属性的数据类型。　　　（　　）

16. 表单提交后，<jsp：setProperty>动作指令才会被执行。　　　　　　　　（　　）

三、填空题

1. 在 Web 服务器端使用 JavaBean，将原来页面中程序片完成的功能封装到 JavaBean 中，这样能很好地实现＿＿＿＿＿＿＿＿＿。

2. JavaBean 中用一组 set 方法设置 Bean 的私有属性值，get 方法获得 Bean 的私有属性值。set 和 get 方法名称与属性名称之间必须对应，也就是：如果属性名称为 xxx，那么 set 和 get 方法的名称必须为＿＿＿＿＿和＿＿＿＿＿。

3. 用户在实际 Web 应用开发中，编写 Bean 除了要使用 import 语句引入 Java 的标准类外，可能还需要自己编写的其他类。用户自己编写的被 Bean 引用的类称之为＿＿＿＿。

4. 创建 JavaBean 的过程和编写 Java 类的过程基本相似，可以在任何 Java 的编程环境下完成＿＿＿＿＿、＿＿＿＿＿、＿＿＿＿＿、＿＿＿＿＿。

5. 布置 JavaBean 要在 Web 服务目录的 WEB－INF＼classes 文件夹中建立与＿＿＿＿＿对应的子目录，用户要注意目录名称的大小写。

6. 使用 Bean 首先要在 JSP 页面中使用＿＿＿＿＿指令将 Bean 引入。

7. 要想在 JSP 页面中使用 Bean，必须首先使用＿＿＿＿＿动作标记在页面中定义一个 JavaBean 的实例。

8. scope 属性代表了 JavaBean 的作用范围，它可以是 page、＿＿＿＿＿、session 和 application 四个作用范围中的任何一种。

四、思考题

1. JavaBean 和一般意义上的 Java 类有何区别？

2. 简述 Bean 的编写方法，有哪些注意点？

3. 如何实现一个 Bean 的属性与表单参数的关联？

4. 如何在页面的程序片中使用 Bean？

5. 试述 request、session 和 application 的生命周期。

第 7 章　Servlet 技术

【学习要点】

- Servlet 的基本概念
- Servlet 常用 API
- 编写、配置及调用 Servlet
- JSP + Servlet + JavaBean 模式
- Servlet 典型应用

7.1　Servlet 概述

Servlet 是一种服务器端的编程语言，是 J2EE 中比较关键的组成部分，Servlet 技术的推出，扩展了 Java 语言在服务器端开发的功能，巩固了 Java 语言在服务器端开发中的地位，而且现在使用非常广泛的 JSP 技术也是基于 Servlet 的原理，JSP + JavaBeans + Servlet 成为实现 MVC 模式的一种有效的选择。

7.1.1　什么是 Servlet

Servlet 是一种服务器端的 Java 应用程序，具有独立于平台和协议的特性，可以生成动态的 Web 页面。它担当客户请求（Web 浏览器或其他 HTTP 客户程序）与服务器响应（HTTP 服务器上的数据库或应用程序）的中间层。Servlet 容器负责把请求传递给 Servlet，并把结果返回给客户。在使用 Servlet 的过程中，并发访问的问题由 Servlet 容器处理，当多个用户请求同一个 Servlet 的时候，Servlet 容器负责为每个用户启动一个线程，这些线程的运行和销毁由 Servlet 容器负责，而在传统的 CGI 程序中，是为每一个用户启动一个进程，因此 Servlet 的运行效率就要比 CGI 的高出很多。

Servlet 在本质上就是 Java 类，编写 Servlet 需要遵循 Java 的基本语法，但是与一般 Java 类所不同的是，Servlet 是只能运行在服务器端的 Java 类，而且必须遵循特殊的规范，在运行的过程中有自己的生命周期，这些特性都是 Servlet 所独有的。另外，Servlet 是和 HTTP 协议是紧密联系的，所以使用 Servlet 可以处理 HTTP 协议的绝大部分内容，这也正是 Servlet 受到开发人员青睐的最大原因。

在 Java 语言中，我们已经了解了 Java Applet（Java 小应用程序），它运行在客户端的浏览器中。Servlet 与 Applet 比较如下。

相似之处包括以下 3 点。

（1）它们不是独立的应用程序，没有 main（）方法。

（2）它们不是由用户或程序员调用，而是由另外一个应用程序（容器）调用。

（3）它们都有一个生存周期，包含 init（）和 destroy（）方法。

不同之处包括以下两点。

（1）Applet 具有很好的图形界面（AWT），与浏览器一起，在客户端运行。

（2）Servlet 没有图形界面，运行在服务器端。

7.1.2　Servlet 的特点

Java Servlet 与传统的 CGI（Common Gateway Interface）和许多其他类似 CGI 的技术相比，具有更高的效率，更轻易使用，功能更强大，具有更好的可移植性，更节省投资。

1. 高效

在传统的 CGI 中，每个请求都要启动一个新的进程，假如 CGI 程序本身的执行时间较短，启动进程所需要的开销很可能反而会超过实际执行时间。而在 Servlet 中，每个请求由一个轻量级的 Java 线程处理（而不是重量级的操作系统进程）。

在传统 CGI 中，假如有 N 个并发的对同一 CGI 程序的请求，则该 CGI 程序的代码在内存中重复装载了 N 次；而对于 Servlet，处理请求的是 N 个线程，只需要一份 Servlet 类代码。在性能优化方面，Servlet 也比 CGI 有着更多的选择。

2. 方便

Servlet 提供了大量的实用工具例程，例如自动地解析和解码 HTML 表单数据、读取和设置 HTTP 头、处理 Cookie、跟踪会话状态等。

3. 功能强大

在 Servlet 中，许多使用传统 CGI 程序很难完成的任务都可以轻松地完成。例如，Servlet 能够直接和 Web 服务器交互，而普通的 CGI 程序不能。Servlet 还能够在各个程序之间共享数据，使得数据库连接池之类的功能很轻易实现。

4. 可移植性好

Servlet 用 Java 编写，Servlet API 具有完善的标准。因此，为 IPlanet Enterprise Server 写的 Servlet 无须任何实质上的改动即可移植到 Apache、Microsoft IIS 或者 WebStar。绝大多数的主流服务器都直接或间接通过插件支持 Servlet。

5. 节省投资

不仅有许多廉价甚至免费的 Web 服务器可供个人或小规模网站使用，而且对于现有的服务器，假如它不支持 Servlet 的话，要加上这部分功能也往往是免费的（或只需要极少的投资）。

7.1.3　Servlet 的应用范围

Servlet 可完成的主要功能如下。

（1）读取客户端发送到服务器端的显式数据（表单数据）。

（2）读取客户端发送到服务器端的隐式数据（请求报头）。

（3）服务器端发送显式的数据到客户端（HTML）。

（4）服务器端发送隐式的数据到客户端（状态代码和响应报头）。

下面是 Servlet 的主要应用范围。

（1）处理 HTTP 请求。Servlet 能够处理 HTTP 表单，并且能够传递 HTTP 响应到客户端。

（2）用于处理 HTML 表单。通过 HTTP 产生提交数据，然后 Servlet 可以处理这些数据。

（3）允许人们之间的合作。一个 Servlet 能并发处理多个请求，可以使用同步请求支持系统。

（4）转送请求。Servlet 可以转送请求给其他的服务器和 Servlet。这就允许在同样内容的几个服务器之间平衡负载。按照任务类型或组织范围，可以允许被用来在几个服务器中划分逻辑上的服务器。

Servlet 编写者们可以定义彼此之间共同工作的激活代理，每个代理者是一个 Servlet，而且代理者能够在他们之间传送数据。

Servlet 技术非常适用于服务器端的处理和编程，并且 Servlet 会长期驻留在他们所处的位置。但是在实际的项目开发过程中，页面设计者可以方便地使用普通 HTML 工具来开发 JSP 页面，Servlet 却更适合于后端开发者使用，也就是说 Servlet 缺乏在页面表现形式上的灵活性且需要更多的编程技术。

7.2　编写、配置及调用 Servlet

7.2.1　案例一：第一个 Servlet

【案例功能】使用 Servlet 向客户端输出"Hello World"。

【案例目标】掌握 Servlet 的基本编写、配置及调用方法。

【案例要点】Servlet 的编写、web. xml 的修改、调用 Servlet。

案例视频扫一扫

【案例步骤】

（1）创建第 7 章源码文件夹 ch07。

（2）编写 FirstServlet. java 源代码文件。

【源码】FirstServlet. java

```
1   package ch07;
2
3   import java.io.IOException;
4   import java.io.PrintWriter;
5   import javax.servlet.ServletException;
6   import javax.servlet.http.HttpServlet;
7   import javax.servlet.http.HttpServletRequest;
8   import javax.servlet.http.HttpServletResponse;
9
10  public class FirstServlet extends HttpServlet {
11     public void doGet(HttpServletRequest request, HttpServletResponse
12  response)throws ServletException, IOException {
13        PrintWriter out = response.getWriter();
14        out.println("Hello World");
15        out.close();
16     }
17  }
```

【代码说明】

- 第 1 行：将当前 Servlet 类放在 ch07 包中。
- 第 3～5 行：引入编写 Servlet 所需包。
- 第 10～16 行：覆盖了 HttpServlet 中的 doGet（）方法，用于对 GET 请求方法做出响应。在 doGet（）中，首先通过 HttpServletResponse 类中的 getWriter（）方法调用得到一个 PrintWriter 类型的输出流对象 out，然后调用 out 对象的 println（）方法向客户端发送字符串 "Hello World"，最后关闭 out 对象。

Servlet 程序编写好后，需要在 Servlet 容器中进行配置，才能进行正常访问。Servlet 的配置一般通过配置文件 web. xml 来实现。

（3）部署 Servlet。先把 Tomcat 安装目录下 lib \ servlet – api. jar 添加到 classpath 中，然后编译 FirstServlet. java 为 FirstServlet. class 文件，连同包 ch07 复制到对应项目目录的 WEB – INF/classes 目录下。在 Servlet 规范中定义的 Web 应用程序的目录层次结构见表 7 – 1。

表 7 – 1　Servlet 规范定义的 Web 应用程序目录层次结构

目　录	描　述
\ ch07	Web 应用程序的根目录，属于此 Web 应用程序的所有文件都存在这个目录下
\ ch07 \ WEB – INF	存在 Web 应用程序的部署描述文件 web. xml
\ ch07 \ WEB – INF \ classes	存放 Servlet 和其他有用的类文件
\ ch07 \ WEB – INF \ lib	存放 Web 应用程序需要的 jar 包，这些 jar 包中可以包含 Servlet、Bean 和其他有用的类文件
\ ch07 \ WEB – INF \ web. xml	web. xml 文件包含 Web 应用程序的配置和部署信息

（4）修改 web. xml 文件。

【源码】web. xml

```
1   ⋮
2   < servlet >
3       < display – name >Locate < /display – name >
4       < servlet – name >FirstServlet < /servlet – name >
5       < servlet – class >ch07.FirstServlet < /servlet – class >
6       < /servlet >
7
8       < servlet – mapping >
9       < servlet – name >FirstServlet < /servlet – name >
10      < url – pattern >/ch07/FirstServlet < /url – pattern >
11      < /servlet – mapping >
12  ⋮
```

【代码说明】

- 第 2～6 行：完成对 Servlet 的名称（name）和 Servlet 类（class）之间的匹配，案例中名称为 FirstServlet 的 Servlet 匹配到 ch07 包中的 FirstServlet 类。
- 第 8～11 行：完成 Servlet 的映射，即如果在浏览器地址栏中出现了/ch07/FirstServlet 的内容，则映射成名称（name）为 FirstServlet 的 Servlet。

（5）启动 Tomcat 服务器后，运行结果如图 7 – 1 所示。

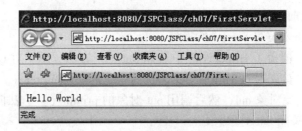

图 7 - 1   FirstServlet 运行结果

说明：Web 应用程序的开发分为设计开发与配置部署两个阶段。通过部署，实现了组件与组件之间的松耦合，降低了 Web 应用程序维护的难度。例如，为 Servlet 指定一个名字和 URL 映射，其他的组件或页面可以使用 URL 来调用这个 Servlet，一旦 Servlet 发生了改动，只需修改 web. xml 文件中的 < servlet – class > 元素的内容，在设计开发阶段确定的程序结构与代码不需要做任何的改动，降低了程序维护的难度。

7.3   Servlet 技术原理

对于有一定 Java 基础的用户来讲，编写一个 Servlet 并不难，因为编写 Servlet 就是编写一个特殊的 Java 类，这个特殊的 Java 类和其他的 Java 类编写类似，只是它必须直接或者间接实现 Servlet 接口，该接口定义了 Servlet 的生命周期方法。

7.3.1   Servlet 的生命周期

当服务器收到某一个 Servlet 请求时，它会检查该 Servlet 类的实例是否存在，如果不存在就会创建这个 Servlet 的实例，这个过程称为载入 Servlet，如果存在就会直接调用该 Servlet 的实例。Servlet 对象创建之后，服务器就可以调用该实例响应客户的请求了，当多个客户请求一个 Servlet 时，服务器为每一个客户启动一个线程而不是进程，这个线程调用内存中的 Servlet 实例的 service 方法响应客户的请求。当服务器关闭或者卸载应用程序时，关闭该 Servlet 实例，释放 Servlet 所占用的资源，这就是一个 Servlet 的生命周期，如图 7 - 2 所示。

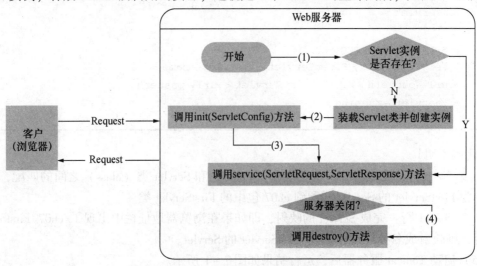

图 7 - 2   Servlet 生命周期

Javax. servlet. Servlet 接口定义了 3 个用于 Servlet 生命周期的方法，任何一个 Servlet 都会直接或间接地实现这 3 个方法。

（1）public void init（ServletConfig config）throws ServletException 方法。该方法在 Servlet 载入时执行，只执行一次，对 Servlet 进行初始化，如读入配置信息等。ServletConfig 对象保存着服务器的一些设置信息。如果初始化失败发生 ServletException 异常。

（2）public void service（ServletRequest req，ServletResponse res）方法。该方法用来为请求服务，在 Servlet 生命周期中，Servlet 每被请求一次它就会被调用一次。服务器将两个参数传递给该方法，即 ServletRequest 类型和 ServletResponse 类型的对象。

（3）public void destroy（）方法。当服务器关闭时，调用 destroy 方法释放 Servlet 所占用的资源。

7.3.2　Servlet 的结构

Servlet 接口定义了基本的方法来管理 Servlet 与客户端的通信，所有的 Servlet 都必须实现 Servlet 接口，该接口定义了 Servlet 的生命周期。Java API 提供了 javax. servlet 和 javax. servlet. http 包，为编写 Servlet 提供了接口和类。Servlet 常用类与接口层次如图 7 – 3 所示。

如本章案例一所示，编写一个 Servlet 类时首先导入 java. io 包、javax. servlet 包和 javax. servlet. http 包。接着编写一个 HttpServlet 类的子类，这个类重载了 HttpServlet 父类 GenericServlet 的 init 方法和 HttpServlet 类的 Service 方法。Service 方法同时接收 HttpServletRequest 和 HttpServletResponse 对象。HttpServletRequest 对象保存着客户端传递的信息，HttpServletResponse 提供返回给客户端的信息。

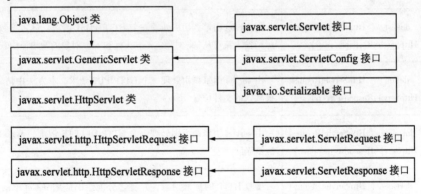

图 7 – 3　Servlet 常用类与接口层次图

7.3.3　Servlet 常用类与接口

1. javax. servlet. Servlet 接口

javax. servlet. Servlet 接口用于开发 Servlet，所有的 Servlet 都要直接或间接地实现这个接口，这个接口定义了 Servlet 生命周期的方法。一般不用直接实现该接口，可以扩展 javax. servlet. GenericServlet 来实现一般协议的 Servlet，也可扩展 javax. servlet. http. HttpServlet 来实现 HTTP 协议的 Servlet。Servlet 接口的常用方法见表 7 –2。

表 7 - 2　Servlet 接口常用方法

序号	方　法	功　能
1	void init（ServletConfit config）	在 servlet 被载入后和实施服务前由 servlet 引擎进行一次性调用。如果 init（）产生溢出 UnavailableException，则 servlet 退出服务
2	ServletConfig getServletConfig（）	返回传递到 servlet 的 init（）方法的 ServletConfig 对象
3	void service（ServletRequest request, ServletResponse response）	处理 request 对象中描述的请求，使用 response 对象返回请求结果
4	String getServletInfo（）	返回描述 servlet 的一个字符串
5	void destory（）	当 servlet 将要卸载时由 servlet 引擎调用

2. javax. servlet. http. HttpServlet 类

　　javax. servlet. http. HttpServlet 是一个抽象类，它继承了 javax. servlet. GenericServlet 类，提供了一个处理 HTTP 协议的框架，用来处理客户端的 HTTP 请求。这个类中的 service 方法支持 GET、POST、PUT、DELETE 这些标准的 HTTP 请求类型，service 方法为每个 HTTP 请求类型调用相应的 doPost（）或 doGet（）方法来处理。开发 HTTP 协议的 Servlet，只需实现 doPost（）或 doGet（）方法，不用重写 service 方法。HttpServlet 类的常用方法见表7 - 3。

表 7 - 3　HttpServlet 类常用方法

序号	方　法	功　能
1	void doGet（HttpServletRequest req, HttpServletResponse resp）	由 servlet 引擎调用用处理一个 HTTP GET 请求。输入参数、HTTP 头标和输入流可从 req 对象、resp 头标和 resp 对象的输出流中获得
2	void doPost（HttpServletRequest req, HttpServletResponse resp）	由 servlet 引擎调用用处理一个 HTTP POST 请求。输入参数、HTTP 头标和输入流可从 req 对象、resp 头标和 resp 对象的输出流中获得
3	void doPut（HttpServletRequest req, HttpServletResponse resp）	由 servlet 引擎调用处理一个 HTTP PUT 请求。本方法中请求 URI 指出被载入的文件位置
4	void doDelete（HttpServletRequest req, HttpServletResponse response）	由 servlet 引擎调用用处理一个 HTTP DELETE 请求。请求 URI 指出资源被删除
5	void service（HttpServletRequest req, HttpServletResponse response）	接收 HTTP 的标准请求，并将它分配给响应的 doGet（）、doPost（）方法，不应该覆盖此方法

3. javax. servlet. http. httpServletRequest 接口

　　javax. servlet. http. httpServletRequest 接口继承了 ServletRequest 接口，它用于定义转发客户端 HTTP 请求的"请求对象"。Servlet 容器创建一个 HttpServletRequest 对象，并将它作为一个参数传递给 service、doPost、doGet 等方法。HttpServletRequest 接口常用方法见表 7 - 4。

表 7 – 4 HttpServletRequest 接口常用方法

序号	方 法	功 能
1	String getAuthType（ ）	如果 servlet 由一个鉴定方案所保护，如 HTTP 基本鉴定，则返回方案名称
2	String getContextPath（ ）	返回指定 servlet 上下文（web 应用）的 URL 的前缀
3	Cookie［ ］getCookies（ ）	返回与请求相关 cookie 的一个数组
4	Long getDateHeader（String name）	将输出转换成适合构建 Date 对象的 long 类型取值的 getHeader（ ）的简化版
5	String getHeader（String name）	返回指定的 HTTP 头标指。如果其由请求给出，则名字的大小写不敏感
6	Enumeration getHeaderNames（ ）	返回请求给出的所有 HTTP 头标名称的权举值
7	Enumeration getHeaders（String name）	返回请求给出的指定类型的所有 HTTP 头标的名称的枚举值，它对具有多取值的头标非常有用
8	int getIntHeader（String name）	将输出转换为 int 取值的 getHeader（ ）的简化版
9	String getMethod（ ）	返回 HTTP 请求方法（例如 GET、POST 等）
10	String getPathInfo（ ）	返回在 URL 中指定的任意附加路径信息
11	String getPathTranslated（ ）	返回在 URL 中指定的任意附加路径信息，被转换成一个实际路径
12	String getQueryString（ ）	返回查询字符串，即 URL 中"?"后面的部分。
13	String getRemoteUser（ ）	如果用户通过鉴定，返回远程用户名，否则为 null
14	String getRequestedSessionId（ ）	返回客户端的会话 ID
15	String getRequestURI（ ）	返回 URL 中一部分，从"/"开始，包括上下文，但不包括任意查询字符串
16	String getServletPath（ ）	返回请求 URI 上下文后的子串
17	HttpSession getSession（ ）	调用 getSession（ ）的简化版
18	HttpSession getSession（boolean create）	返回当前 HTTP 会话，如果不存在，则创建一个新的会话，create 参数为 true
19	Principal getPrincipal（ ）	如果用户通过鉴定，返回代表当前用户的 java. security. Principal 对象，否则为 null
20	boolean isRequestedSessionIdFromCookie（ ）	如果请求的会话 ID 由一个 Cookie 对象提供，则返回 true，否则为 false
21	boolean isRequestedSessionIdFromURL（ ）	如果请求的会话 ID 在请求 URL 中解码，返回 true，否则为 false
22	boolean isRequestedSessionIdValid（ ）	如果客户端返回的会话 ID 仍然有效，则返回 true
23	boolean isUserInRole（String role）	如果当前已通过鉴定用户与指定角色相关，则返回 true，如果不是或用户未通过鉴定，则返回 false

4. javax. servlet. http. HttpServletResponse 接口

javax. servlet. http. HttpServletResponse 接口继承了 ServletResponse 接口，它用于定义使用 HTTP 协议响应客户端的"响应对象"。Servlet 容器创建 HttpServletResponse 对象，该对象允许 service、doPost、doGet 等方法使用 HTTP 协议头部信息域，并把数据发送给客户端。HttpServletResponse 接口的常用方法见表 7 – 5。

表 7 – 5   HttpServletResponse 接口常用方法

序号	方 法	功 能
1	void addCookie（Cookie cookie）	将一个 Set – Cookie 头标加入响应
2	void addDateHeader（String name, long date）	使用指定日期值加入带有指定名字（或代换所有此名字头标）的响应头标的方法
3	void setHeader（String name, String value）	设置具有指定名字和取值的一个响应头标
4	void addIntHeader（String name, int value）	使用指定整型值加入带有指定名字的响应头标（或代换此名字的所有头标）
5	boolean containsHeader（String name）	如果响应已包含此名字的头标，则返回 true
6	void setStatus（int status）	设置响应状态码为指定指。只应用于不产生错误的响应，而错误响应使用 sendError（）
7	String getCharacterEncoding（）	返回响应使用字符解码的名字。除非显示设置，否则为 ISO – 8859 – 1
8	Writer getWriter（）	返回用于将返回的文本输出写入客户端的一个字符写入器，此方法和 getOutputStream（）二者只能调用其一
9	void reset（）	清除输出缓存及任何响应头标。如果响应已得到确认，则引发事件 IllegalStateException
10	void setContentType（String type）	设置内容类型，在 HTTP servlet 中即设置 Content – Type 头标
11	void setContentLength（int length）	设置内容体的长度

7.3.4   案例二：在 JSP 页面中调用 Servlet

【案例功能】用户提交用户名后收到欢迎界面。

【案例目标】掌握 Servlet 读取表单数据的基本方法。

【案例要点】页面中指定表单元素名称、Servlet 根据名称读取表单元素、Servlet 把读取的表单元素值输出到客户端。

案例视频扫一扫

【案例步骤】

（1）在 ch07 目录下编写 welcome. html。

【源码】welcome. html

```
1   < html >
2   < body >
3       < form action = "WelcomeServlet" method = "post" >
4           请输入用户名：< input type = "text" name = "user" > < p >
5           < input type = "submit" value = "提交" >
6       < /form >
7   < /body >
8   < /html >
```

（2）编写 WelcomeServlet. java 源代码文件。

【源码】WelcomeServlet. java

```
1   package ch07;
2
3   import java.io.IOException;
4   import java.io.PrintWriter;
5   import javax.servlet.ServletException;
6   import javax.servlet.ServletException;
7   import javax.servlet.http.HttpServletRequest;
8   import javax.servlet.http.HttpServletResponse;
9
10  public class WelcomeServlet extends HttpServlet
11  {
12      public void doPost(HttpServletRequest request, HttpServletResponse
13  response)throws ServletException, IOException
14      {
15          String user = request.getParameter("user");
16          String welcomeInfo = "welcome you," + user;
17          response.setContentType("text/html");
18          PrintWriter out = response.getWriter();
19          out.println("<html><head><title>Welcome Page</title></head>");
20          out.println("<body>");
21          out.println("<h3>");
22          out.println(welcome Info);
23          out.println("</h3>");
24          out.println("</body></html>");
25          out.close();
26      }
    }
```

【代码说明】

- 第 3~8 行：引入相关包。
- 第 12~26 行：重载 doPost 方法。
- 第 15 行：通过 request.getParameter（"user"）调用，获取在 welcome.html 中用户输入的用户名。注意 getParameter（）方法的参数 user 和表单中用于输入用户姓名的文本框的名称 user 必须是一样的。
- 第 17 行：设置响应的内容类型（这里为 text/html），类似于 page 指令中的 Content-Type 属性。
- 第 18 行：应用 response.getWriter（）构造输出对象 out。
- 第 19~24 行：都是在输出 HTML 代码，第 22 行输出欢迎信息。

- 第 25 行：关闭 out 对象。

（3）配置 web. xml 文件。

【源码】web. xml

```
1    <servlet>
2      <display-name>Locate</display-name>
3      <servlet-name>welcome</servlet-name>
4      <servlet-class>ch07.WelcomeServlet</servlet-class>
5    </servlet>
6
7    <servlet-mapping>
8      <servlet-name>welcome</servlet-name>
9      <url-pattern>/ch07/WelcomeServlet</url-pattern>
10   </servlet-mapping>
```

（4）部署。

（5）启动 Tomcat 服务器，运行效果如图 7-4 和图 7-5 所示。

图 7-4　welcome. html 页面

图 7-5　WelcomeServlet 运行结果

说明：welcome. html 页面采用的表单提交方法是 post，在 Servlet 中会调用相应的 doPost 来处理；反之，如果页面采用的是 get 方法提交表单，在 Servlet 中应该调用 doGet 方法来处理。使用 get 方法提交表单会在 URL 中出现请求的数据，使安全性降低。因此，如果数据量小，又没有安全性的考虑，可以采用 get 方法提交表单；如果数据量大，或者有安全性的考虑，最好采用 post 方法提交表单。

7.4　使用 Servlet 实现 MVC 开发模式

MVC 架构的核心思想是：将程序分成相对独立，而又能协同工作的 3 个部分。通过使用 MVC 架构，可以降低模块之间的耦合，提供应用的可扩展性。另外，MVC 的每个组件只关心组件内的逻辑，不应与其他组件的逻辑混合。MVC 并不是 Java 所独有的概念，而是面向对象程序都应该遵守的设计理念。

7.4.1　传统的 JSP + JavaBean 开发模式

在 JSP 技术的发展初期，由于它便于掌握以及可以快速开发的优点，很快成了创建 Web 站点的热门技术。在早期的很多 Web 应用里，整个应用主要由 JSP 页面组成，辅以少量 JavaBean 来完成特定的重复操作。在这一时期，页面同时完成显示业务逻辑和流程控制。因此，开发效率非常高，其应用具体的实现方法如图 7 – 6 所示。

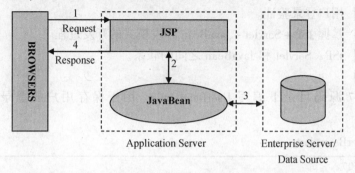

图 7 – 6　JSP + JavaBean 开发模式

JSP + JavaBean 这种模式的实现比较简单，适用于快速开发小规模项目。但从工程化的角度看，它的局限性非常明显：JSP 页面身兼 View 和 Controller 两种角色，将控制逻辑和表现逻辑混杂在一起，从而导致代码的重用性非常低，增加了应用的扩展性和维护的难度。

7.4.2　JSP + Servlet + JavaBean 开发模式

为了克服 JSP + JavaBean 开发模式的缺点，引入了 Servlet 作为控制层（Controller）。在 JSP + Servlet + JavaBean 开发模式中通过 JSP 技术来表现页面，通过 Servlet 技术来完成大量的事物处理工作，充当着一个控制者的角色，并负责向客户发送请求。Servlet 创建 JSP 需要的 JavaBean 对象，然后根据用户请求，决定将哪个 JSP 页面发送给用户。其应用具体的实现方法如图 7 – 7 所示。

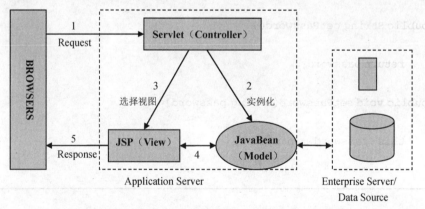

图 7 – 7　JSP + Servlet + JavaBean 开发模式

在 JSP + Servlet + JavaBean 开发模式中，JSP 页面没有任何商业处理逻辑，所有的商业处理逻辑均出现在 Servlet 中。JSP 页面只是简单地检索 Servlet 先前创建的 Bean 或者对象，再将动态内容插入到预定义的模板中。从开发观点看，这样的开发模式有更清晰的页面表现、清楚的开发者角色划分，可以充分地发挥每个开发者各自的特长，界面设计人员可以充分发挥自己的设计才能来体现页面的表现形式，程序编写人员则可以充分发挥自己的商务处理逻辑思维来实现项目中的业务处理。

7.4.3　案例三：使用 MVC 模式进行登录验证

【案例功能】用户登录验证。

【案例目标】掌握 JSP + Servlet + JavaBean 开发模式的开发过程。

【案例要点】JSP、Servlet 和 JavaBean 之间的联系。

案例视频扫一扫

【案例步骤】

（1）在 ch07 源码目录下编写 UserBean. java，用于保存用户的登录信息。

【源码】UserBean. java

```
1   package ch07;
2
3   public class UserBean
4   {
5       private String name;
6       private String password;
7       public String getName()
8       {
9           return name;
10      }
11      public void setName(String name)
12      {
13          this.name = name;
14      }
15      public String getPassword()
16      {
17          return password;
18      }
19      public void setPassword(String password)
20      {
21          this.password = password;
22      }
23  }
```

（2）编写 UserCheckBean. java，用于对用户名和密码进行验证。

【源码】UserCheckBean. java

```
1   package ch07;
2
3   public class UserCheckBean
4   {
5       protected UserBean user;
6
7       public UserCheckBean(UserBean user)
```

```
8    {
9        this. user = user;
10   }
11
12   public boolean validate()
13   {
14       String name = user.getName();
15       String password = user.getPassword();
16       //实际应用中,应该查询数据库,验证用户名和密码。
17       if("zhangsan".equals(name)&& "1234".equals(password))
18       {
19           return true ;
20       } else
21       {
22           return false ;
23       }
24   }
25 }
```

（3）编写登录页面 login. html。

【源码】login. html

```
1  < html >
2    < body >
3     < form action = "LoginServlet" method = "post" >
4     用户名: < input type = "test" name = "name" > < br >
5     密码: < input type = "password" name = "password" > < p >
6      < input type = "reset" value = "重填" >
7      < input type = "submit" value = "登录" >
8      < /form >
9    < /body >
10  < /html >
```

（4）编写 LoginServlet. java 源代码文件，LoginServlet 充当控制器角色，它接收客户登录的信息，调用 JavaBean 组件对用户登录信息进行验证，并根据验证的结果，调用 JSP 页面返回给客户端。

【源码】 LoginServlet. java

```
1  package ch07;
2
3  import java.io.IOException;
4  import java.io.PrintWriter;
5  import javax. servlet. ServletException;
6  import javax. servlet. http. HttpServlet;
7  import javax. servlet. http. HttpServletRequest;
8  import javax. servlet. http. HttpServletResponse;
```

```
9   import javax.servlet.http.HttpSession;
10
11  public class LoginServlet extends HttpServlet
12  {
13      public void doPost(HttpServletRequest request, HttpServletResponse
14  response)throws ServletException, IOException
15      {
16          UserBean user =new UserBean();
17          user.setName(request.getParameter("name"));
18          user.setPassword(request.getParameter("password"));
19          UserCheckBean uc =new UserCheckBean(user);
20          if(uc.validate())
21          {
22            HttpSession session = request.getSession();
23            session.setAttribute("user", user);
24            response.sendRedirect("welcome.jsp");
25          } else
26          {
27            response.sendRedirect("loginerr.jsp");
28          }
29      }
30  }
```

【代码说明】

第 19 ~ 29 行：在 Servlet 中实例化 JavaBean—UserCheckBean 为 uc 对象，调用 uc 对象的 validate（）判断登录用户是否为合法用户，如果是合法用户则转到 welcome. jsp，否则转到 loginerr. jsp 页面。

（5）编写登录成功页面 welcome. jsp。

【源码】welcome. jsp

```
1   html >
2     < body >
3         < jsp:useBean id = "user" scope = "session" class = "ch07.UserBean" />
4         欢迎你, < jsp:getProperty name = "user" property = "name" />
5     < /body >
6   < /html >
```

（6）编写登录失败页面 loginerr. jsp。

【源码】loginerr. jsp

```
1   < html >
2     < body >
3     用户名或密码错误,请 < a href = "./ch07/login.html" >重新登录 < /a >
4     < /body >
5   < /html >
```

（7）配置 web. xml 文件。

【源码】web. xml

```
1   < servlet >
2      < display – name >Locate < /display – name >
3      < servlet – name >LoginServlet < /servlet – name >
4      < servlet – class > ch07.LoginServlet < /servlet – class >
5   < /servlet >
6
7   < servlet – mapping >
8      < servlet – name >LoginServlet < /servlet – name >
9      < url – pattern > /ch07/LoginServlet < /url – pattern >
10  < /servlet – mapping >
```

（8）启动 Tomcat 服务器，运行效果如图 7 – 8 ～ 图 7 – 10 所示。

图 7 – 8　login. html 登录页面

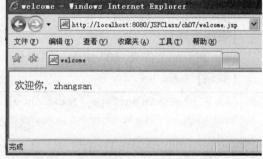

图 7 – 9　成功登录页面

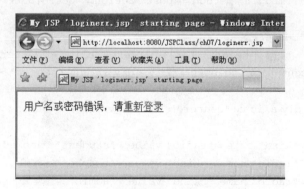

图 7 – 10　登录失败页面

在这个案例中，LoginServlet 根据用户的请求创建响应的 JavaBean 对象，然后利用 JavaBean 对象提供的功能完成用户验证的业务逻辑，再根据验证的结果将请求导向不同的页面。对于需要动态显示数据的 JSP 页面，控制器还负责为其准备保存数据的 JavaBean 对象。JSP 页面不包含任何的流程控制和业务处理逻辑，它只是简单地检索控制器创建的 JavaBean 对象，然后将动态内容插入到预定义的模板中。

采用 JSP + Servlet + JavaBean 开发模式，可以将页面的显示、业务逻辑的处理和流程的控制很清晰地区分开，JSP 负责数据的显示，JavaBean 负责业务逻辑的处理，Servlet 负责流程的控制。这样，Web 应用程序很容易扩展和维护。

7.5　Servlet 典型应用

通过前面的学习，读者对 Servlet 的技术原理、Servlet 的编写、配置和调用有了一定的了解。本节通过几个 Servlet 典型案例应用，加深读者对 Servlet 的理解，提高 Servlet 的应用能力。

7.5.1　案例四：读取所有表单数据

【案例功能】使用 Servlet 读取页面提交的所有表单数据并输出。

【案例目标】掌握 Servlet 读取所有表单数据的基本方法。

【案例要点】使用 HttpServletRequest 的 getParameterNames 方法获取所有表单数据，使用 Enumeration 对象保存所有表单数据，对保存所有表单数据的 Enumeration 对象遍历后以表格形式输出。

案例视频扫一扫

【案例步骤】

（1）在源码文件夹 ch07 中编写用户登录页面 login. jsp。

【源码】login. jsp

```
1   < % @ page contentType = "text/html; charset =GB2312"
2   language = "java"import = "java.sql. * " errorPage = "errorpage.jsp"% >
3   <html >
4   <head >
5   <p align = "center" >学生课绩管理系统 </p >
6   < form name = "frmLogin" method = "post" action = "GetParaServlet" >
7   <p >
8   <div align = "center" >
9   <table width = "47% " height = "232" border =1 align = "center" >
10  <tr > <td height = "44" colspan = "2" > <div align = "center" >请你输入 </div > </td > </tr >
11  <tr > <td > <div align = "center" > <strong >用户: </strong > </div > </td >
12  <td >
13  < input name = "kind" type = "radio" value = "student" checked >学生
14  < input type = "radio" name = "kind" value = "teacher" >教师
15  < input type = "radio" name = "kind" value = "admin" >管理员
16  </td > </tr >
17  <tr > <td width = "27% " > <div align = "center" > <strong >登录名: </strong > </div > </td >
18  <td width = "73% " >
19  < input name = "id" type = "text" id = "id" size = "20" maxlength = "20" > </td > </tr >
20  <tr > <td > <div align = "center" > <strong >密码: </strong > </div > </td >
21  <td >
22  < input name = "password" type = "password" id = "password" size = "8" maxlength = "8" >
```

```
23    </td></tr>
24    <tr>
25    <td colspan = "2">
      <div align = "center"><input type = "submit" name = "Submit" value = "登录"></ /
26    div>
27    </td></tr></table></div>
28    </form></body></html>
```

（2）编写读取 login. jsp 表单中所有数据的 Servlet 文件 GetParaServlet. java。

【源码】 GetParaServlet. java

```
1     package ch07;
2
3     import java.io.IOException;
4     import java.io.PrintWriter;
5     import java.util.Enumeration;
6     import javax.servlet.ServletException;
7     import javax.servlet.http.HttpServlet;
8     import javax.servlet.http.HttpServletRequest;
9     import javax.servlet.http.HttpServletResponse;
10
11    public class GetParaServlet extends HttpServlet
12    {
13        public void doPost(HttpServletRequest request, HttpServletResponse
14    response) throws ServletException, IOException
15        {
16            response.setContentType("text/html");
17            PrintWriter out = response.getWriter();
18            out.println("<HTML><HEAD><TITLE>All Parameters From
19    Request</tITLE></HEAD>");
20            out.println("<BODY>");
21            out.println("<h3>All Parameters From Request</h3>");
22            out.println("<table border =1 align =left>\n");
23            out.println("<tr bgcolor = \"#FFFFFF\">\n");
24            out.println("<th>Parameter Name<th>Parameter Value");
25            Enumeration enuNames = request.getParameterNames();
26            while(enuNames.hasMoreElements())
27            {
28                String strParam =(String)enuNames.nextElement();
29                out.println("<tr><td>" + strParam + "\n<td>");
30                String[] paramValues = request.getParameterValues(strParam);
31                if(paramValues.length == 1)
32                  out.print(paramValues[0]);
33                else
34                {
35                  out.println("<ul>");
36                  for(int i = 0; i < paramValues.length; i++)
37                  {
```

```
38          out.println("<li>" + paramValues[i]);
39              }
40          out.println("</ul>");
41          }
42      }
43    out.println("</table>\n</body></html>");
44    out.println("</BODY>");
45    out.println("</HTML>");
46    out.flush();
47    out.close();
48    }
49 }
```

【代码说明】

- 第 3 ~ 9 行：引入相关包。
- 第 13 ~ 49 行：重载 doPost 方法。
- 第 25：使用 request. getParameternames（）方法构造枚举对象 enuNames。
- 第 26 ~ 42 行：通过 while 循环输出所有参数名和参数值。
- 第 28：使用 enuNames. nextElement（）方法获得一个参数名。
- 第 29 行：输出获取的参数名称。
- 第 30 行：使用 request. getParameterValues（）方法获得指定参数名的值。
- 第 31 ~ 32 行：输出参数的单个值。
- 第 33 ~ 42 行：输出参数的多个值。

（3）部署。

（4）配置 web. xml 文件（略）。

（5）启动 Tomcat 服务器，运行结果如图 7 - 11 和图 7 - 12 所示。

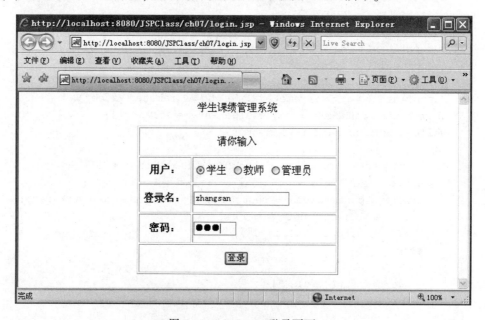

图 7 - 11   login. jsp 登录页面

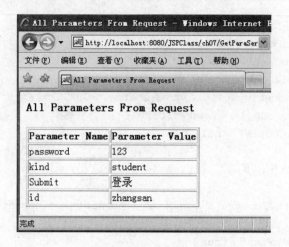

图 7 – 12　GetParaServlet 运行结果

7.5.2　案例五：读取 Cookie 数据

Cookie 是 Web 服务器保存在用户硬盘上的一段文本，这段文本是以"关键词/值"对的格式保存的。Cookie 允许一个 Web 站点在用户的计算机上保存信息并且随后再取回它。使用 Cookie 的基本步骤如下。

（1）创建 Cookie 对象：Cookie c = new Cookie（"name","value"）；

（2）传送 Cookie 对象：response. addCookie（c）；

（3）读取 Cookie 对象：Cookie［］ck = request. getCookies（）；

　　　　　　　　　　　　ck［i］. getName（）；

　　　　　　　　　　　　ck［i］. getValue（）；

（4）设置 Cookie 对象的有效时间：c. setmaxage（int age）；age 为 Cookie 保存的最大时间，为 0 时删除 Cookie，为负值时关闭浏览器后删除 Cookie。

【案例功能】显示一个月内访问次数。

【案例目标】掌握应用 Servlet 读取 Cookie 数据的方法。

【案例要点】Cookie 对象在 Servlet 中的使用。

【案例步骤】

（1）在源码文件夹 ch07 中编写 CookieServlet. java。

【源码】CookieServlet. java

案例视频扫一扫

```
1   package ch07;
2   import java.io. *;
3   import javax.servlet. *;
4
5   import javax.servlet.http. *;
6
7   public class CookieServlet extends HttpServlet
8   {
9       public void service(HttpServletRequest req, HttpServletResponse res)
10          throws IOException
```

```
11    {
12        boolean blnFound = false ;
13        Cookie myCookie = null ;
14        Cookie[ ] allCookie = req.getCookies();
15        res.setContentType("text/html;charset = GB2312");
16        PrintWriter out = res.getWriter();
17            if (allCookie! = null )
18            {
19            for (int i = 0; i < allCookie.length; i + + )
20            {
21                if (allCookie[i].getName().equals("logincount"))
22                {
23                  blnFound = true ;
24                  myCookie = allCookie[i];
25                }
26            }
27        }
28        out.println(" <html >");
29        out.println(" <body >");
30        if (blnFound)
31        {
32            int temp = Integer.parseInt(myCookie.getValue());
33            temp + +;
34            out.println("这是你第" + String.valueOf(temp) + "次访问该网页!");
35            myCookie.setValue(String.valueOf(temp));
36            int age = 60 * 60 * 24 * 30;
37            myCookie.setMaxAge(age);
38            res.addCookie(myCookie);
39        }else
40        {
41            int temp = 1;
42            out.println("这是你第 1 次访问该网页");
43            myCookie = new Cookie("logincount", String.valueOf(temp));
44            int age = 60 * 60 * 24 * 30;
45            myCookie.setMaxAge(age);
46            res.addCookie(myCookie);
47        }
48        out.println(" < /body >");
49        out.println(" < /html >");
50    }
51 }
```

【代码说明】

- 第 9 ~ 50 行：重载 service 方法。
- 第 14 行：使用 req. getCookies（ ）方法获得 Cookie 数组 allCookie。

- 第 17~27 行：对 Cookie 数组 allCookie 进行遍历，判断是否有余 logincount 匹配的 Cookie。如果有，就把该 Cookie 赋给 myCookie。
- 第 30~35 行：如果找到指定的 Cookie，则将该 Cookie 的值加 1 并输出，再将加 1 后的值通过 myCookie. setValue（）方法保存到 myCookie 中。
- 第 36~37 行：设置 myCookie 的生存时间为一个月。
- 第 38 行：使用 res. addCookie（）方法，把 myCookie 加入到响应中。
- 第 40~47 行：如果在请求中没有找到指定的 Cookie，则创建指定的 Cookie（login-count），并将其值设为 1 保存到 myCookie 中。

（2）部署。

（3）配置 web. xml 文件（略）。

（4）启动 Tomcat 服务器，运行结果如图 7 – 13 所示。

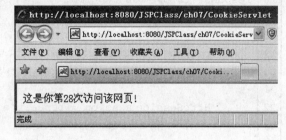

图 7 – 13　CookieServlet 运行结果

7.5.3　案例六：读取 Session 数据

JSP 内置了 Session 对象来管理用户与服务器的会话。Servlet 提供了 HttpSession API 用来管理 Session。在 Servlet 中管理 Session，通常采用如下步骤。

（1）调用 HttpServletRequest 的 getSession 方法得到一个会话对象（session）：

HttpSession session = request. getSession（true）；

（2）查看与会话有关的信息：

Integer oldAccessCount = （Integer）session. getAttribute（"accessCount"）；

if（oldAccessCount! = null）｛accessCount = new Integer（oldAccessCount. intValue（）+1）;｝

（3）在会话中保存数据：

Session. setAttribute（"accessCount"，accessCount）；

【案例功能】显示 session 相关信息。

【案例目标】掌握应用 Servlet 处理 session 的基本方法。

【案例要点】session 对象在 Servlet 中的使用。

【案例步骤】

（1）在源码文件夹 ch07 中编写 SessionInfoServlet. java。

案例视频扫一扫

【源码】SessionInfoServlet. java

```
1   package ch07;
2
3   import java.io.IOException;
4   import java.io.PrintWriter;
5   import java.util.Date;
6   import java.util.Enumeration;
7   import javax.servlet.ServletException;
8   import javax.servlet.http.HttpServlet;
9   import javax.servlet.http.HttpServletRequest;
```

```
10  import javax.servlet.http.HttpServletResponse;
11  import javax.servlet.http.HttpSession;
12
13  public class SessionInfoServlet extends HttpServlet
14  {
15  public void service(HttpServletRequest request, HttpServletResponse
16  response)throws IOException, ServletException
17    {
18        response.setContentType("text/html");
19        response.setCharacterEncoding("GB2312");
20        PrintWriter out = response.getWriter();
21
22        HttpSession session = request.getSession(true);
23        //打印当前 Session 的具体属性信息
24        out.println("<font size='2'>");
25        Date created = new Date(session.getCreationTime());
26        Date accessed = new Date(session.getLastAccessedTime());
27        out.println("Session 的 ID 为：" + session.getId() + "<br>");
28        out.println("Session 创建的时间为：" + created + "<br>");
29        out.println("Session 上次访问时间为：" + accessed + "<br>");
30        //在这里可以设置一个 Session
31        session.setAttribute("msg", "Hello");
32        //打印 Session 的具体内容
33        Enumeration e = session.getAttributeNames();
34        out.println("Session 的内容如下：");
35        while(e.hasMoreElements())
36        {
37          String name =(String)e.nextElement();
38          String value = session.getAttribute(name).toString();
39          out.println(name + " = " + value + "<br>");
40        }
41        out.println("</font>");
42    }
43  }
```

【代码说明】

- 第 22 行：从 request 对象中取出当前的 session 对象。
- 第 25 行：使用 session. getCreationTime () 方法得到 session 的创建时间。
- 第 26 行：使用 session. getLastAccessedTime () 方法得到 session 上次被访问的时间。
- 第 27 行：使用 session. getId () 方法得到 session 的 id。
- 第 31 行：在 session 中设置了一个名称为 msg 的属性变量，这个变量的值为 Hello。
- 第 33 行：调用 session. getAttributeNames () 方法从 session 中取出所有的属性，并放在一个枚举类型变量中。
- 第 35 ~ 40 行：循环取出 session 中的内容并显示在页面上。

（2）部署。

（3）配置 web. xml 文件（略）。

（4）启动 Tomcat 服务器，运行结果如图 7 - 14 所示。

图 7 - 14　SessionInfoServlet 运行结果

7.6　上机实训

1. 实训目的

（1）使用 JavaBean 封装数据库访问功能。

（2）使用 Servlet 作为控制器，实现 MVC 模式。

（3）掌握典型的 MVC 模式用户登录模块设计。

2. 实训内容

（1）将学生课绩管理系统数据库访问功能封装成 JavaBean（sqlBean. java）。

（2）编写基于 MVC 模式的用户登录模块，实现用户登录功能。

7.7　本章习题

一、选择题

1. 下面对 Servlet、Applet 的（　　）项描述错误。

　　A. Servelt 与 Applet 相对应

　　B. Applet 运行在客户端浏览器

　　C. Servlet 运行在 Web 服务器端

　　D. Servlet 和 Applet 不可以动态从网络加载

2. 下面（　　）不在 Servlet 的工作过程中。

　　A. 服务器将请求信息发送至 Servlet

　　B. 客户端运行 Applet

　　C. Servlet 生成响应内容并将其传给服务器

　　D. 服务器将动态内容发送至客户端

3. 下列（　　）不是 Servlet 中使用的方法。

　　A. doGet（）　　　　　B. doPost（）　　　　　C. service（）　　　　　D. close（）

4. 关于 MVC 架构的缺点，下列的叙述（　　）是不正确的。

    A. 提高了对开发人员的要求   B. 代码复用率低

    C. 增加了文件管理的难度   D. 产生较多的文件

5. 下面（   ）项对 Servlet、JSP 的描述错误。

    A. HTML、Java 和脚本语言混合在一起的程序可读性较差，维护起来较困难。

    B. JSP 技术是在 Servlet 之后产生的，它以 Servlet 为核心技术，是 Servlet 技术的一个成功应用。

    C. 当 JSP 页面被请求时，JSP 页面会被 JSP 引擎翻译成 Servelt 字节码执行

    D. 一般用 JSP 来处理业务逻辑，用 Servlet 来实现页面显示

6. 下面（   ）项对 Servlet、JSP 的描述错误。

    A. Servlet 可以同其他资源交互，例如文件、数据库

    B. Servlet 可以调用另一个或一系列 Servlet

    C. 服务器将动态内容发送至客户端

    D. Servlet 在表示层的实现上存在优势

7. 下面（   ）项对 Servlet 描述错误。

    A. Servlet 是一个特殊的 Java 类，它必须直接或间接实现 Servlet 接口

    B. Servlet 接口定义了 Servelt 的生命周期方法

    C. 当多个客户请求一个 Servlet 时，服务器为每一个客户启动一个进程

    D. Servlet 客户线程调用 service 方法响应客户的请求

8. 下面 Servlet 的（   ）方法载入时执行，且只执行一次，负责对 Servlet 进行初始化。

    A. service（）   B. init（）   C. doPost（）   D. destroy（）

9. 下面 Servlet 的（   ）方法用来为请求服务，在 Servlet 生命周期中，Servlet 每被请求一次它就会被调用一次。

    A. service（）   B. init（）   C. doPost（）   D. destroy（）

10. 下面（   ）方法当服务器关闭时被调用，用来释放 Servlet 所占的资源。

    A. service（）   B. init（）   C. doPost（）   D. destroy（）

11. 关于部署 Servlet，下面（   ）项描述错误。

    A. 必须为 Tomcat 编写一个部署文件

    B. 部署文件名为 web. xml

    C. 部署文件在 Web 服务目录的 WEB – INF 子目录中

    D. 部署文件名为 Server. xml

12. 下面是一个 Servlet 部署文件的片段：

```
< servlet >
    < servlet – name > Hello </servlet – name >
    < servlet – class > myservlet. example. FirstServlet </servlet – class >
</servlet >
< servlet – mapping >
    < servlet – name > Hello </servlet – name >
    < url – pattern >/helpHello </url – pattern >
```

</servlet - mapping >

Servlet 的类名是（　　　）。

　　A. FirstServlet　　　　B. Hello　　　　　　C. helpHello　　　　　D. /helpHello

13. 下面是 Servlet 调用的一种典型代码：

<%@　page contentType = "text/html；charset = GB2312" % >

<%@　page import = "java. sql. * " % >

<html > <body bgcolor = cyan >

< a href = "helpHello" >访问 FirstServlet </a >

</body > </html >

该调用属于下述哪种？（　　　）

　　A. url 直接调用　　　　　　　　　　B. 超级链接调用

　　C. 表单提交调用　　　　　　　　　　D. jsp：forward 调用

14. 下面是 Servlet 调用的一种典型代码：

<%@　page contentType = "text/html；charset = GB2312" % >

<%@　page import = "java. sql. * " % >

<html >

<body bgcolor = cyan >

< jsp：forward page = "helpHello"/ >

</body >

</html >

该调用属于下述哪种？（　　　）

　　A. url 直接调用　　　　　　　　　　B. 超级链接调用

　　C. 表单提交调用　　　　　　　　　　D. jsp：forward 调用

二、判断题

1. Servelt 是使用 Java Servlet API 所定义的相关类和方法的 Java 程序，它运行在启用 Java 的 Web 服务器或应用服务器端，用于扩展该服务器的能力。　　　　　　　　　　（　　　）

2. 当用户请求一个 Servlet 时，服务器都会创建 Servlet 实例响应，响应用户请求。

（　　　）

3. Servlet 功能强大，体系结构先进，但它在表示层的实现上存在一些缺陷。　　（　　　）

4. JSP 技术是在 Servlet 之后产生的，它以 Servlet 为核心技术，是 Servlet 技术的一个成功应用。　　　　　　　　　　　　　　　　　　　　　　　　　　　　　　　　　（　　　）

5. 一般用 JSP 来实现页面，用 Servlet 来处理业务逻辑。　　　　　　　　　（　　　）

6. 当多个客户请求一个 Servlet 时，服务器为每一个客户启动一个进程而不是启动一个线程。　　　　　　　　　　　　　　　　　　　　　　　　　　　　　　　　　　　（　　　）

7. 用户开发一个 Servlet 时，必须直接或间接实现 Servlet 接口所定义的方法。　　（　　　）

8. Servlet 的部署文件是一个 XML 文件，文件名为 web. xml，它保存在 Web 服务目录的 WEB - INF 子目录中。　　　　　　　　　　　　　　　　　　　　　　　　　　　（　　　）

9. HttpSession API 是一个基于 Cookie 或者 URL 重写机制的高级会话管理接口。如果浏览器支持 Cookie 则使用 Cookie，如果不支持 Cookie 则自动采用 URL 重写。　　　（　　　）

10. 在 Servlet 中读取 HTTP 头信息非常容易，只需调用 HttpServletRequest 的 getHeader 等方法即可。 （　　）

11. Servlet 和 applet 分别在处于服务器和客户机两端。 （　　）

12. Servlet 与普通 Java 应用程序一样，要有 main 方法。 （　　）

13. 对于每一个 Servlet 实例，只能被初始化一次。 （　　）

14. doGet（）和 doPost（）方法分别处理客户端 GET 和 POST 方法发送的请求。

（　　）

15. 不能给一个 Servlet 映射多个访问路径。 （　　）

三、填空题

1. 用户可以有多种方式请求 Servlet，如_____、_____、_____、_____等。

2. javax. servlet. Servlet 接口定义了三个用于 Servlet 生命周期的方法，它们是_____、_____、_____方法。

3. 一般编写一个 Servlet 就是编写一个_____的子类，该类实现响应用户的_____、_____、_____等请求的方法，这些方法是_____、_____和_____等 doXXX 方法。

4. 使用 cookie 的基本步骤为：创建 cookie 对象，_____，_____，设置 cookie 对象的有效时间。

5. Servlet 中使用 Session 对象的步骤为：调用_____得到 Session 对象，查看 Session 对象，在会话中保存数据。

6. Servlet 运行于_____端，与处于客户端的_____相对应。

7. 当 Server 关闭时，_____就被销毁。

8. 使用 Servlet 处理表单提交时，两个最重要的方法是_____和_____。

9. Serlvet 接口只定义了一个服务方法就是_____。

四、思考题

1. 试述 Servlet 的生命周期。

2. 如何使 Servlet 既能处理 GET 请求，又能处理 POST 请求？

3. 获取表单数据的基本方法有哪些？

4. HttpServletResponse 接口有哪些用处？

5. Servlet 处理表单提交与 JSP 页面处理表单提交相比有哪些优点？

6. 是否一定要重写 Service 方法？重写了 Servlet 的 doPost 和 doGet 方法如何被调用？

7. Servlet 对象如何获取用户的会话对象？

8. Servlet 如何与 Servlet 或者 JSP 进行通信？

9. 如何编写、编译、调试和配置 Servlet？

第8章 标准标签库 JSTL

【学习要点】
- EL 的基本用法
- 核心标签库
- SQL 标签库
- 函数标签库
- JSTL 典型应用

8.1 JSTL 概述

8.1.1 什么是 JSTL

JSTL（Java Server Pages Standard Tag Library），即 JSP 标准标签库，其主要功能是为 JSP Web 开发人员提供一个标准通用的标签库。开发人员可以利用这些标签取代 JSP 页面上的 Java 代码，从而提高程序的可读性，降低程序的维护难度。

JSTL 标签是基于 JSP 页面的，这些标签可以插入在 JSP 代码中，本质上 JSTL 也是提前定义好的一组标签，这些标签封装了不同的功能，在页面上调用标签时，就等于调用了封装起来的功能。JSTL 的目标是简化 JSP 页面的设计。对于页面设计人员来说，使用脚本语言操作动态数据是比较困难的，而采用标签和表达式语言则相对容易，JSTL 的使用为页面设计人员和程序开发人员的分工协作提供了便利。

JSTL 由 5 个不同功能的标签库组成，在 JSTL 规范中为这 5 个标签的 URI 和前缀做出了约定，如表 8 - 1 所示。

表 8 - 1 JSTL 标签库

标签库	URI	prefix
核心标签库	http://java. sun. com/jsp/jstl/core	c
数据库标签库	http://java. sun. com/jsp/jstl/sql	sql
XML 标签库	http://java. sun. com/jsp/jstl/xml	x
国际化标签库	http://java. sun. com/jsp/jstl/fmt	fmt
函数标签库	http://java. sun. com/jsp/jstl/function	fn

使用 JSTL 时，需要将 jstl. jar 和 standard. jar 两个文件复制到当前项目的 WEB - INF \ lib 目录下，并在 JSP 文件中使用 taglib 指令。

< % @ taglib prefix = " c" uri = "http：//java. sun. com/jsp/jstl/core" % >

JSTL 的优点如下。

（1）在应用程序服务器之间提供了接口，最大限度地提高 Web 应用在各应用服务器之间的移植。

（2）简化了 JSP 和 Web 应用程序的开发。

（3）以一种统一的方式减少了 JSP 中的 Scriptlets 代码数量，可以达到没有任何 Scriptlets 代码的程序。

（4）允许 JSP 设计工具与 Web 应用程序开发的进一步集成。

8.1.2　案例一：一个简单的 JSTL 应用

【案例功能】使用 JSTL 的几种标签输出信息。

【案例目标】了解 JSTL 在 JSP 中的应用。

【案例要点】JSTL 标签的种类和编码格式。

【案例步骤】

（1）创建第 8 章源码文件夹 ch08。

（2）将 jstl. jar 和 standard. jar 两个文件复制到当前项目的 WEB – INF \ lib 目录下。

案例视频扫一扫

（3）编写 FirstJSTL. jsp 源代码文件。

【源码】FirstJSTL. jsp

```
1   < % @ page language = "java" import = "java. util. * " pageEncoding = "GB2312" % >
2   < % @ taglib prefix = "c" uri = "http://java. sun. com/jstl/core"% >
3   < % @ taglib prefix = "fmt" uri = "http://java. sun. com/jstl/fmt"% >
4   < jsp:useBean id = "now" class = "java. util. Date" />
5   < fmt:setLocale value = "zh – cn" />
6   < html >
7       < head > < title >FirstJSTL < /title > < /head >
8       < body >
9           < %
10              Collection customers = new ArrayList();
11              customers. add(new String("张三"));
12              customers. add(new String("李四"));
13              customers. add(new String("王五"));
14              request. setAttribute("customers", customers);
15          % >
16          < c:set var = "customer" scope = "request" value = " $ {requestScope. customers}" / >
17              < c: forEach var = "customer" items = " $ {customers}" >
18                  < c: out value = " $ {customer}" / >
19                  < br >
20          < /c: forEach >
21              < br >
22          现在时间是：
23          < br >
24          < fmt:timeZone value = "GMT + 8" >
25          < fmt:formatDate value = " $ {now}" type = "both" dateStyle = "full"
26                  timeStyle = "full" / >
27              < /fmt:timeZone >
28      < /body >
29  < /html >
```

【代码说明】

* 第 2 ~ 3 行：使用核心标签库和国际化标签库，使用 taglib 指令来设置前缀和 uri。
* 第 5 行：使用国际化标签库中的 setLocale 标签设定语言地区代码为中文 zh – cn。
* 第 10 ~ 14 行：把 3 个字符串加到 ArrayList 类对象 customers 中，并将其设置为 request 对象的 customers 属性。
* 第 16 行：使用核心标签库中的 set 标签设置一个 EL 变量 customer 的值为 request 对象的 customers 属性值。
* 第 17 ~ 20 行：使用核心标签库中的 forEach 标签循环输出 EL 变量 customer 中的值。
* 第 24 ~ 27 行：使用国际化标签库标签按照指定的时区和格式输出当前时间。

（4）部署。

（5）启动 Tomcat 服务器后，运行结果如图 8 – 1 所示。

图 8 – 1　FirstJSTL. jsp 运行结果

说明：$ ｛customers｝ 是一种表达式语言（EL），可替代传统的 JSP 输出语句更快捷地输出信息，下一节将详细讲解。

8.2　表达式语言（EL）

表达式语言（Expression Language，EL）最初定义在 JSTL1.0 规范中，在 JSP2.0 之后，EL 已经正式成为 JSP 规范的一部分。在 JSTL1.1 规范中，已经没有了 EL 的部分，但在 JSTL 中仍然可以使用 EL。

8.2.1　EL 的基本语法格式

EL 的语法简单，使用方便。所有的 EL 表达式都是以 "$ ｛" 开始，以 "｝" 结束，如 $ ｛userName｝。在 EL 中可以输出常量、变量，也可以在 EL 中进行各种运算。如果输出字符串常量，需要使用双引号引起来。EL 可以直接在 JSP 页面的模板文本中使用，也可以作为元素属性的值，还可以在自定义或者标准动作元素的内容中使用。

在表达式中可以进行各种运算。最基本的一个是 "." 和 "［］"。作用是访问某个范围的变量、某个集合的元素及某个对象的属性等。例如，要访问请求信息中的用户 ID，可以使用 $ ｛param. userid｝ 或者 $ ｛param［"userid"］｝。

8.2.2　案例二：在 EL 中使用隐含对象

在表达式语言中提供了 11 个隐含对象，这些隐含对象包含了绝大多数所要访问的信息，我们可以直接访问这些对象中的信息。

1. pageContext

javax. servlet. jsp. PageContext 对象，JSP 页面的上下文，它提供了访问 ServletContext、Request、Response 和 Session 等对象的方法。例如：＄｛pageContext. request. requestURL｝。

2. param

类型是 java. util. Map，将请求中的参数名和单个字符串值进行映射。主要用于获取应用程序范围内的属性的值，等同于调用 ServletRequest. getParameter（String name）。例如，要得到页面请求参数 name 的值，则可以用＄｛param. name｝调用。

3. paramValues

类型是 java. util. Map，将请求中的参数名和一个包含了该参数所有值的 String 类型的数组进行映射。等同于调用 ServletRequest. getParameterValues（String name）。例如，要得到客户在页面 Habit 复选框中选定的值，则有：

＜c：forEach items ="＄｛paramValues. Habit｝" var ="habit"＞＄｛habit｝＜/c：forEach＞

4. header

类型是 java. util. Map，将请求包头的名字和单个字符串进行映射。主要用于获取请求报头的值，等同于调用 ServletRequest. getHeader（String name）。例如，＄｛header［" Host"］｝。

5. headerValues

类型是 java. util. Map，将请求包头的名字和一个包含了该包头所有值的 String 类型数组进行映射，等同于调用 ServletRequest. getHeaders（String name）。例如，＄｛headerValues［" cookie"］｝。

6. cookie

类型是 java. util. Map，将 Cookie 的名字和一个 Cookie 对象进行映射。主要用于获取 Cookie 对象，等同于调用 HttpServletRequest. getCookies（）。例如，要得到一个名为 userinfo 的 Cookie 对象，则有＄｛cookie. userinfo. value｝。

7. initParam

类型是 java. util. Map，将上下文的初始化参数的名字和单一的值进行映射。主要用于获取 Web 应用程序初始化参数的值，等同于调用 ServletContext. getInitParameter（String name）。例如，在 web. xml 文件中，使用＜context – param＞元素配置了一个 driver 参数，要得到它的值则有＄｛initParam. driver｝。

8. pageScope

类型是 java. util. Map，将页面范围内的属性名和它的值进行映射。主要用于获取页面范围内的属性的值。例如，＄｛pageScope. user｝，如果 user 是一个 JavaBean 对象，还可以直接取出其属性值，即＄｛pageScope. user. name｝。

9. requestScope

类型是 java. util. Map，将请求范围内的属性名和它的值进行映射。主要用于获取请求范围内的属性的值。例如，＄｛requestScope. user. age｝。

10. sessionScope

类型是 java. util. Map，将会话范围内的属性名和它的值进行映射。主要用于获取会话范围内的属性的值。例如，＄{sessionScope. user. score}。

11. applicationScope

类型是 java. util. Map，将应用程序范围内的属性名和它的值进行映射。主要用于获取应用程序范围内的属性的值。例如，＄{applicationScope. user. email}。

【案例功能】输出 EL 中的各种内置对象。

【案例目标】掌握 EL 中常用内置对象的功能与常见使用方法。

【案例要点】内置对象的常用方法。

【案例步骤】

（1）在 ch08 目录下编写 implicit. jsp。

【源码】implicit. jsp

案例视频扫一扫

```
1   <%@ page contentType="text/html;charset=GBK" %>
2   <html><head>
3   <title>EL 隐含对象</title>
4   <style type="text/css">
5    body, td{font-family:verdana;font-size:10pt;}
6   </style>
7   </head>
8   <body>
9   <%
10      request.setAttribute("name","请求有效重名属性:request 变量");
11      session.setAttribute("name","会话有效重名属性:session 变量");
12      application.setAttribute("name","应用有效重名属性:application 变量");
13  %>
14  <h2>EL 隐含对象</h2>
15  <table border="1">
16    <tr>
17       <td>说明</td>
18       <td>代码</td>
19       <td>输出</td>
20    </tr>
21    <tr>
22       <td>header</td>
23       <td>${ $ {header["User-Agent"]}</td>
24       <td>${header["User-Agent"]}</td>
25    </tr>
26    <tr>
27       <td>cookie</td>
28       <td>${ $ {cookie.JSESSIONID.value}</td>
29       <td>${cookie.JSESSIONID.value}</td>
30    </tr>
```

```
31    <tr>
32        <td>PageContext</td>
33        <td>${'$'}{pageContext.request.requestURI}</td>
34        <td>${pageContext.request.requestURI}</td>
35    </tr>
36    <tr>
37        <td>PageContext</td>
38        <td>${'$'}{pageContext.servletContext.serverInfo}</td>
39        <td>${pageContext.servletContext.serverInfo}</td>
40    </tr>
41    <tr>
42        <td>requestScope</td>
43        <td>${'$'}{requestScope.name}</td>
44        <td>${requestScope.name}</td>
45    </tr>
46        <tr>
47        <td>sessionScope</td>
48        <td>${'$'}{sessionScope.name}</td>
49        <td>${sessionScope.name}</td>
50    </tr>
51    <tr>
52        <td>applicationScope</td>
53        <td>${'$'}{applicationScope.name}</td>
54        <td>${applicationScope.name}</td>
55    </tr>
56    <tr>
57        <td>param</td>
58        <td>${'$'}{param["name"]}</td>
59        <td>${param["name"]}</td>
60    </tr>
61    <tr>
62        <td>paramValues</td>
63        <td>${'$'}{paramValues.multi[1]}</td>
64        <td>${paramValues.multi[1]}</td>
65        </tr>
66  </table></body></html>
```

【代码说明】

第 9 ~ 13 行：设置名字相同范围不同的属性。

（2）部署。

（3）启动 Tomcat 服务器后，运行结果如图 8 - 2 所示。

图 8 - 2　EL 的隐含对象

8.2.3　变量

在 EL 中，遇到表达式中的参数时，通过 PageContext. findAttribute（"attname"）来查找对应的参数。例如，当遇到表达式 $ ｛userName｝时，将按照 page，request，session，application 范围的顺序查找 userName 属性，如果没有找到这个属性，那么返回 null。我们可以利用 pageScope，requestScope，sessionScope 和 applicationScope 指定范围，例如，$ ｛session-Scope. userName｝。

8.2.4　操作符

EL 定义了以下操作符。

1. 算术操作符

在 EL 中，有 5 个算术操作符，见表 8 - 2。

表 8 - 2　EL 中的算术操作符

算术操作符	说明	示例	结果
+	加	$ ｛9 + 1｝	10
−	减	$ ｛9 − 1｝	8
*	乘	$ ｛3 * 8｝	24
/（或 div）	除	$ ｛3/4｝ 或 $ ｛3div4｝	0.75
%（或 mod）	取模	$ ｛10%4｝ 或 $ ｛10mod4｝	2

说明：对于除法运算 A ｛/，div｝ B，如果 A 和 B 为 null，返回（long）0；如果 A 和 B 的类型是 BigDecimal 或 BigInteger，将被强制转换为 BigDecimal，然后返回 A. divide（B，BigDecimal. ROUND_ HALF_ UP），对于其他情况，则将 A 和 B 强制转换为 Double，然后进行相除。

2. 关系操作符

在 EL 中，有 6 个关系操作符，见表 8 - 3。

表 8 −3　EL 中的关系术操作符

算术操作符	说明	示例	结果
= =（或 eq）	等于	$ ｛2 = = 3｝或 $ ｛2 eq 3｝	false
! =（或 ne）	不等于	$ ｛2! =3｝或 $ ｛2 ne 3｝	true
<（或 lt）	小于	$ ｛2 < 3｝或 $ ｛2 lt 3｝	true
>（或 gt）	大于	$ ｛2 > 3｝或 $ ｛2 gt 3｝	false
< =（或 le）	小于等于	$ ｛2 < = 3｝或 $ ｛2 le 3｝	true
> =（或 ge）	大于等于	$ ｛2 > = 3｝或 $ ｛2 ge 3｝	false

3. 逻辑操作符

在 EL 中，有3个逻辑操作符，见表 8 −4。

表 8 −4　EL 中的逻辑术操作符

算术操作符	说明	示例	结果
&&（或 and）	逻辑与	如果 A 为 true，B 为 false，则 A&&B（或 A and B）	false
‖（或 or）	逻辑或	如果 A 为 true，B 为 false，则 A‖B（或 A or B）	true
!（或 not）	逻辑非	如果 A 为 true，则! A（或 not A）	false

4. Empty 操作符

Empty 操作符是一个前缀操作符，用于检测一个值是否为 null 或者 empty。若变量 A 不存在，则 $ ｛empty A｝为 true。

5. 条件操作符

EL 中的条件操作符是"?:"，例如，$ ｛A? B：C｝，如果 A 为 true，计算 B 并返回结果，如果 A 为 false，计算 C 并返回结果。

6. 操作符的优先级

操作符的优先级如下所示（从高到低，从左到右）：

[ ] .

( )

− （unary）not ! empty

* / div % mod

+ − （binary）

< > < = > = lt gt le ge

= = ! = eq ne

&& and

‖ or

?:

8.2.5　案例三：在 EL 中使用函数

在 EL 中，允许定义和使用函数。函数的语法格式为：

ns：func（a1，a2，..., an）

其中，前缀 ns 必须匹配包含了函数的标签库的前缀，func 是函数的名字，a1，a2，…，an 是函数的参数。

函数的定义和使用机制，类与标签库是一样的。

【案例功能】在 EL 中使用函数完成参数的中文编码输出。

【案例目标】掌握在 EL 中使用函数的方法。

【案例要点】标签描述文件的编写，web. xml 配置文件中标签的添加，使用 EL 在页面中调用函数。

案例视频扫一扫

【案例步骤】

（1）在 ch08 源码目录下编写 MyFuncs. java，用于处理字符串转换的逻辑。

注意：这个类的函数必须是静态的。

【源码】MyFuncs. java

```
1  package ch08;
2
3  public class MyFuncs
4  {
5      public static String trans(String str,String charset)
6  throws java.io.UnsupportedEncodingException
7      {
8          return new String(str.getBytes(charset));
9      }
10 }
```

【代码说明】

第 8 行：通过 getBytes 方法使用指定的字符集将解码为字节序列，并将结果存储到一个新的字节数组中。

（2）在 WEB – INF 文件夹中创建标签描述文件 myfunc. tld。

【源码】myfunc. tld

```
1  <taglib xmlns = "http://java.sun.com/xml/ns/j2ee"
2      xmlns:xsi = "http://www.w3.org/2001/XMLSchema - instance"
3      xsi:schemaLocation = "http://java.sun.com/xml/ns/j2ee
4  http://java.sun.com/xml/ns/j2ee/web - jsptaglibrary_2_0.xsd"
5      version = "2.0">
6      <tlib - version>1.0</tlib - version>
7      <short - name>myfuncs</short - name>
8      <uri>/myfuncs</uri>
9      <function>
10         <name>trans</name>
11         <function - class>ch08.MyFuncs</function - class>
12         <function - signature>
13             java.lang.String trans(java.lang.String,java.lang.String)
14         </function - signature>
15     </function>
16 </taglib>
```

【代码说明】

- 第 7 行：为该函数标签定义一个名字。
- 第 8 行：定义一个公开的 URI，用于唯一地标识这个标签库。
- 第 10 行：指定 EL 函数的名称。
- 第 11 行：指定实现了该函数的 Java 类。
- 第 12 行：指定 EL 函数的原型，遵照 Java 语言规范。

（3）在 web.xml 中描述这个标签文件。

【源码】web.xml

```
1   < web - app >
2   ...
3   < jsp - config >
4         < taglib >
5             < taglib - uri > /myfuncs < / taglib - uri >
6             < taglib - location > /WEB - INF/myfuncs.tld < / taglib - location >
7         < / taglib >
8       < / jsp - config >
9   ...
10  < /web - app >
```

（4）在 ch08 目录下编写测试页面 test.jsp，数据提交使用第 7 章的 ch07/login.html 页面。

【源码】test.jsp

```
1   < % @  page language = "java" import = "java.util. * " pageEncoding = "GB2312"%  >
2   < % @  taglib uri = "/myfuncs" prefix = "myfn" % >
3   < html >
4     < body >
5     欢迎你，$｛myfn:trans( param. username,"iso - 8859 - 1"）｝!
6     </body >
7   </html >
```

【代码说明】

- 第 2 行：uri 为"/myfuncs"的标签，将其前缀设置为 myfn。
- 第 5 行：myfn:trans 表示使用 myfn 作为前缀所指定的标签中的 trans 函数，将客户端提交的 username 参数以 ISO - 8859 - 1 编码并通过 EL 输出。

（5）启动 Tomcat 服务器后，运行结果如图 8 - 3 和图 8 - 4 所示。

图 8 - 3　提交页面　　　　　　　图 8 - 4　test. jsp 页面显示结果

（6）若不使用该函数，在 test. jsp 代码的第 5 行仅用 $ ｛param. username｝ 输出 user-name，运行结果为乱码，如图 8 - 5 所示。

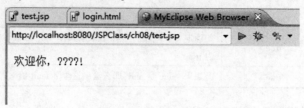

图 8 - 5　test. jsp 未使用编码转换的页面显示结果

8.3　JSTL 核心标签库

JSTL 核心标签库主要有一般用途标签、条件标签、迭代标签和 URL 相关的标签，见表 8 - 5。在 JSP 页面中使用核心标签库的标签，需要用 taglib 指令指明该标签库的路径：

< % @　taglib prefix = " c" uri = "http：//java. sun. com/jsp/jstl/core" % >

表 8 - 5　JSTL 核心标签库

功　能	标　签	功　能	标　签
一般用途标签	out set remove catch	条件标签	if choose when otherwise
迭代标签	forEach forTokens	URL 相关标签	import url redirect param

8.3.1　一般用途标签

一般标签包括 < c：out >、< c：set >、< c：remove >、< c：catch >。

1. < c：out >

< c：out >用于计算一个表达式并将结果输出到当前的 JspWriter 对象。< c：out >标签的功能类似于 JSP 的表达式 < % = expression% >，或者 EL 表达式 $ ｛expression｝。

语法 1：没有标签体的情况。

```
< c: out value = " value" [ escapeXml = " ｛true | false｝" > ] [ default = "
defaultValue"]/>
```

语法 2：有标签体的情况。

```
<c:out value = "value"[escapeXml = "｛true|false｝" >] >
    default value
  < /c:out >
```

< c:out >的标签体可以使用 JSP 代码，< c:out >的属性见表 8 - 6。

表 8 - 6　　< c:out > 属性

属性名	类型	是否接受动态的值	描　　述
value	Object	true	被计算的表达式
escapeXml	boolean	true	确定 < , > , & , ´ , " , 在结果字符串中是否被转换成字符实体代码, 默认为 true
default	Object	true	如果 value 是 null, 那么输出这个 default 值

说明：动态的值是指属性的值可以是 Java 表达式、EL 表达式或者通过 < jsp:attribute > 设置的值。

示例1：页面输出"JSTL 标签测试！ < br >"。

```
< c:out value = "JSTL 标签测试！ < br >" escapeXml = "true"/>
```

示例2：页面输出 "JSTL 标签测试！"（回车）。

```
< c:out value = "JSTL 标签测试！ < br >" escapeXml = "false"/>
```

2. < c：set >

< c：set > 用于在某个范围 Request、Session、Application 等中设置。

语法1：使用 value 属性设置一个特定范围中的属性。

```
< c:set value = "value" var = "varName" [ scope = "{page |request |session |appli-
cation}"]/>
```

语法2：在标签体中设置一个特定范围中的属性。

```
< c:set var = "varName" [ scope = "{page |request |session |application}"] >
body content
< /c:set >
```

语法3：设置某个特定对象的一个属性。

```
< c:set value = "value" target = "target" property = "propertyName"/>
```

语法4：在标签体中设置某个特定对象的一个属性。

```
< c:set target = "target" property = "propertyName"/>
        body content
    < /c:set >
```

< c：set > 的属性见表 8 - 7。

表 8 - 7　　< c：set > 属性

属性名	类型	是否接受动态的值	描　　述
value	Object	true	被计算的表达式
var	String	false	用于表示 Value 值的属性
scope	String	false	var 的有效范围, 默认值是 page
target	Object	true	将要设置属性的对象, 它必须是 JavaBeans（相应属性有 setter 方法）或者 java. util. Map 对象
property	String	true	设置的 Target 对象中的属性名字

示例 1：设置 userName 的属性为 hellking" zhangsan" var = "username"/ > 。

示例 2：设置 password 属性，属性值在标签体内。

```
< c:set var = "password" >
```

```
123456
  </c:set >
```

示例 3：设置 JavaBean—user 的属性 userName 的值为 zhangsan。

```
<c:set value = "zhangsan" target = " ${user}" property = "userName"/ >
```

3. <c：remove >

<c：remove >用于删除某个变量或属性。

语法：

```
<c:remove var = "varname" [scope = "{page |request |session |application}"]/>
```

<c：remove >的属性见表 8 - 8。

表 8 - 8　<c：remove >属性

属性名	类型	是否接受动态的值	描　　述
var	String	false	要移除的变量的名称
scope	String	false	var 的有效范围，默认值是 page

示例：删除 session 范围内的 IdelTime 变量。

```
<c:remove var = "IdelTime" scope = "session"/>
```

4. <c：catch >

<c：catch >用于捕获嵌套在其标签体中的操作所抛出的异常。

语法：

```
<c:catch [var = "varName"] >
    nested actions
</c:catch >
```

<c：catch >的属性见表 8 - 9。

表 8 - 9　<c：catch >属性

属性名	类型	是否接受动态的值	描　　述
var	String	false	指定被导出的范围变量的名字，该范围变量保存了从嵌套的操作中抛出的异常。这个范围变量的类型是抛出的异常的类型

说明：<c：catch >允许页面作者以一种统一的方式来处理任何操作抛出的异常。将可能抛出异常的代码放在 <c：catch >和 </c：catch >之间，如果其中的代码抛出异常，异常将被捕获，并被保存在 var 所表示的范围变量中。如果没有异常发生，而 var 所标识的范围变量存在，则它将被移除。

示例：

```
<c:catch var = "myexception" >
    <%
        int i = 0;
        int j = 10 /i;
    % >
</c:catch >
<c:out value = " ${myexception}"/ >
```

结果：页面输出 "java. lang. ArithmeticException：/ by zero"

8.3.2　条件标签

条件标签包括 < c：if >、< c：choose >、< c：when >、< c：otherwise >。

1. < c：if >

< c：if >用于进行条件判断。

语法1：没有标签体的情况。

```
<c:if test = "testCondition" var = "varName" [scope = "{page |request |session
|application}"]/>
```

语法2：有标签体的情况。

```
<c:if test = "testCondition" [value = "varName"] [scope = "{page |request |ses-
sion |application}"] >
    body content
</c:if
```

< c：if >的属性见表 8 – 10。

表 8 – 10　　< c：if >属性

属性名	类型	是否接受动态的值	描　述
test	booleantrue	测试的条件	
var	String	false	Test 条件表达式计算的值，它的类型是 Boolean
scope	String	false	var 的范围，默认值是 page

说明：如果属性 test 计算为 true，那么标签体将被 JSP 容器执行。对于语法 1，var 属性必须提供，用于保存条件结果的范围变量做进一步的判断。

示例：根据用户年龄判断能否访问网页。

```
<c:if test = " ${user.age <18}" >
    对不起,你的年龄太小,不能访问该页!
</c:if >
```

2. < c：choose >、< c：when >、< c：otherwise >

< c：choose >、< c：when >、< c：otherwise >一起实现互斥条件的执行。

语法：

```
<c:choose >
    <c:when test = "testCondition" >
        body content
    </c:when >
    <c:otherwise >
        conditional block
    </c:otherwise >
</c:choose >
```

说明：在运行时，判断 < c：when >标签的测试条件是否为 true，第一个测试条件为 true 的 < c：when >标签的标签体被执行；如果没有满足条件的 < c：when >标签，那么 < c：otherwise >的标签体将被执行。

示例：根据当前时间向客户问好。

```
<c:choose>
    <c:when test="${date.hours<=12}">
        <h2>上午好!</h2>
</c:when>
<c:when test="${date.hours>12&&date.hours<=16}">
        <h2>下午好!</h2>
</c:when>
<c:otherwise>
        <h2>晚上好!</h2>
</c:otherwise>
</c:choose>
```

8.3.3　迭代标签

迭代标签有 <c：forEach> 和 <c：forTokens>。

1. <c：forEach>

<c：forEach>用于对包含了多个对象的集合进行迭代，重复执行它的标签体，或者重复迭代固定的次数。

语法1：对包含了一系列的集合进行迭代。

```
<c:forEach [var="varName"] items="collection" [varStatus="varStatus-Name"]
[begin="begin"] [end="end"] [step="step"]>
        body content
</c:forEach>
```

语法2：迭代固定的次数。

```
<c:forEach [var="varName"] [varStatus="varStatusName"] begin="begin" end="end" [step="step"]>
        body content
</c:forEach>
```

<c：forEach>的属性见表 8 – 11。

表 8 – 11　　<c：forEach>属性

属性名	类　型	是否接受动态的值	描　述
var String	false	false	迭代的参数名字
items	数组，字符串和各种集合类型	true	要迭代的集合对象
varStatus	String	false	迭代的状态，可是访问迭代自身的信息
begin	int	true	如果指定了 items，那么迭代就从 items［begin］开始进行迭代；如果没有指定 items，那么就从 begin 开始迭代，相当于 for（int i＝begin;;）语句
end	int	true	如果指定了 items，那么就在 items［end］结束迭代；如果没有指定 items，那么就在 end 结束迭代，相当于 for（; i<end;）语句
step	int	true	迭代的步长，默认的步长为1

说明：假若有 begin 属性时，begin 必须大于或等于 0；假若有 end 属性时，必须大于

begin；假若有 step 属性时，step 必须大于或等于 0。

示例：循环输出指定用户信息。

```
< c:forEach var = "users" items = " ${users}" varStatus = "status" >
    < tr >
        < td > < c:out value = " ${users.userName}"/> </td >
        < td > < c:out value = " ${users.password}"/> </td >
        < td > < c:out value = " ${users.age}"/> </td >
        < td > < c:out value = " ${status.index}"/> </td >
        < td > < c:out value = " ${status.count}"/> </td >
        < td > < c:if test = " ${status.first}" > </c:if >
        < c:out value = " ${status.first}"/> </b > </td >
        < td > < c:if test = " ${status.last}" > </c:if >
        < c:out value = " ${status.last}"/> </i > </td >
    </tr >
</c:forEach >
```

2. < c：forTokens >

< c：forTokens >用于迭代字符串中由分隔符分隔的各成员。

语法：

```
< c:forTokens items = "stringOfTokens" delims = "delimiters"
        [var = "varName"] [varStatus = "varStatusName"]
        [begin = "begin"] [end = "end"] [step = "step"] >
    body content
</c:forTokens >
```

< c：forTokends >的属性见表 8 - 12。

表 8 - 12　　< c：forTokens >属性

属性名	类　型	是否接受动态的值	描　　述
var	String	false	迭代的参数名字
items	String	true	要迭代的字符串
delims	String	true	指定分隔字符串的分隔符
varStatus	String	false	迭代的状态，可是访问迭代自身的信息
begin	int	true	如果指定了 items，那么迭代就从 items［begin］开始进行迭代；如果没有指定 items，那么就从 begin 开始迭代。相当于 for（int i = begin；；）语句
end	int	true	如果指定了 items，那么就在 items［end］结束迭代；如果没有指定 items，那么就在 end 结束迭代，相当于 for（；i < end；）语句
step	int	true	迭代的步长，默认的步长为 1

示例：分隔字符串。

```
< c:forTokens var = "token" items = "blue,red,green |yellow |pink |,black |
white" delims = "|," >
```

```
<c:out value = " $ {token}" />&copy;
</c:forTokens>
```

8.3.4　URL 相关标签

URL 相关标签包括页面包含标签 <c：import>、超链接标签 <c：url>、重定向标签 <c：redirect>和参数传递标签 <c：param>。

1. <c：param>

<c：param>标签的作用是为 <c：import>、<c：url>、<c：redirect>标签添加请求参数。

语法1：在 value 属性中指定参数值。

```
<c:param name = "name" value = "value" />
```

语法2：在标签体中指定参数。

```
<c:param name = "name" >
            Parameter value
        </c:param>
```

<c：param>的属性见表 8 – 13。

表 8 – 13　<c：param>的属性

属性名	类　型	是否接受动态的值	描　　述
name	String	true	参数的名字
value	String	true	参数的值

2. <c：import>

<c：import>用于导入一个基于 URL 的资源。这个标签类似于 <jsp：include>动作元素。<c：import>标签不仅可以在页面中导入同一个 Web 应用程序下的资源，还可以导入不同 Web 应用程序下的资源，甚至是其他网站的资源。

语法1：资源的内容作为 String 对象被导出。

```
<c:import url = "url" [context = "content"] [var = "varName"]
[scope = "{page |request |session |application}"] [charEncoding = "charEncoding"] >
    body content
    可包含 <c:param>标签
</c:import>
```

语法2：资源的内容作为 Reader 对象被导出。

```
<c:import url = "url" [context = "content"] varReader = "varReaderName"
[charEncoding = "charEncoding"] >
    body content
    可包含 <c:param>标签
</c:import>
```

<c：import>的属性见表 8 – 14。

表 8 – 14   < c：import > 属性

属性名	类　型	是否接受动态的值	描　　述
url	String	true	要导入的资源的 URL
context	String	true	当使用相对路径访问外部资源时，context 指定其上下文的名字
var	String	false	保存了资源内容的参数的名字
scope	String	false	var 的 JSP 范围，默认值是 page
charEncoding	String	true	输入资源的字符编码
varReader	String	false	保存了资源内容的参数的名字，这个参数的类型是 Reader，范围是 NESTED

示例：导入 Web 应用程序 ch07 中的 login. jsp 页面，并向页面传递参数。

```
< c:import url = "/login.jsp" context = "ch07" charEncoding = "GB2312" >
    < c:param name = "userName" value = "张三" >
</c:import >
```

3. < c：url >

< c：url > 标签主要用来产生一个 URL。

语法1：没有标签体。

```
< c:url value = "value" [ context = "context" ] [ var = "varName" ]
[ scope = "{page |request |session |application} " ]/>
```

语法2：有标签体，并在标签体中指定参数。

```
< c:url value = "value" [ context = "context" ] [ var = "varName" ]
[ scope = "{page |request |session |application} " ] >
        < c:param > subtags
    </c:url >
```

< c：url > 的属性见表 8 – 15。

表 8 – 15   < c：url > 属性

属性名	类　型	是否接受动态的值	描　　述
value	String	true	要处理的 URL
context	String	true	当使用相对路径访问外部资源时，context 指定其上下文的名字
var	String	false	标识这个 URL 的变量
scope	String	false	var 的 JSP 范围，默认值是 page

示例 1：生成一个 URL 链接地址。

```
< c:url value = "http://www.cqepc.cn" />
```

示例 2：生成一个带参数的 URL 地址。

```
< c:url value = "http://www.cqepc.cn" >
    < c:param name = "message" value = "Hello"/>
    </c:url >
```

示例 2 代码将生成 http://www.cqepc.cn? message = Hello 的 URL 地址。

4. < c：redirect >

< c：redirect > 标签将客户的请求重定向到另一个资源。

语法 1：没有标签体

```
< c:redirect url = "value" [context = "context"]/>
```

语法 2：有标签体，并在标签体中指定参数。

```
< c:redirect url = "value" [context = "context"] >
    < c:param > subtags
</c:redirect >
```

< c：url > 的属性见表 8 - 16。

表 8 - 16 < c：redirect > 属性

属性名	类 型	是否接受动态的值	描 述
url	String	true	重定向目标资源的 URL
context	String	true	当使用相对路径访问外部资源时，context 指定其上下文的名字

示例：

```
< c:redirect url = "getParam.jsp" >
        < c:param name = "paramName" value = "Hello"/>
    </c:redirect >
```

以上代码实现将页面跳转到 getParam. jsp，并向新的页面传递一个名为 paramName，值为 Hello 的参数。

8.3.5 案例四：使用 JSTL 核心标签库

【案例功能】使用 JSTL 核心标签库中的标签实现 JSP 页面的信息输出。

【案例目标】掌握在 JSTL 核心标签库中常见标签的用法。

【案例要点】各种标签中的属性的含义和功能。

【案例步骤】

（1）在 ch08 源码目录下编写页面 JSTLCoreTag. jsp。

【源码】JSTLCoreTag. jsp

案例视频扫一扫

```
1   <% @ page language = "java" import = "java.util. * " pageEncoding = "GB2312"% >
2   <% @ taglib uri = "http://java.sun.com/jsp/jstl/core" prefix = "c"% >
3   <html > <head > <title >UseJSTLCoreTag </title > </head >
4       <body bgcolor = "#ffffff" >
5        <h1 >JSTL Core Tag </h1 >
6        taglib declare <br />
7        &lt;% @ taglib uri = "http://java.sun.com/jsp/jstl/core" prefix = "c"% &gt;
8        <table border = "1" >
9           <tr > <td >Tag </td > <td >Example </td > <td >Result </td > </tr >
10          <tr > <td >set </td >
11             <td >
```

```
12              &lt;c:set value = "sessionVariableValue" scope = "session"
13                  var = "sessionVariable"/&gt;
14              </td>
15              <td>
16  <c:set value = "sessionVariableValue" scope = "session"var = "sessionVariable"
    />
17                   
18              </td></tr>
19          <tr><td>out</td>
20              <td>
21  &lt;c:out value = "\${sessionScope.sessionVariable}" default = "none"
22  escapeXml = "false"/&gt;<br>&lt;c:out value = "\${sessionScope['sessionVari-
    able']}" default = "none"
23  escapeXml = "false"/&gt;
24              </td>
25              <td>
26  <c:out value = "${sessionScope.sessionVariable}" default = "none"
27                  escapeXml = "false" />
28                  <br />
29  <c:out value = "${sessionScope['sessionVariable']}" default = "none"
30                  escapeXml = "false" />
31              </td></tr>
32          <tr><td>
33                  remove
34              </td>
35              <td>
36  &lt;c:remove var = "sessionVariable" scope = "session"/&gt;
37              </td>
38              <td>
39                  <c:remove var = "sessionVariable" scope = "session" />
40              </td></tr>
41          <tr>
42              <td colspan = "2">
43  after remove,&lt;c:out value = "\${sessionScope.sessionVariable}"
44                  default = "none" escapeXml = "false"/&gt;
45              </td>
46              <td>
47  <c:out value = "${sessionScope.sessionVariable}" default = "none"
48                  escapeXml = "false" />
49              </td></tr>
50          <tr><td>forEach</td>
51              <td>
```

```
52  &lt;table&gt; &lt;tr&gt; &lt;c:forEach begin = "1" end = "10" step = "1"
53  var = "loop"&gt; &lt;td&gt; &lt;c:out value = " $ {loop}" /&gt;
54              &lt;/td&gt; &lt;/c:forEach&gt; &lt;/tr&gt; &lt;/table&gt;
55          </td>
56          <td> <table> <tr>
57              <c:forEach begin = "1" end = "10" step = "1" var = "loop">
    <td> <c:out value = " $ {loop}" /> </td> </c:forEach> </tr> </table
58  > </td> </tr>
59          <tr> <td>forTokens </td>
60              <td>
61                &lt;c:forTokens var = "token" delims = "#,;4"
62                items = "0#1,2,3,4,5,6,7;8,9,A,B,C#,;4D" begin = "3" end = "10"
63                step = "2"&gt; &lt;c:out value = " $ {token}"&gt; &lt;/c:out&gt;
64              &lt;/c:forTokens&gt;
65          </td>
66          <td>
67            <c:forTokens var = "token" delims = "#,;4"
68  items = "0#1,2,3,4,5,6#,7;8,9,A,B,C#,;4D" begin = "3" end = "10" step = "2" >
69              <c:out value = " $ {token}" >
70              </c:out >
71              </c:forTokens >
72          </td> </tr>
73          <tr> <td>if </td> <td>
74  &lt;c:if test = " $ {sessionScope. sessionVariable = =none}"&gt; There
75              is not sessionVariable &lt;/c:if&gt;
76              <br />
77  &lt;c:if test = " $ {sessionScope. sessionVariable!  =none}"&gt; The
78              value of sessionVariable is not none &lt;/c:if&gt;
79          </td>
80              <td>
81              <c:if test = " $ {sessionScope. sessionVariable = =none}" >
82              There is not sessionVariable
83      </c:if >
84              <c:if test = " $ {sessionScope. sessionVariable!  =none}" >
85          The value of sessionVariable is not none
86              </c:if > </td> </tr>
87              <tr> <td>choose </td>
88                <td>
89              &lt;c:choose&gt;
90                <br />
91  &lt;c:when test = " $ {empty sessionScope. sessionVariable}"&gt;
```

```
92              <br />
93              There is not sessionVariable &lt;/c:when&gt;
94              <br />
95              &lt;c:otherwise&gt;
96              <br />
97              The value of sessionVariable is not none &lt;/c:otherwise&gt;
98              <br />
99              &lt;/c:choose&gt;
100             <br />
101         </td>
102         <td>
103           <c:choose>
104             <c:when test = " ${empty sessionScope.sessionVariable}" >
105     There is not sessionVariable
106             </c:when>
107             <c:otherwise>
108       The value of sessionVariable is not none
109             </c:otherwise>
110           </c:choose>
111         </td> </tr> </table>
112       <form method = "post" >
113         <table>
114           <tr> <td>
115           <c:forEach var = "loop" begin = "1" end = "10" step = "1" >
116             <input type = "checkbox" name = "checkBox"
117             value = " <c:out value = ${loop} '/>" />
118           <c:out value = ${loop} '/>
119           </c:forEach>
120       </td> </tr>
121       </table>
122       <input type = "hidden" name = "hiddenVar" value = "hiddenValue" />
123       <input type = "submit" value = "submit" />
124     </form>
125     &lt;c:out value = "param.hiddenVar" default = "none" /&gt;
126     <c:out value = " ${param.hiddenVar}" default = "none" />
127     <c:if test = " ${not empty param.hiddenVar}" >
128       <p>
129         after click submit button,display following:
130       </p>
131 you select:
```

```
132  <c:forEach var = "checkboxValues" items = " $ {paramValues.checkBox} "
133                varStatus = "status" >
134                <c:out value = " $ {checkboxValues} " />
135                <c:if test = " $ {! status.last} " > ,
136    </c:if > </c:forEach > </c:if >
137      <P >
138          请通过参看该页源文件的下列部分以体验 out 标记的 escapeXml 属性的作用。
139          <br />
140          <c:set var = "tempVar" scope = "page" >
141              <pre > <& > </pre >
142          </c:set >
143          set escapeXml = false,output :
144          <c:out value = " $ {tempVar} " escapeXml = "false" />
145          set escapeXml = true,output :
146          <c:out value = " $ {tempVar} " escapeXml = "true" />
147      </p > </body > </html >
```

【代码说明】
- 第 2 行：用 taglib 指令指明核心标签库的路径。
- 第 16 行：使用 < c：set > 标签设置 sessionVariable 变量的值为 "sessionVariableValue"。
- 第 26 ~ 30 行：使用 < c：out > 标签的两种表示方法输出 sessionVariable 变量的值。
- 第 39 行：使用 < c：remove > 标签删除变量 sessionVariable。
- 第 57 行：使用 < c：forEach > 标签循环输出数字 1 到 10。
- 第 67 ~ 68 行：使用 < c：forTokens > 标签以 "#,；4" 作为分隔符，从第 3 个字符开始，第 10 个字符结束，以步长为 2 的循环提取字符串 "0#1，2，34，5，6#，7；8，9，A，B，C#，；4D" 中的字符。
- 第 81 ~ 85 行：使用 < c：if > 标签判断变量 sessionVariable 是否为空，并输出相应信息。
- 第 103 ~ 110 行：使用 < c：choose >、< c：when >、< c：otherwise > 标签判断变量 sessionVariable 情况并作相应输出。
- 第 114 ~ 120 行：使用 < c：forEach > 标签循环输出 10 个复选框。
- 第 132 ~ 136 行：使用 < c：forEach > 标签接收本页面提交的复选框，并输出被选中的复选框的值。

（2）部署。

（3）启动 Tomcat 服务器，运行效果如图 8 - 6 所示。

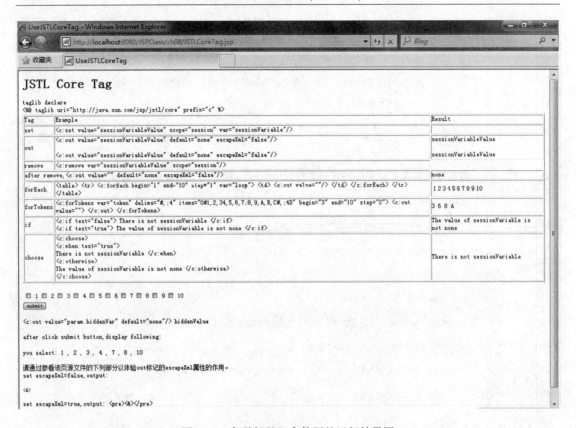

图 8 – 6　各种标签组合使用的运行结果图

8.4　其他 JSTL 标签

JSTL 除了核心标签外，还有其他不同用途的标签库，包括处理国际化、格式的标签库、数据库标签库和函数标签库等。下面是对其他常用标签的简单介绍。

8.4.1　JSTL 国际化标签库

在不同国家和地区，对数字和货币等的表示有所不同，在 JSTL 中提供了 fmt 标签库来处理国际化和格式的问题。在 JSP 页面中使用国际化标签库的标签，需要用 taglib 指令指明该标签库的路径：

```
< % @ taglib prefix = "fmt" uri = " http://java.sun.com/jsp/jstl/fmt"% >
```

1. < fmt：setLocale >

作用：设定用户的语言地区。

语法：< fmt:setLocale value = "local" [variant = "variant"] [scope = "{ page |request |session |application}"]/>

属性如下。

（1）value：地区代码。其中最少要有两个字母的语言代码，如：zh、en，然后也可以再加上两个字母的国家和地区代码，如：US、TW，两者可以由" – "或"_ "相连接起来，例如：zh_ TW、zh_ CN、en、en_ US。当 value 为 null 时，则使用执行中的默认地域（locale）。

（2）varient：供货商或浏览器的规格，例如：WIN 代表 Windows，Mac 代表 Macintosh。

（3）scope：地区设定的套用范围。

2. ＜fmt：requestEncoding＞

作用：设定字符串编码，功能和 ServletRequest. setCharacterEncoding（）相同。

语法：＜fmt:requestEncoding [value = "charseName"]/＞

属性：value 为字符串编码，当我们设定 value 为 GB2312 时，表示将所有传送过来的字符串皆用 GB2312 编码处理，如果没有设定 value 属性，则它将会自动去寻找合适的编码方式。

3. ＜fmt：message＞

作用：从指定的资源中把特定关键字中的值抓取出来。

语法如下。

（1）＜fmt:message key = "messageKey" [bundle = "resourceBundle"]
　　　　[var = "varName"] [scope = "{page |request |session |application}"]/＞

（2）＜fmt:message key = "meesageKey" [bundle = "resourceBundle"]
　　　　[var = "varName"] [scope = "{page |request |session |application}"] ＞
　　　　　＜fmt:param＞
　　　＜/fmt:message＞

（3）＜fmt:message key = "meesageKey" [bundle = "resourceBundle"]
　　　　[var = "varName"] [scope = "{page |request |session |application}"] ＞
　　　　索引(＜fmt:param＞标签)
　　　＜/fmt:message＞

属性如下。

（1）key：索引。

（2）bundle：使用的数据来源。

（3）var：用来储存国际化信息。

（4）scope：var 变量的 JSP 范围。

4. ＜fmt：param＞

作用：动态设定数据来源中抓出内容的参数。

语法如下。

（1）通过 value 属性设定参数值。

　　　　　　　　＜fmt:param value = "messageParameter"/＞

（2）通过本体内容设定参数值。

　　　　　　　　＜fmt:param＞
　　　　　　　　本体内容
　　　　　　　　＜/fmt:param＞

示例：Str3 = today is {0, date}

其中，{0, date} 表示为一个动态变量，0 代表第一个动态变量；date 代表该动态变量的类型。

5. ＜fmt：bundle＞

作用：设定本体内容的数据来源。

语法：< fmt:bundle basename = "basename" [prefix = "prefix"] >

本体内容

< /fmt:bundle >

属性如下。

（1）basename：要使用的资源名称，如果我们的 properties 文件为 Resource，properties，那么 basename 的值为 Resource，basename 的值千万不可有任何文件类型。

（2）prefix：设定前置关键字。

例如，当 properties 中内容如下。

requestinfo. label. method = Method;

requestinfo.label.requesturi = Request URI;

那么我们可以写成如下方式将其内容显示出来。

< fmt:bundle basename = "Resource" prefix = "requestinfo.label." >

< fmt:message key = "method" />

< fmt:message key = "requesturi" />

< /fmt:bundle >

6. < fmt：setBundle >

作用：设定默认的数据来源，或者也可以将它设定到属性范围中。

语法：< fmt:setBundle basename = "basename" [var = "varName"]

[scope = "{page |request |session |application} "] />

属性如下。

（1）basename：要使用的资源名称。

（2）var：储存资源的名称。

（3）scope：var 变量的 JSP 范围。

说明：basename 设定要使用的数据源，和 < fmt：bundle > 用法相同。如果没有设定 var 时，那么设定好的数据来源将会变成默认的数据来源，使在同一网页或同一属性范围中 < fmt：message > 都可以直接默认使用此数据来源。相反，如果设定 var，那么将会把此数据来源存入 varName 中，当 < fmt：message > 要使用时，必须使用 bundle 这个属性来指定。举例如下。

< fmt:setBundle baseName = "Resource" var = "resource" scope = "session" />

< fmt:message key = "str1" bundle = " $ { resouce } " / >

如没有设定 var 时，则只需写成如下。

< fmt:setBundle baseName = "Resource" />

< fmt:message key = "str1" />

一般 < fmt：bundle > 和 < fmt：setBundle > 都可以搭配 < fmt：setLocale > 使用，当我们有多种语言的数据来源时，可以将文件名取成 Resource_ zh_ TW. properties、Resource_ en. properties 和 Resouce. properties。当我们将区域设定为 zh_ TW，那么使用 < fmt：setBundle > 或 < fmt：bundle > 时，将会默认读取 Resource_ zh_ TW. properties 资源文件，如果 < fmt：setLocale > 设定为 en，那么会默认抓取 Resource_ en. properties 来使用，最后如果设定的区域没有符合的文件名，将使用 Resource. properties 来当做数据来源。

7. < fmt：formatNumber >

作用：依据设定的区域将数字改为适当的格式。

语法：< fmt:formatNumber value = "numbericValue" [type = "{number |currency |per-cent}"]

示例：< fmt:formatNumber value = "123" type = "currency"/> 显示为 $123。

8. < fmt：parseNumber >

作用：将字符串类型的数字，货币或百分比，都转为数字类型。

语法：< fmt:parseNumber value = "numericValue" [type = "{number |currency |per-cent}"]

　　　　[pattern = "customerPattern"]/>

示例：< fmt:parseNumber value = "500,800"/>显示为：500800；

< fmt:parseNumber value = "$5000" type = "currency"/> 显示为:5000。

9. < fmt：formatDate >

作用：格式化日期和时间。

语法：< fmt:formatDate value = "date" [type = "{time |date |both}"]

　　　　[dateStyle = "{default |short |medium |long |full}"]

　　　　[timeStyle = "{default |short |medium |long |full}"] />

示例：< jsp:useBean id = "now" class = "java.util.Date"/>

　　　　< fmt:formatDate value = "${now}"/>

10. < fmt：parseDate >

作用：将字符串类型的时间或日期都转为日期时间类型。

语法：< fmt:parseDate value = "date" >

示例：< fmt:parseDate value = "2003/2/17"/>

11. < fmt：setTimeZone >

作用：设定默认时区或是将时区储存至属性范围中，方便以后使用。

语法：< fmt:setTimeZone value = "timeZone" [var = "varName"]

　　　　[scope = "{page |request |session |application}"]/>

属性 value 可以为 EST、CST、MST 和 PST，默认为 GMT 时区。

示例：< fmt:setTimeZone value = "PST" scope = "session"/>

12. < fmt：timeZone >

作用：设定暂时的时区。

语法：< fmt:timeZone value = "timeZone" >

　　　　本体内容

　　　　</fmt:timeZone >

示例：< fmt:timeZone value = "PST" >

　　　　< fmt:formatDate.../>

　　　　< fmt:formatDate.../>

　　　　　　⋮

　　　　</fmt:timeZone >

8.4.2　JSTL 数据库标签库

数据库开发在 JSP 中占有非常重要的地位，JSTL 也提供了对数据库操作的支持，通过 JSTL 数据库中的标签可以简化数据库操作，提高数据库开发的效率和程序的可维护性。在 JSP 页面中使用数据库标签库的标签，需要用 taglib 指令指明该标签库的路径：

```
<%@ taglib prefix = "sql" uri = " http://java.sun.com/jsp/jstl/sql"%>
```

1. < sql：setDataSource >

作用：用来设定数据来源（DataSource）。

语法如下。

（1）直接使用已存在的数据来源。

```
<sql:setDataSource dataSource = "dataSource"
    [var = "varName"]
    [scope = "{page |request |session |application}"]/>
```

（2）使用 JDBC 方式，建立数据库联机。

```
<sql:setDataSource url = "jdbcUrl"
    driver = "driverClassName"
    user = "userName"
    password = "password"
    [var = "varName"]
    [scope = "{page |request |session |application}"]/>
```

示例如下。

（1）<sql:setDataSource dataSource = "java:comp/env/jdbc/mysql"/>

（2）<sql:setDataSource dataSource = "jdbc:mysql://localhost/test,
com.mysql.jdbc.Driver,root,"/> dataSource = "url,driver,user,password"

（3）<sql:setDataSource url = "jdbc:mysql://localhost/test"
```
        driver = "com.mysql.jdbc.Driver"
        user = "root"
        password = "" />
```

2. < sql：query >

作用：查询数据库的数据。

语法如下。

（1）没有本体内容。

```
<sql:query sql = "sqlQuery" var = "varName"
    [scope = "{page |request |session |application}"]
    [dataSource = "dataSource"]
    [maxRows = "maxRows"]
    [startRow = "startRow"]/>
```

（2）本体内容为查询指令。

```
<sql:query sql = "sqlQuery" var = "varName"
    [scope = "{page |request |session |application}"]
    [dataSource = "dataSource"]
```

```
        [maxRows = "maxRows"]
        [startRow = "startRow"] >
          ⋮
        sqlQuery
          ⋮
        </sql >
```

属性如下。

(1) sql: SQL 语句（select）。

(2) dataSource: 数据来源。

(3) maxRows: 设定最多可暂存的数据笔数。

(4) startRow: 设定数据从第几笔开始，以 0 为第一笔数据。

(5) var: 储存查询结果，不可省略。

(6) scope: var 变量的 JSP 范围。

查询结果存放在指定名称的属性中后，可以通过以下属性访问查询结果。

(1) rows: 以字段名称当做索引的查询结果。

(2) rowsByIndex: 以数字当做索引的查询结果。

(3) columnNames: 字段名称。

(4) rowCount: 查询到的数据笔数。

(5) limitedByMaxRows: 取出最大数据笔数的限制。

3. < sql: update >

作用: 执行修改操作（update、delete、create table 均可）。

语法如下。

(1) 没有本体内容。

```
        < sql:update sql = "sqlUpdate" [var = "varName"]
            [scope = "{page |request |session |application}"]
            [dataSource = "dataSource"]/>
```

(2) 本体内容为查询指令。

```
        < sql:update sql = "sqlUpdate" [var = "varName"]
            [scope = "{page |request |session |application}"]
            [dataSource = "dataSource"] >
          ⋮
        sqlUpdate
          ⋮
        </sql:query >
```

属性如下。

(1) sql: SQL 语法（update, insert, delete...）。

(2) dataSource: 数据来源。

(3) var: 储存改变的数据笔数。

(4) scope: var 变量的 JSP 范围。

4. < sql: transaction >

作用: 提供事务支持，保证多个数据操作的完整性。< sql: transaction > 主要是将所有必须同时执行的交易放在它的本体内容中，当本体内容有错误发生时，将不会执行任何一个 SQL 语句，所以可保障交易机制的安全性。

　　语法：`<sql:transaction [dataSource = "dataSource"]`
　　　　`[isolation = "{read_committed |read_uncommitted |repeatable |serializ-able}"]>`
　　`<sql:query >or <sql:update >`
　　　　　`</sql:transaction >`

8.4.3　XML 操作标签库

　　JSTL 提供了一组专门处理 XML 文档的标签，这些标签提供的功能可以满足基本的 XML 文档处理需要，使用这些标签比掌握复杂的操作 XML 文档的 API 接口容易得多。在 JSP 页面中使用 XML 标签库的标签，需要用 taglib 指令指明该标签库的路径：

　　　　`<%@ taglib prefix = "x" uri = " http://java.sun.com/jsp/jstl/xml"%>`

1．<x：parse >

作用：解析 xml 文件。

语法如下。

（1）`<x:parse doc = "XMLDocument"`
　　　　`[var = "var'[scope = "{page |request |session |application}"]`
　　　　`... />`

（2）`<x:parse [var = "var'[scope = "{page |request |session |application}"]`
　　　　`... >`
　　　　`</x:parse >`

属性如下。

（1）doc：xml 文件。

（2）var：储存解析后的 XML 文件。

（3）scope：var 变量的 JSP 范围。

示例如下。

（1）`<c:import var = "sample" url = "http://www.javaw.cn/web.xml"/>`
　　　　`<x:parse doc = " ${sample}" var = "sampleXml"/>`

（2）`<x:parse doc = " ${sample}" var = "sampleXml" >`
　　　　`<c:import url = "http://www.javaw.cn/web.xml"/>`
　　　　`</x:parse >`

2．<x：out >

作用：取出 XML 中的字符串。

语法：`<x:out select = "XPathExpression" [escapeXml = "{true |false}"]/>`

属性如下。

（1）select：XPath 语句。

（2）escapeXml：是否转换特殊字符。

示例：`<x:parse var = "sampleXml" >`
　　　　`<item >`

```
        <name>car</name>
            <price>10000</price>
        </item>
    </x:parse>
        显示<name>的内容。
```

(1) <x:out select="$sampleXml//name"/>

(2) <x:out select="$sampleXml/item/name"/>

3. <x：set>

作用：取出 XML 中的字符串，储存至属性范围中。

语法：<x:set select="XPathExpression" var="var" [scope="{page|request|session|application}"]/>

属性如下。

（1）select：XPath 语句。

（2）var：将从 XML 文件中取得的内容储存至 varName 中。

（3）scope：var 变量的 JSP 范围。

示例：<x:parse var="sampleXml">
```
        <item>
          <name>car</name>
          <price>10000</price>
        </item>
    </x:parse>
        显示<name>的内容。
```

(1) <x:out select="$sampleXml//name"/>

(2) <x:out select="$sampleXml/item/name"/>

8.4.4　Functions 操作标签库

Functions 标签库是在 JSTL 中定义的标准 EL 函数集。在 Functions 标签库中定义的函数，基本上都是对字符串进行操作的函数。在 JSP 页面中使用国际化标签库的标签，需要用 taglib 指令指明该标签库的路径：

<%@ taglib prefix="fn" uri="http://java.sun.com/jsp/jstl/functions"%>

1. fn：contains（）

作用：判断某字符串是否在一个字符串之中。

语法：${fn:contains(string, substring)} => boolean

属性如下。

（1）string：原输入的字符串。

（2）substring：测试用的字符串。

（3）Result：回传 string 是否包含 substring，若有，则回传 true；若无，则回传 false。

2. fn：containsIgnoreCase（）

作用：判断某字符串是否在已有字符串之中，并忽略其大小写。

语法：${fn:containsIgnoreCase(string, substring)} => boolean

3. fn：startsWith（string, prefix）

作用：判断一个字符串是否以某一字符串为开头。

语法：`${fn:startsWith(string, prefix)}` = > boolean

4. fn：endsWith（string, suffix）

作用：判断一个字符串是否以某一字符串为结尾。

语法：`${fn:endsWith(string, suffix)}` = > boolean

5. fn：escapeXml（String）

作用：用来转换转义符。例如，将 <、>、'、" 和 & 转换成 <、>、'、" 和 &。

语法：`${fn:escapeXml(String)` = > String

6. fn：indexOf（string, substring）

作用：回传某字符串到一个字符串第一次吻合的位置。

语法：`${fn:indexOf(string, substring)}` = > int

7. fn：split（string, delimiters）

作用：将字符串分离成一个字符串数组。

语法：`${fn:split(string, delimiters)}` = > string[]

8. fn：join（array, separator）

作用：将数组中的全部元素以指定字符串作为连接符，回传结合后的字符串。

语法：`${fn:join(array, separator)}` = > string

9. fn：replace（inputString, beforeSubstring, afterSubstring）

作用：将字符串中的某些子字符串用另一字符串取代。

语法：`${fn:replace(inputString, beforeSubstring, afterSubstring)}` = > string

属性如下。

（1）inputString：原输入的字符串。

（2）beforeString：要替换的字符串。

（3）afterSubstring：替换成为的字符串。

10. fn：trim（string）

作用：去除字符串的前后空白。

语法：`${fn:trim(string)}`

11. fn：substring（string, beginIndex, endIndex）

作用：抽取字符串中的某一子字符串。

语法：`${fn:substring(string, beginIndex, endIndex)}` = > string

12. fn：substringAfter（string, substring）

作用：抽取字符串中某子字符串之后的字符串。

语法：`${fn:substringAfter(string, substring)}` = > string

属性如下。

（1）string：原输入的字符串。

（2）substring：某子字符串。

13. fn：substringBefore（string，substring）

作用：抽取字符串中某子字符串之前的字符串。

语法：`${fn:substringBefore(string, substring)}` = > string

属性如下。

（1）string：原输入的字符串。

（2）substring：某子字符串。

14. fn：toLowerCase（string）

作用：转换为小写字符。

语法：`${fn:toLowerCase(string)}` = > string

15. fn：toUpperCase（string）

作用：转换为大写字符。

语法：`${fn:toUpperCase(string)}` = > string

8.5　上机实训

1. 实训目的

（1）掌握表达式语言（EL）在 JSP 页面中的使用。

（2）熟练使用 JSTL 标签库。

2. 实训内容

（1）将学生课绩管理系统的输出页面使用表达式语言进行改造。

（2）使用 JSTL 标签库中的标签对学生课绩管理系统页面中的动态代码进行改造，实现页面代码和业务逻辑的低耦合。

8.6　本章习题

1. JSTL 和表达式语言的主要作用是什么？

2. 写出以下代码的输出结果：

1 + 2 = `${1+2}`

　　1 > 2 吗？ `${1>2}`

3. 表达式中可以使用哪些隐含对象？

4. 在 first. jsp 文件中有输入元素 username 和 userpass，对应的表单提交给 second. jsp 文件处理，在 second. jsp 中如何获取用户在 first. jsp 中输入的信息？编写相应的代码。要求：使用表达式语言和 JSTL 标签库。

5. 编写代码显示所有的 Cookie。

6. 编写代码显示客户端的 IP 地址。

7. 编写代码显示客户端所使用的语言。

8. 在 request 中保存了提示信息，变量名字为 info，要在 JSP 页面中显示该提示信息，写出该代码。

9. user 对象的 sex 属性值可能为 0 或者 1。0 表示女，1 表示男。在界面上显示时要求显示男或者女，写出显示的代码。

10. 如果在 session 中保存的 str 的信息为"session 中的信息"，在 request 中保存的 str 的信息为"request 中的信息"，下面的代码输出的结果是什么？

$ ｛info｝

第 9 章 Struts 应用

【学习要点】
- 下载和安装 Struts
- Struts 实现 MVC 的机制
- Struts 的组件包
- MyEclipse 中的 Struts 开发环境
- 应用 Struts 技术开发用户管理程序
- Struts 的工作流程和典型配置

9.1 Struts 概述

对于开发 Web 应用程序，要从头设计并开发出一个可靠、未定的框架并不是一件容易的事。幸运的是，随着 Web 开发技术的日趋成熟，在 Web 开发领域中出现了一些现成的优秀的框架，开发者可以直接使用，比如，Struts 就是其中一种不错的选择，它是基于 MVC 的 Web 应用框架。

9.1.1 框架简介

1. Struts 框架

Struts 实际上也是一个 MVC 框架，用于快速开发 Java Web 应用。Struts 实现的重点在 C（Controller），包括 ActionServlet/RequestProcessor 和定制的 Action；也为 V（View）提供了一系列定制标签。但 Struts 很少涉及 M（Model），所以 Struts 可以采用 Java 实现的任何形式的商业逻辑。

Struts 提供了一种方法，可以在一个 Web 应用程序中一起使用 JSP 和 Servlets。它的目的是要解决完全由 JSP 或完全由 Servlet 实现的应用程序中固有的问题。

2001 年 7 月，Struts 1.0 正式发布。该项目也成了 Apache Jakarta 的子项目之一，也是开源软件。Struts 是在 JSP Model 2 的基础上实现的一个 MVC 架构。它有一个中心控制器，采用 XML 定制转向的 URL，采用 Action 来处理逻辑。

Struts 的优点主要集中体现在两个方面：Taglib 和页面导航。

目前 Struts 1 发展到了基于 Webwork 2.0 的 Struts 2。

2. 其他框架技术

1）Hibernate

Hibernate 是一个免费的开源 Java 包，它使得与关系数据库打交道变得十分轻松，就像数据库中包含每天使用的普通 Java 对象一样，同时不需要考虑如何将其从数据库表中取出（或放回到数据库表中）。Hibernate 是一种"数据库—对象"映射的解决方案，就是只要写一条 SQL 语句，就自动把 SQL 语句的结果封装成对象。

2）Spring

Spring 是一个轻型容器，其核心是 Bean 工厂，用以构造所需要的 M。在此基础之上，Spring 提供了 AOP（Aspect – Oriented Programming，面向对象的编程）的实现，用来提供非管理环境下声明方式的事务、安全等服务；对 Bean 工厂的扩展更加方便实现 J2EE 的应用；DAO/ORM 的实现方便了进行数据库的开发；Web MVC 和 Spring Web 提供了 Java Web 应用的框架和与其他流行的 Web 框架进行集成。

9.1.2　Struts 实现 MVC 的机制

Struts 实际上是 MVC 模式的具体实现，在 Struts 框架中，将模型、视图和控制器这些概念对应到了不同的 Web 组件中，模型由 JavaBean 组件或 EJB 组件实现，视图由一组 JSP 文件与 Struts 标签库实现，控制器由 ActionServlet 和 Action 实现。

图 9 – 1 显示了 Struts 实现的 MVC 框架。

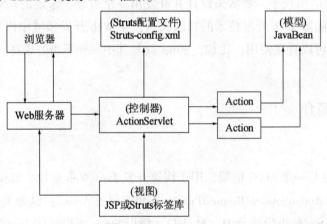

图 9 – 1　Struts 实现的 MVC 框架

（1）视图。Struts 框架中的视图部分依然可以采用 JSP 来实现。在这些 JSP 文件中没有业务逻辑，也没有模型信息，只有标签，这些标签可以是标准的 JSP 标签或客户化标签，如 Struts 标签库中的标签。通常将 Struts 框架中的 actionFrom Bean 也划分到试图模块中。action-From Bean 实质上是一种 JavaBean，除了具有一些 JavaBean 的常规方法之外，还包含一些特殊的方法，用于验证 HTML 表单数据以及将其属性重新设置为默认值。Struts 框架利用 ac-tionFrom Bean 来进行视图和控制层之间的表单数据的传递。Struts 框架把用户输入的表单数据保存在 actionFrom Bean 中，然后将它传递给控制层，控制层可以对 actionFrom Bean 中的数据进行修改，JSP 文件使用 Struts 标签将读取修改后的 actionFrom Bean 的信息，重新设置 HTML 表单。

（2）模型。模型表示应用程序的状态和业务逻辑。对于大型应用，业务逻辑通常由 Java Bean 或 EJB 组件来实现。

（3）控制层。Struts 中的控制层部分是通过专门的 Servlet 来实现的。这种 Servlet 类（也称为 Action Servlet）是 Struts 框架中的核心组件。它继承于 javax. servlet. http. HttpServlet 类，在 MVC 模型中扮演中央控制层的角色。Action Servlet 主要负责接收 HTTP 请求信息，根据配置文件 Struts – config. xml 的配置信息，把请求转发给适当的 Action 对象。如果该 Acion 对象不存在，Action Servlet 会先创建这个 Action 对象。

Action 类负责调用模型的方法、更新模型状态并帮助控制应用程序的流程。对于小型简单的应用程序，Action 类本身也可以完成一些实际的业务逻辑。

对于大型应用程序，Action 类充当用户请求和业务逻辑处理之间的适配器（Adaptor），其功能就是将请求与业务逻辑分开，Action 类根据用户请求调用相关的业务逻辑组件。业务逻辑由 Java Bean 或 EJB 来完成，Action 类侧重于控制应用程序的流程，而不是实现应用程序的逻辑。通过将业务逻辑放在单独的 Java 包或 EJB 中，可以提高应用程序的灵活性和可重用性。

当 Action Servlet 控制层收到用户请求后，把请求转发到一个 Action 实例。如果这个实例不存在，控制层会首选创建它，然后调用这个 Action 实例的 execute 方法。Action 的 execute 方法返回 ActionForward 对象，它封装了把用户请求再转发给其他 Web 组件的信息。用户必须定义自己的 Action 类。

（4）Struts 的配置文件 struts – config. xml。前面讲到一个用户请求是通过 ActionServlet 来处理和转发的，这就需要一些描述用户请求路径和 Action 映射关系的配置信息。在 Struts 中，这些配置映射信息都存储在特定的 XML 文件 struts – config. xml 中。在该配置文件中，每一个 Action 的映射信息都通过一个 < action > 元素来配置。

这些配置信息在系统启动的时候，被读入内存，供 Struts 在运行期间使用。在内存中，每一个 < action > 元素都对应一个 org. apache. struts. action. ActionMapping 类的实例。

9.1.3 案例一：下载 Struts 1 并运行示例程序

【案例功能】下载安装 Struts 1，运行示例程序。

【案例目标】学习 Struts 1 的下载和安装步骤以及示例程序的运行方法。

【案例要点】Struts 1 的下载和安装，Struts 1 示例程序的运行，学习 Struts 1 示例程序。

【案例步骤】

（1）从 Apache Software Foundation 的网站上，下载 Struts 1 的开发包。Struts 的下载地址如下：

http：//struts. apache. org/download. cgi。

主页如图 9 – 2 如示。

案例视频扫一扫

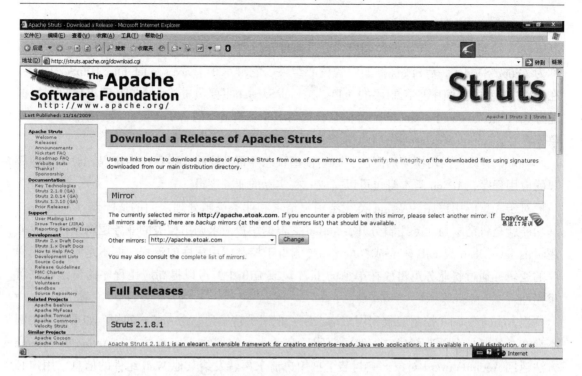

图 9-2　Struts 下载地址

（2）本书使用的 Struts 1 的版本是 1.3.10。下载 Full Distribution 压缩包（点击如图 9-3 的标注处），这是 Struts 的完整版本，包含了示例应用程序、文档以及 Struts 的源代码。

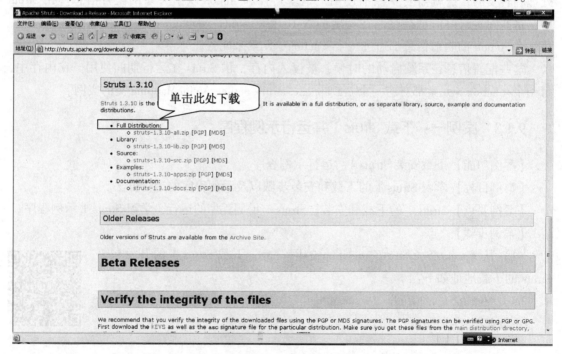

图 9-3　下载 Struts 的完整版本

（3）将下载的安装包 struts-1.3.10-all.zip 解压。可以看到 struts-1.3.10 目录下有 4

个子目录，分别为：apps、docs、lib 和 src。

（4）将 lib 目录下的所有 . Jar 文件都复制到 Struts 发布目录的/WEB – INF/lib 目录下（或者 Tomcat 的安装目录的 common \ lib 下）。

（5）将 lib 目录下的 Struts. jar 文件路径添加到环境变量 CLASSPATH（或复制到 JDK 安装目录 \ jre \ lib \ ext 文件夹）中。

（6）Struts 1 安装配置完成。

（7）运行示例程序。

将解压后的 struts – 1. 3. 10 \ apps 文件夹中的 struts – cookbook – 1. 3. 10. war 文件复制到 tomcat 6. 0 \ webapps 文件夹中。

启动 Tomcat，在浏览器中输入 http://localhost：8080/struts – cookbook – 1.3.10/。示例程序运行结果如图 9 – 4 所示。

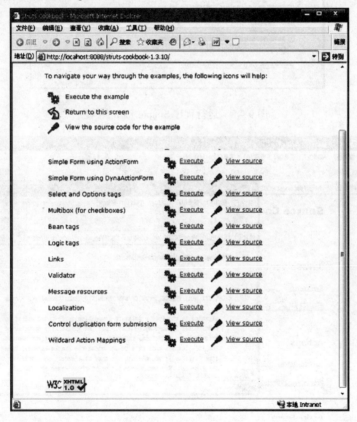

图 9 – 4　示例程序运行结果

点击 Simple form using ActionForm 处的 "Execute" 链接，运行 Simple form 程序，如图 9 – 5 所示。单击 "View source" 链接，可查看对应的源代码，如图 9 – 6 所示。

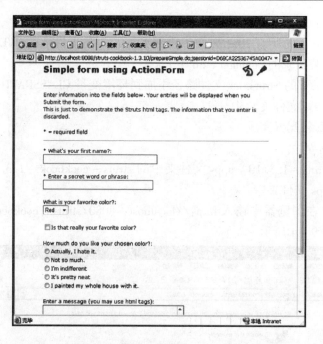

图 9 – 5　运行程序 Simple form 结果

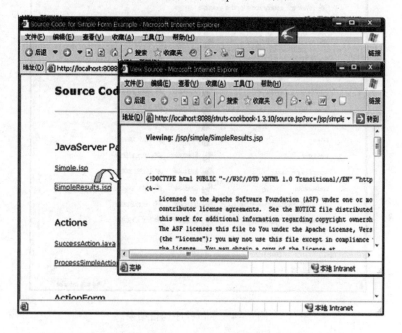

图 9 – 6　查看对应的源代码

9.1.4　Struts 的组件包和视图相关的标签库

1. Struts Api 中基本的组件包

完整的 Struts 大约有 15 个包，由近 200 个类组成，而且数量还在不断扩展。Struts Api 中基本的组件包有 action、actions、config、util、taglib 和 validator，见表 9 – 1。

表 9 – 1　Struts api 中基本的组件包

序号	包名	描 述
1	Org. apache. struts. action	这个包控制整个 Struts framework 运行的核心类，组件都在这个包中，如控制器 Ac- tionServlet、Action、ActionForm 和 ActionMapping 等
2	Org. apache. struts. actions	这个包提供客户的 HTTP 请求和业务逻辑处理之间的特定适配器转换功能，1.0 版 本中的部分动态增删 Form Bean 的类，也在 Struts 1.1 中被 Action 包的 DynaActionForm 组件所取代
3	Org. apache. struts. config	这个包提供对配置文件 struts – config. xml 元素的映射，这也是 Struts 1.1 中新增的 功能
4	Org. apache. struts. util	Strus 为了更好地支持 Web application 的应用，提供了一些常用服务的支持，比如 Connection Pool 和 Message Source
5	Org. apache. struts. taglib	客户标签类的集合，包括 Bean Tags、HTML Tags、Logic Tags、Nested Tags 和 Tem- plate Tags 这几个用于构件用户界面的标签类
6	Org. apache. struts. validator	Struts 1.1 framework 中增加了 validator framework，用于动态地配置 form 表单的验证

2. Struts 中常用的标签

Struts 中常用的标签见表 9 – 2。

表 9 – 2　Struts 中常用的标签

序号	标签	描 述
1	Struts – html. tld	扩展 HTML Form 的 JSP 标签
2	Struts – bean. tld	扩展 JavaBean 的 JSP 标签
3	Struts – login. tld	扩展测试属性值的 JSP 标签
4	Struts – titles	实现 Web 页布局设计的框架与模板化

3. Struts 组件包间的关系

Struts 组件包间的关系如图 9 – 7 所示。

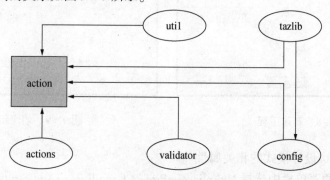

图 9 – 7　Struts 组件包间的关系

9.2　简单的 Struts 应用

9.2.1　案例二：应用 MyEclipse 搭建 Struts 开发环境

案例视频（搭建Struts框架）

【案例功能】在 MyEclipse 中搭建出 Struts 开发环境。

【案例目标】学习在 MyEclipse 中搭建 Struts 开发环境。

【案例要点】MyEclipse 的安装、MyEclipse 的配置、在 MyEclipse 创建 Web 项目、在 Web 项目中导入 Struts、生成 Struts 程序基本框架。

案例视频（FormAction功能实现）

【案例步骤】

（1）在 MyEclipse 中创建 Web 项目 。

启动 MyEclipse，选择 File→New→Project 命令，打开 New Project 对话框，再依次选择 MyEclipse→Java Enterprise Projects→Web Project 命令后单击"Next"按钮。如图 9-8 所示。

打开 New Web Project 对话框，输入新项目名称"ch09"，然后单击"Finish"按钮，完成项目创建，如图 9-9 所示。

案例视频（编写配置文件和页面）

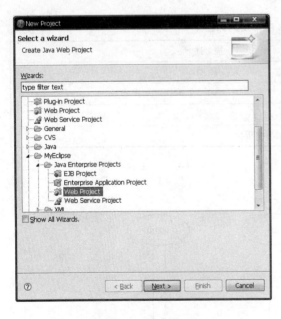

图 9-8　新建工程

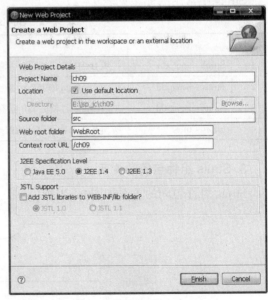

图 9-9　创建新项目

（2）设置 Struts 设计模式的相关属性。

在 MyEclipse 的菜单栏中选择 MyEclipse→Project Capbilities→Add Struts Capabilities 命令，为 Web 项目添加 Struts 属性。

打开 New 对话框，选中 Struts specification 中的"Struts 1.3"单选按钮，将 Base package for new classes 指定为"com"后单击"Finish"按钮，完成 Struts 设计模式相关属性的设置，如图9-10所示。

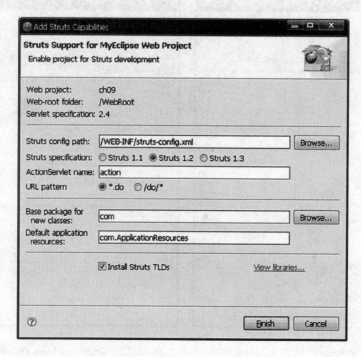

图 9 - 10　添加 Struts 框架

9.2.2 案例三：应用 Struts 添加用户

【案例功能】输入要添加的用户信息，单击"添加用户"按钮，在数据库中添加一条记录，并显示"添加用户成功"的信息。

【案例目标】学习在 MyEclipse 中创建 Struts1 程序的方法和步骤。

【案例要点】创建 ActionForm 类、创建 Action 类、创建字符转换的 Convert 类、编写主页、配置 Struts – config. xml 文件。

【案例步骤】

（1）利用第 6 章中 6. 3. 1 JavaBean 数据库技术中创建的 student. mdb 数据库中的表 user，作为该案例使用的数据库表。

（2）创建 Struts 中的 ActionForm 类。

在 MyEclipse 的菜单栏中选择 File→New→Other 命令，打开 Select a wizard 对话框，再选择 MyEclipse→Web – Struts→Struts 1. 3 Form 命令，如图 9 – 11 所示。

打开 New Form 对话框。在 Use case 文本框中输入"UserInfo"，在 Superclass 下拉列表中选择"org. apache. struts. action. ActionForm"选项，如图 9 – 12 所示。

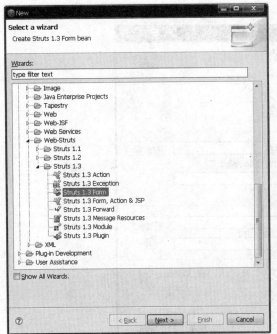
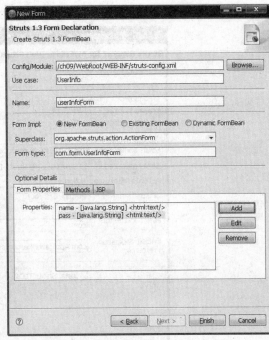

图 9 - 11　创建 Struts 中的 ActionForm 类　　　　图 9 - 12　Struts 1.3 Form Declaration 界面设置

在图 9 - 12 中，单击"Add"按钮，添加 Name 和 Type 属性，如图 9 - 13 所示。

图 9 - 13　新建属性

回到图 9 - 12 中，单击"Finish"按钮，完成 ActionForm 的创建。系统自动生成 Action-Form 类代码如下。

【源码】UserInfoActionForm. java

```
1    package com.actionForm;
2    import org.apache.struts.action.ActionForm;
3    public class UserInfoActionForm extends ActionForm
4    {
5        private String name;    //账号
6        private String pass;    //密码
7
8
9        public void setName(String name)
10       {
11           this.name = name;
```

```
12        }
13        public String getName()
      {
14        return name;
15        }
16        public void setPass(String pass)
17      {
18        this.pass = pass;
19        }
20        public String getPass()
21      {
22        return pass;
23        }
```

【代码说明】
- 第 1 行:定义包名为 com. actionForm。
- 第 2 行:引入 Struts 框架中的 org. apache. struts. action. ActionForm 包。
- 第 7 行 ~ 第 22 行:实现属性的 getXXX 和 setXXX 方法。
- 第 10 行 ~ 第 13 行:设置连接属性(使用 JDBC – ODBC 桥接方式)。

(3)创建进行编码转换的 Convert 类

【源码】Convert. java

```
1   package com.dao;
2   public class Convert
3   {
4           public String toChinese(String strvalue)
5         {
6           try
7           {
8               if(strvalue = = null)
9               {
10                  return null;
11              }
12              else
13              {
               strvalue = new String(strvalue.getBytes("ISO – 8859 – 1"),"GBK");
14                  return strvalue;
15              }
16          }
17          catch(Exception e)
18          {
19              return "";
20          }
21      }
22  }
```

(4) 创建 Action 类

在 MyEclipse 的菜单栏中选择 File→New→Other 命令，打开 Select a wizard 对话框，再选择 MyEclipse→Web – Struts→Struts 1.3 →Struts 1.3 Action 命令，如图 9 – 14 所示。

打开 New Action 对话框。在 Use case 文本框中输入"AdminInfo"，在 Superclass 下拉列表中选择"org. apache. struts. action. Action"；在 Form 选项卡中，单击"Browse"按钮，从打开的"选择 ActionForm"对话框中选择"AdminInfoForm"，如图 9 – 15 所示。

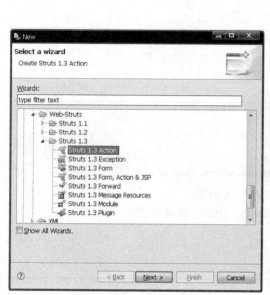

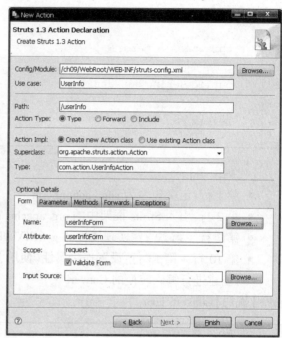

图 9 – 14   创建 Action 类   图 9 – 15   进 Struts Action Declaration 设置

图 9 – 15 中，单击"Finish"按钮，完成 Action 的创建。系统自动生成 Action 类代码如下。

【源码】UserInfoAction. java

```
1    * Generated by MyEclipse Struts
2     * Template path: templates/java/JavaClass.vtl
3     */
4   package com.action;
5
6   import javax.servlet.http.HttpServletRequest;
7   import javax.servlet.http.HttpServletResponse;
8   import org.apache.struts.action.Action;
9   import org.apache.struts.action.ActionForm;
10  import org.apache.struts.action.ActionForward;
11  import org.apache.struts.action.ActionMapping;
12  import com.actionForm.UserInfoActionForm;
13
     /* *
14    * MyEclipse Struts
15    * Creation date: 01 – 10 – 2011
16    *
```

```
17        * XDoclet definition:
18        * @ struts.action path = "/userInfo" name = "userInfoForm" scope = "request"
19   validate = "true"
20        */
21   public class UserInfoAction extends Action {
22       /*
23        * Generated Methods
24        */
25
26       /* *
27        * Method execute
28        * @ param mapping
29        * @ param form
30        * @ param request
31        * @ param response
32        * @ return ActionForward
33        */
34     public ActionForward execute(ActionMapping mapping, ActionForm form,
35         HttpServletRequest request, HttpServletResponse response){
36       UserInfoForm userInfoForm = (UserInfoForm)form; // TODO Auto - generated
37   method stub
38       return null;
39       }
40   }
```

修改该源码为如下：

【源码】 AdminInfoAction. java

```
1    package com.action;
2    import org.apache.struts.action. * ;
3    import javax.servlet.http. * ;
4    import com.actionForm.UserInfoActionForm;
5    import com.dao.Convert;
6    import java.sql. * ;
7
8    public class UserInfoAction extends Action
9    {
10     private final String dbDriver = "sun.jdbc.odbc.JdbcOdbcDriver"; // 连接
11   Access 数据库的方法
12     private final String url =
13       "jdbc:odbc:dbstudent";
     private final String userName = "sa";
14     private final String password = "";
15     private Connection con = null;
16     public UserInfoAction()
17     {
18     try
19     {
20        Class.forName(dbDriver).newInstance(); // 加载数据库驱动
21        con = DriverManager.getConnection(url, userName, password);
22        con.setAutoCommit(true);
23     }
```

```
24      catch(Exception ex)
25      {
26          System.out.println("数据库加载失败");
27      }
28      }
29
30      //对数据库的增加、修改和删除的操作
31      public boolean executeUpdate(UserInfoActionForm form)
        {
32      String sql = "insert into user values(" + form.getName() + ",'" +
          form.getPass() +"')";
33      try
34      {
35          Statement stmt = con.createStatement();
36          int iCount = stmt.executeUpdate(sql);
37          System.out.println("操作成功,影响的记录数为" +
      String.valueOf(iCount));
38      }
39      catch(SQLException e){}
40      return true;
41      }
42      public ActionForward execute(ActionMapping mapping, ActionForm form,
43              HttpServletRequest request,
44              HttpServletResponse response)throws SQLException
45      {
46      UserInfoActionForm userInfoForm =(UserInfoActionForm)form;
47        userInfoForm.setName(Convert.toChinese(userInfoForm.getName()));
48      userInfoForm.setPass(Convert.toChinese(userInfoForm.getPass()));
49      String message = "添加用户失败!!!";
50      if(executeUpdate(userInfoForm))
51      {
52      message ="添加用户成功!!!";
53      }
54      request.setAttribute("message",message);
55      con.close();
56      return mapping.findForward("insertUserInfo");
57      }
58  }
```

【代码说明】

- 第 1 行：定义包名为 "com. action"。
- 第 2 行：引入 Struts 框架中的 org. apache. struts. action. * 包。
- 第 4 行：引入步骤（2）创建的 com. actionForm. UserInfoActionForm 类。
- 第 5 行：引入步骤（3）创建的 com. dao. Convert 类。
- 第 7 行：通过继承 Action 类创建 UserInfoAction 类。
- 第 9 ~ 15 行：声明与数据库操作相关的变量。
- 第 16 ~ 28 行：通过构造方法创建数据库连接。
- 第 30 ~ 41 行：实现 executeUpdate 方法实现对数据库的增加、修改和删除的操作。

- 第 42 ~ 53 行：重写 execute 方法，将 UserInfoActionForm 类中的输入信息添加到数据库中。
- 第 54 行：保存信息到 "message" 属性中。
- 第 54 行：关闭连接。
- 第 54 行：重定位到 index. jsp

（5）配置 struts – config. xml

【源码】struts – config. xml

```
1    <? xml version = "1.0" encoding = "UTF - 8"? >
2    <! DOCTYPE struts - config PUBLIC " - //Apache Software Foundation//DTD Struts
     Configuration 1.3//EN"  " http://struts.apache.org/dtds/struts - config _ 1 _
3    3.dtd" >
4    <struts - config >
5      <form - beans >
6        < form - bean name = "userInfoActionForm"
7      type = "com. actionForm. UserInfoActionForm" />
8      </form - beans >
9      <global - exceptions />
10     <global - forwards />
11     <action - mappings >
12      < action name = " userInfoActionForm" path = "/userInfoAction" scope = " re-
       quest"
13     type = "com. action. UserInfoAction" validate = "true" >
14       <forward name = "insertUserInfo" path = "/index. jsp"/>
15       </action >
16     </action - mappings >
17       <message - resources parameter = "com. ApplicationResources" />
18     </struts - config >
```

【代码说明】

- 第 5 ~ 8 行：使用 < form – beans > 元素定义多个包 ActionForm。
- 第 11 ~ 16 行：使用 < action – mappings > 元素定义多个 Action。
- 第 9 行：使用 < Action > 子元素声明 Action，主要属性含义如下。
  - ➤ Name：指定要用到的 ActionForm 类的名称。该类的名称必须在 < form – beans > 元素中声明过。
  - ➤ Path：和 Action 类匹配的请求页面相对路径。不包括后缀名（如 . do），该相对路径必须以 "/" 开头。
  - ➤ Scope：指明 ActionForm 实例的适用范围，默认范围为 session。
  - ➤ Forward：指定目标相应页面。
- 第 17 行：指定文件的属性。

（6）填写添加用户主页面 index. jsp。

【源码】index. jsp

```
1    <% @  page contentType = "text/html; charset =gb2312" language = "java" errorPage = ""
2    % >
3    <html >
```

```
4    <head>
5    <meta http-equiv = "Content-Type" content = "text/html; charset = gb2312">
6    <link href = "css/style.css" type = "text/css" rel = "stylesheet">
7    <title>应用 Struts 实现用户添加功能</title>
8    </head>
9    <script language = "javascript" type = "">
10   function Mycheck(){
11   if(form.name.value = = "")
12   { alert("请输入姓名!");form.name.focus();return false;}
13   if(form.pass.value = = "")
14   { alert("请输入密码!");form.pass.focus();return false;}
15   if(form.mail.value = = "")
16   return true;
17   }
18   </script>
19   <body background = "b01.jpg"><br>
20   <p align = "center">应用 Struts 添加用户信息</p>
21   <form name = "form" method = "post" action = "adminInfoAction.do" onsubmit
     = "return
22   Mycheck();>
23   <table width = "481" border = "0" align = "center">
24     <tr>
25       <td width = "60" height = "30">姓名</td>
26       <td width = "166"><input type = "text" name = "name"></td>
27       <td width = "60">密码</td>
28       <td width = "173"><input type = "text" name = "pass"></td>
29     </tr>
30     </table><br>
31     <div align = "center">
32       <input type = "submit" name = "Submit" value = "添加">
33     </div>
34   </form>
35   <p align = "center">
36   <% if(request.getAttribute("message")! = null)
37   {
38       out.print(request.getAttribute("message"));
39   }
40   %>
41   </p>
42   </body>
43   </html>
```

【代码说明】

- 第 9 ~ 18 行：信息合法性验证。
- 第 24 行：创建表单。

（7）运行结果如图 9 – 16 所示。

在图 9 – 16 中输入记录后单击"添加"按钮，然后在 Access 中打开 user 表，可以看到已经添加一条记录，如图 9 – 17 所示。

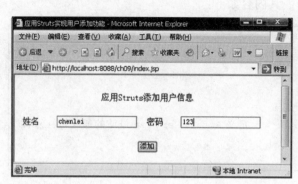

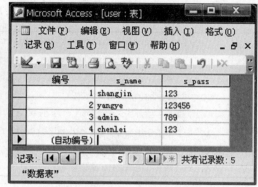

图 9 – 16　程序运行结果　　　　　　　　图 9 – 17　结果显示

9.3　Struts 的工作流程

9.3.1　Struts 的工作流程

对于采用 Struts 框架的 Web 程序，在 Web 应用程序启动时就会自动加载并初始化 Action Servlet，Action Servlet 从 struts – config. xml 文件中读取配置信息，然后将这些信息存放到各种配置对象中，例如，Action 的映射信息存放在 Action Mapping 对象中。当 Action Servlet 接收到一个客户请求时，将执行如下流程。

（1）检索和用户请求匹配的 ActionMapping 实例，如果不存在，就返回用户请求路径无效的信息。

（2）如果 Action Form 实例不存在，就创建一个 Action Form 对象，把客户提交的表单数据保存到 ActionForm 对象中。

（3）根据配置信息决定是否需要进行表单验证。如果需要验证，就调用 Action Form 的 validate 方法。

（4）如果 Action Form 的 validate 方法返回 null 或返回一个不包含 Action Message 的 Action Errors 对象，就表示表单验证成功；如果 Action Form 的 validate 方法返回一个包含一个或多个 Action Message 的 Action Errors 对象，就表示表单验证失败，此时 Action Servlet 将直接把请求转发给包含用户提交表单的 JSP 组件，在这种情况下，不会再创建 Action 对象并调用 Action 的 execute 方法。

（5）Action Servlet 根据 Action Mapping 实例包含的映射信息决定将请求转发给哪个 Action，如果相应的 Action 实例不存在，就先创建这个实例，然后调用 Action 的 execute 方法。

（6）Action 的 execute 方法返回一个 Action Forward 对象，Action Servlet 再把客户请求转发给 Action Forward 对象指向的 JSP 组件。

（7）Action Forward 对象指向的 JSP 组件生成动态网页，返回给客户。

9.3.2　Struts 的典型配置

（1）配置 ActionServlet 拦截用户请求。ActionServlet 是核心控制器，是由 Struts 框架自动产生的，像过滤器一样会拦截所有用户的请求。但是这个过滤器必须要在 web. xml 文件中进行配置（一般情况下，struts 已经自动配置）。其内容如下：

```
1  < servlet - name >action < /servlet - name >  - -ActionServlet 的名字对应实例对应的类
2  < servlet - class >org.apache.struts.action.ActionServlet < /servlet - class >
3  ⋮
4  < servlet - mapping >
5  < servlet - name >action < /servlet - name >
6  < url - pattern > * .do < /url - pattern >  - -定义 ActionServlet 过滤的通配符,必须以
   do 结尾
7  < /servlet - mapping >
```

（2）配置 ActionForm 接受用户输入的数据。ActionForm 是一个非常简单的 JavaBean。在 ActionForm 里面有许多 get 和 set 方法，其目的就是为了封装从用户输入的数据。因此 ActionForm 通常与表单页面对应，每个表单对应一个 ActionForm。表单中的输入项对应 ActionForm 的一个属性。Struts 要求 ActionForm 必须要继承自 org. apache. struts. action. ActionForm 基类。同时，必须保证 ActionForm 中的属性名与表单中的元素名一致。

所有的 ActionForm 必须要在 Struts - config. xml 中进行配置，内容如下：

```
1  < form - beans >
2  < form - bean name = "loginActionForm" type = "org.shangjin.struts.loginForm" />
3  ⋮
4  < /form - beans >
```

（3）Action 的创建与配置。Action 是系统的业务控制器，用于接收从 ActionServlet 转发过来的请求，并触发 execute 方法，可以在 execute 方法里面调用模型进行数据处理。Struts 要求 Action 必须继承自 org. apache. struts. action. Action 基类。同时，所有的 Action 必须在 strts - config. xml 中进行配置，内容如下：

```
1  < action name = "loginActionForm" path = "/loginAction" scope = "request" type =
2  "org.shangjin.struts.loginAction" >
3  < forward name = "success" path = "/success.jsp" >
4  < forward name = "error" path = "/error.jsp" >
```

注意：
- name 并不是 Action 本身的名称，而是与之关联的 ActionForm 的名称。
- path 是非常重要的属性。ActionServlet 将用户的请求转发给与之同名的 Action。
- type 是指明 Action 的类名。
- forward 表示将 Action 的转发映射到实际的 JSP 页面，在实际编程时应该用逻辑名进行转发。

（4）Action 的 execute 方法。ActionServlet 接收到用户的请求，通过 struts - config. xml 配置文件找到与之匹配的 Action 配置节，通过 Acton 的 name 属性找到与之对应的 ActionForm，然后把用户输入的数据填写到该 ActionForm 中去，最后把请求连同 ActionForm 转发给 Action，然后触发 Action 的 execute 方法。execute 方法会返回一个 ActionForward 实例，而 mapping. findForward（name）正好可以返回这个实例。

9.4　上机实训

1. 实训目的

（1）应用 MyEclipse 搭建 Struts 开发环境。

（2）应用 Struts 技术开发简单程序。

2. 实训内容

（1）参照本书说明，选择指定版本的 Struts，下载安装后，运行其示例程序 。

（2）试着将学生课绩管理系统的登录功能在 Struts 框架下实现，并比较 JSP 开发模式 1 和 MVC 模式下的程序的异同。

9.5　本章习题

一、选择题

1. 下列关于 JSP Model 2 优点的描述中错误的是（　　）。

    A. 降低了开发的复杂度　　　　　　　　B. 适合多人合作开发大型的 Web 项目

    C. 模型、视图和控制器各司其职，互不干涉　　D. 有利于开发中的分工

2. Struts 是 MVC 模式的具体实现，将 Model、View 和 Controller 这些概念对应到了不同的 Web 组件中，在 Struts 用来实现控制器组件的是（　　）。

    A. ActionServlet　　　　　B. ActionForm　　　　　C. JavaBean　　　　　D. 标签库

3. 在 Struts api 的基本组件包中，（　　）包控制了整个 Struts framework 运行的核心类，主要的组件都在这个包中。

    A. org. apache. struts. action　　　　　　B. org. apache. struts. actions

    C. org. apache. struts. config　　　　　　D. org. apache. struts. util

4. 在 Struts 常用的标签库中，扩展 HTML Form 的 JSP 标签库是（　　）。

    A. Struts – html. tld　　　　B. Struts – bean. tld　　　C. Struts –login. tld　　D. Struts – titles

二、填空题

1. 在改进的 JSP Model 1 模型中，由 JSP 页面与_____共同协作完成请求和响应任务。

2. 在 JSP Model 2 中，JSP 负责生成动态网页，JavaBean 负责业务逻辑，完成对数据库的操作负责流程控制，用来处理各种请求的分派。

3. 在 Struts 模式中，用户请求是通过_____来处理和转发的，这些用户请求路径和 Action 映射关系保存在 Struts 的_____文件中。

4. ActionServlet 接收到用户的"XXXXX. do"请求后，通过配置文件匹配相应的 Action，最后把请求连同 ActionForm 转发给 Action，然后触发 Action 的_____方法，完成控制操作。

三、思考题

1. 比较 JSP 开发模式 1 与 JSP 开发模式 2 的异同。

2. Struts 中实现 MVC 模式的机制是怎样的？并说明 Struts 中的模型、视图和控制器分别由哪些组件担任。

第 10 章　Spring 框架应用

【学习要点】
- Spring 的设计模式
- Spring 的控制反转原理
- Spring 实现 MVC 的机制
- MyEclipse 中的 Spring 开发
- Spring 的典型应用

10.1　Spring 简介

Spring 是一种优秀的轻量级企业应用开发框架，能够大大简化企业应用开发的复杂性。

Spring 通过控制反转（IoC）和面向切面变成（AOP）这两种核心技术，统一了对象的配置、查找和生命周期的管理，从而实现了业务层中不同基础服务的分离，简化了企业应用开发的复杂性。

10.1.1　Spring 的起源和背景

2002 年，wrox 出版了《Expert one on one J2EE design and development》一书。该书的作者是 Rod Johnson。在书中，Johnson 对传统 J2EE 架构提出深层次的思考和质疑，并提出 J2EE 的实用主义思想。

2003 年，J2EE 领域出现一个新的框架：Spring，该框架同样出自 Johnson 之手。

事实上，Spring 框架是《Expert one on one J2EE design and development》一书中思想的全面体现和完善，Spring 对实用主义 J2EE 思想进一步改造和扩充，使其发展成更开入、清晰、全面及高效的开发框架。一经推出，就得到众多开发者的拥戴。

传统 J2EE 应用的开发效率低，应用服务器厂商对各种技术的支持并没有真正统一，导致 J2EE 的应用没有真正实现 Write Once 及 Run Anywhere 的承诺。Spring 作为开源的中间件，独立于各种应用服务器，甚至无须应用服务器的支持，也能提供应用服务器的功能，如声明式事务等。

Spring 致力于 J2EE 应用的各层的解决方案，而不是仅仅专注于某一层的方案。

可以说 Spring 是企业应用开发的“一站式”选择，并贯穿表现层、业务层及持久层。

然而，Spring 并不想取代那些已有的框架，而与它们无缝地整合。

总结起来，Spring 有如下优点。

（1）低侵入式设计，代码污染极低。

（2）独立于各种应用服务器，可以真正实现 Write Once，Run Anywhere 的承诺。

（3）Spring 的 DI 机制降低了业务对象替换的复杂性。

（4）Spring 并不完全依赖于 Spring，开发者可自由选用 Spring 框架的部分或全部。

10.1.2　Spring 的组成模块

Spring 是由以下几个模块组成的，这些模块提供了开发企业级应用所需要的基本功能，可以在自己的程序中选择使用需要的模块。Spring 模块组成如图 10 - 1 所示。

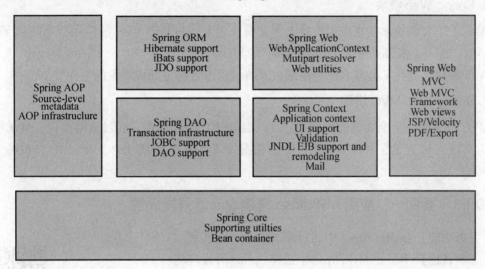

图 10 - 1　Spring 模块组成

1. Spring Core 模块

核心容器提供 Spring 框架的基本功能。核心容器的主要组件是 BeanFactory，它是工厂模式的实现。BeanFactory 使用控制反转（IoC）模式将应用程序的配置和依赖性规范与实际的应用程序代码分开。

2. Spring Context 模块

Spring 上下文是一个配置文件，向 Spring 框架提供上下文信息。Spring 上下文包括企业服务，如 JNDI、EJB、电子邮件、国际化、校验和调度功能。

3. Spring AOP 模块

通过配置管理特性，Spring AOP 模块直接将面向方面的编程功能集成到了 Spring 框架中。所以，可以很容易地使 Spring 框架管理的任何对象支持 AOP。Spring AOP 模块为基于 Spring 的应用程序中的对象提供了事务管理服务。

通过使用 Spring AOP，不用依赖 EJB 组件，就可以将声明性事务管理集成到应用程序中。

4. Spring DAO 模块

JDBC DAO 抽象层提供了有意义的异常层次结构，可用该结构来管理异常处理和不同数据库供应商抛出的错误消息。异常层次结构简化了错误处理，并且极大地降低了需要编写的异常代码数量（如打开和关闭连接）。Spring DAO 的面向 JDBC 的异常遵从通用的 DAO 异常层次结构。

5. Spring ORM 模块

Spring 框架插入了若干个 ORM 框架，从而提供了 ORM 的对象关系工具，其中包括 JDO、Hibernate 和 iBatis SQL Map。所有这些都遵从 Spring 的通用事务和 DAO 异常层次结构。

6. Spring Web 模块

Web 上下文模块建立在应用程序上下文模块之上，为基于 Web 的应用程序提供了上下文。所以，Spring 框架支持与 Jakarta Struts 的集成。

Web 模块还简化了处理多部分请求以及将请求参数绑定到域对象的工作。

7. Spring Web MVC 模块

MVC 框架是一个全功能的构建 Web 应用程序的 MVC 实现。通过策略接口，MVC 框架变成为高度可配置的，MVC 容纳了大量视图技术，其中包括 JSP、Velocity、Tiles、iText 和 POI。

10.1.3　案例一：应用 MyEclipse 搭建 Spring 开发环境

【案例功能】在 MyEclipse 中运行第一个 Spring 实例。

【案例目标】学习在 MyEclipse 中搭建 Spring 开发环境。

【案例要点】Spring 框架的搭建、Spring 实例的开发步骤。

【案例步骤】

（1）创建第 10 章源码文件夹 ch10。

（2）为项目添加 Spring 属性，如图 10 - 2 ~ 图 10 - 4 所示。

案例视频扫一扫

添加 Spring 属性后，在 MyEclipse 工程中会出现 Spring 相关资源包，在 src 中会增加配置文件 application - Context. xml。

（3）在 ch10 中编写 JavaBean 源代码文件 ShowMessage. java。

图 10 - 2　选择 Add Spring Capabilities 命令

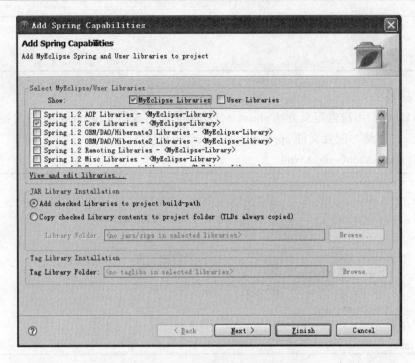

图 10-3　Add Spring Capabilities 对话框 1

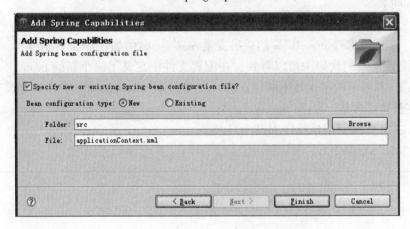

图 10-4　Add Spring Capabilities 对话框 2

【源码】ShowMessage. java

```
1   package ch010;
2   public class ShowMessage {
3       private String message;
4       public String getMessage(){
5           return message;
6       }
7       public void setMessage(String message){
8           this.message = message;
9       }
10      public void show(){
```

```
11        System.out.print(" - - -Message - - -" + getMessage());
12    }
13 }
```

【代码说明】

第 10 ~ 13 行：用户自定义方法 show( )，功能是输出成员变量 message 的内容。

（4）在 src 中编写配置文件 applicationContext. xml。

【源码】 applicationContext. xml

```
1  <? xml version = "1.0" encoding = "UTF - 8"? >
2  <! DOCTYPE beans PUBLIC " - //SPRING//DTD BEAN//EN"
3  "http://www. springframework. org/dtd/spring - beans.dtd" >
4  <beans >
5     <bean id = "myBean" class = "ch010.ShowMessage" >
6         <property name = "message" >
7             <value >Hello Spring! < /value >
8         < /property >
9     < /bean >
10 < /beans >
```

【代码说明】

• 第 5 行：定义了 ShowMessage 类的实例化对象 myBean。

• 第 6 ~ 8 行：将对象 myBean 的成员变量 message 赋值为 "Hello Spring!"。

从以上配置文件的代码中可以看到，在配置文件中定义了一个新的 bean，设置 id 的值为 "myBean"，其对应的类就是刚刚建立的 ch10 包下的 ShowMessage 类。这个类有一个属性 message 需要被传递参数 "Hello Spring!"。

（5）在 ch10 中编写测试程序 MyTest. java。

【源码】 MyTest. java

```
1  package ch9;
2  import org.springframework.context.ApplicationContext;
3  import org.springframework.context.support.FileSystemXmlApplicationContext;
4  public class MyTest {
5     public static void main(String[] args){
6         ApplicationContext ctx = new FileSystemXmlApplicationContext(
7             "src/applicationContext.xml");
8         ShowMessage sm = (ShowMessage)ctx.getBean("myBean");
9         sm.show();
10    }
11 }
```

【代码说明】

- 第 2 ~ 3 行：导入相关类。
- 第 6 ~ 7 行：获取 Spring 的上下文环境。
- 第 8 行：从上下文环境获取 myBean。
- 第 9 行：调用 ShowMessage 的 show 方法输出消息。

（6）运行测试程序结果如图 10 - 5 所示。

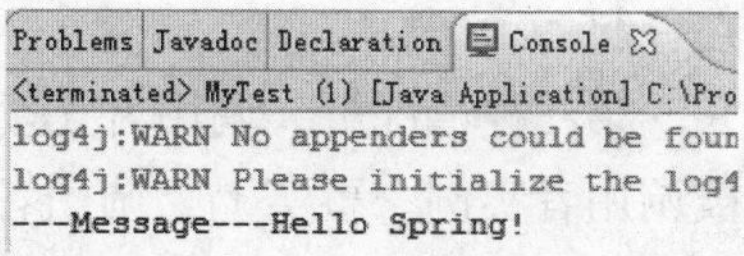

图 10 - 5　MyTest 运行结果

10.2　Spring 的控制反转

Spring 框架本身提供了很多功能，这些功能之所以能组合成为一个整体，就是因为使用了控制反转技术（Inversion of Control，IoC）。控制反转是 Spring 的核心技术之一，其实质就是由容器控制程序之间的关系，而不是在程序中直接使用代码控制。控制权由程序代码转移到外部容器，控制权的转移就是所谓的反转。由于程序组件之间的依赖关系是由容器控制的，在程序运行期间，由容器动态地将依赖关系注入组件之中，因此控制反转还有一种称呼叫依赖注入（Dependency Injection，DI）。

10.2.1　理解反转控制

控制反转是 Spring 的核心技术之一，在任何 Java 应用系统中，要实现具体的业务逻辑，都需要很多 Java 类的协同工作才能完成。程序运行期间，每个 Java 对象必须在得到所需调用的对象之后才能继续运行，这种对象之间的关系就是依赖。在传统的应用系统中，这种依赖关系是通过在代码中调用其他类来完成的，这样就增加了耦合度，从而给系统带来种种隐患；而在 IoC 中，对象之间的依赖关系在统一的配置文件中进行描述，不会在程序中用代码直接调用其他类的对象。在程序运行期间，IoC 容器负责把对象之间的依赖关系注入，使各个对象之间协同工作，从而实现系统的功能。

不管是依赖注入，还是控制反转，都说明 Spring 采用动态、灵活的方式来管理各种对象。对象与对象之间的具体实现互相透明。在理解依赖注入之前，看如下这个问题在各种社会形态里如何解决：一个人（Java 实例，调用者）需要一把斧子（Java 实例，被调用者）。

原始社会里，几乎没有社会分工。需要斧子的人（调用者）只能自己去磨一把斧子（被调用者）。对应的情形为：Java 程序里的调用者自己创建被调用者。

进入工业社会，工厂出现。斧子不再由普通人完成，而在工厂里被生产出来，此时需要斧子的人（调用者）找到工厂，购买斧子，无须关心斧子的制造过程。对应 Java 程序的简单工厂的设计模式。

进入"按需分配"社会，需要斧子的人不需要找到工厂，坐在家里发出一个简单指令：需要斧子。斧子就自然出现在他面前。对应 Spring 的依赖注入。

第一种情况下，Java 实例的调用者创建被调用的 Java 实例，必然要求被调用的 Java 类出现在调用者的代码里。无法实现二者之间的松耦合。

第二种情况下，调用者无须关心被调用者具体实现过程，只需要找到符合某种标准（接口）的实例，即可使用。此时调用的代码面向接口编程，可以让调用者和被调用者解耦，这也是工厂模式大量使用的原因。但调用者需要自己定位工厂，调用者与特定工厂耦合在一起。

　　第三种情况下，调用者无须自己定位工厂，程序运行到需要被调用者时，系统自动提供被调用者实例。事实上，调用者和被调用者都处于 Spring 的管理下，二者之间的依赖关系由 Spring 提供。

　　所谓依赖注入，是指程序运行过程中，如果需要调用另一个对象协助时，无须在代码中创建被调用者，而是依赖于外部的注入。Spring 的依赖注入对调用者和被调用者几乎没有任何要求，完全支持对 JavaBeans 之间依赖关系的管理。

10.2.2　Spring 中注入依赖的方法

　　Spring 中对象之间的依赖是由容器控制的，在程序运行期间，容器会根据配置文件的内容把对象之间的依赖关系注入组件中，从而实现对象之间的协同工作。在 Spring 中，注入对象之间依赖关系的方式有赋值注入和构造器注入。

1. 赋值注入

　　在 JavaBean 的规范中，可以使用属性对应的 getter 和 setter 方法来获得和设置 Bean 的属性值，这种方法在 JavaBean 中已经被大量使用。同样，在 Spring 中，每个对象在配置文件中都是以 < bean > 的形式出现的，而子元素 < property > 则指明了使用 JavaBean 的 setter 方法来注入值。在 < property > 中可以定义要配置的属性及要注入的值，可以给属性注入任何类型的值，可以是基本的 Java 数据类型，也可以是其他的 Bean 对象。

2. 构造器注入

　　在使用赋值注入方式时，可以通过 < property > 元素注入属性的值。构造器注入的方法与这基本类似，不同之处在于，使用构造器注入的时候，是通过 < bean > 元素的子元素 < constructor – arg > 来制定实例化 Bean 的时候需要注入的参数，同时在 Bean 中需要提供对应的构造器，而不是提供属性的 setter 和 getter 方法。

10.2.3　案例二：使用赋值注入依赖存取学生信息

【案例功能】存取学生信息。
【案例目标】掌握赋值注入对象之间依赖关系的方法。
【案例要点】JavaBean 对象属性的注入、集合类型属性的注入。
【案例步骤】
（1）在 ch10 目录下编写 School. java 作为 Student 类的一个成员属性。
【源码】School. java

案例视频扫一扫

```
1   package ch10;
2   public class School {
3       private long id;
4       private String name;
5       public long getId() {
6           return id;
7       }
8       public void setId(long id) {
```

```
9          this.id = id;
10     }
11     public String getName(){
12         return name;
13     }
14     public void setName(String name){
15         this.name = name;
16     }
17   }
```

（2）在 ch10 目录下编写 JavaBean：Student. java。

【源码】Student. java

```
1    package ch010;
2    import java.util.List;
3    public class Student {
4        private long id;
5        private String name;
6        private List courses;
7        private School school;
8        public List getCourses(){
9            return courses;
10       }
11       public void setCourses(List courses){
12           this.courses = courses;
13       }
14       public long getId(){
15           return id;
16       }
17       public void setId(long id){
18           this.id = id;
19       }
20       public String getName(){
21           return name;
22       }
23       public void setName(String name){
24           this.name = name;
25       }
26       public School getSchool(){
27           return school;
28       }
29       public void setSchool(School school){
30           this.school = school;
31       }
32       public void printInfo(){
33           System.out.println("下面是 Student 的详细信息:");
```

```
34        System.out.println("ID:" + this.id);
35        System.out.println("Name:" + this.name);
36        System.out.println("School:" + this.school.getName());
37        System.out.print("Courses:");
38        for(int i = 0; i < this.courses.size(); i + +){
39            System.out.print(courses.get(i) + " ");
40        }
41    }
42 }
```

（3）在 src 中编写配置文件 applicationContext. xml。

【源码】applicationContext. xml

```
1  <? xml version = "1.0" encoding = "UTF - 8"? >
2  <! DOCTYPE beans PUBLIC " - //SPRING//DTD BEAN//EN"
3  "http://www.springframework.org/dtd/spring - beans.dtd" >
4      .....
5      < bean id = "school" class = "ch09.School" >
6          < property name = "id" > < value >10006 < /value > < /property >
7      < property name = "name" > < value >CAP < /value > < /property >
8      < /bean >
9      < bean id = "student" class = "ch09.Student" >
10         < property name = "id" > < value >101 < /value > < /property >
11         < property name = "name" > < value >George < /value > < /property >
12         < property name = "school" > < ref bean = "school"/> < /property >
13         < property name = "courses" >
14             < list >
15                 < value >高等数学 < /value >
16                 < value >数据结构 < /value >
17                 < value >Java 程序设计 < /value >
18                 < value >JSP 设计与开发 < /value >
19             < /list >
20         < /property >
21     < /bean >
22 < /beans >
```

【代码说明】

● 第 5 ~ 8 行：对 School 这个 Bean 进行属性的注入，其中 < bean > 标签是 Spring 中用来描述 JavaBean 的标签，这个标签的 id 属性指明了这个 JavaBean 的 id，在其他的 JavaBean 中可以通过这个 id 访问这个 JavaBean，class 属性指明了这个 JavaBean 对应的具体的包路径。

● 第 12 行：在 Student 这个 JavaBean 中，school 属性的类型是 School 类对象，所以在 < property > 标签中不能使用 < value > 标签注入属性，需要使用 < ref > 标签来引用 JavaBean。< ref > 标签的 bean 属性指明了要引用 JavaBean 的 id，设置需要引用的是 id 为 school 的 JavaBean，这个 JavaBean 是在配置文件中已经成功配置的，可以直接引用。在需要调用 Student 这个 JavaBean 的时候,Spring 会把 school 这个 JavaBean 注入 Student 中,从而实现对象之间依赖关系的注入。

● 第 13 ～ 20 行:在 Student 这个 JavaBean 中, courses 属性的类型是 List,这就需要在 < property >标签中使用 < list >标签,指明这个属性的类型是 List 的集合类型。 < list >中的元素可以是 < value >或者是 < ref >,还可以是其他 < list >,其中集合中的元素可以是基本类型或者是 JavaBean。 Spring 支持的集合类型有 list、map、set 和 props。

(4)在 ch10 中编写测试程序 StudentTest. java。

【源码】StudentTest. java

```
1  package ch10;
2  import org.springframework.beans.factory.BeanFactory;
3  import org.springframework.beans.factory.xml.XmlBeanFactory;
4  import org.springframework.core.io.ClassPathResource;
5  public class StudentTest {
6      public static void main(String[] args){
7          ClassPathResource resource = new ClassPathResource(
8                  "applicationContext.xml");
9          BeanFactory factory = new XmlBeanFactory(resource);
10         Student student = (Student)factory.getBean("student");
11         student.printInfo();
12     }
13 }
```

【代码说明】
● 第 7 ~ 8 行:把 applicationContext. xml 配置文件加载到内存中。
● 第 9 行:从配置文件中读取 bean 的配置信息。
● 第 10 行:从 BeanFactory 中取出 Student 类对象, 从 BeanFactory 中获取 bean 的时候,是根据配置文件的"id"获取的, 取出来的对象都是 Object 类型, 需要通过强制类型转化成需要的类型。

(5) 运行测试程序结果如图 10 - 6 所示。

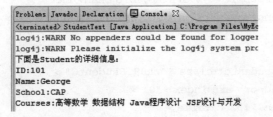

图 10 - 6　StudentTest 运行结果

10.2.3　案例三: 使用构造器注入依赖存取学生信息

【案例功能】存取学生信息。

【案例目标】掌握构造器注入对象之间依赖关系的方法。

【案例要点】使用 < constructor – arg > 标签进行构造器注入依赖。

【案例步骤】

（1）在 ch10 目录下编写 JavaBean：StudentC. java。

【源码】StudentC. java

```
1  package ch10;
2  import java.util.List;
3  public class StudentC {
4      private long id;
5      private String name;
6      private List courses;
7      private School school;
8      public StudentC(long id, String name, List courses, School school){
9          this.id = id;
10         this.name = name;
11         this.courses = courses;
12         this.school = school;
13     }
14     public void printInfo(){
15         System.out.println("下面是 Student 的详细信息:");
16         System.out.println("ID:" + this.id);
17         System.out.println("Name:" + this.name);
18         System.out.println("School:" + this.school.getName());
19         System.out.print("Courses:");
20         for(int i = 0; i < this.courses.size(); i + +){
21             System.out.print(courses.get(i) + " ");
22         }
23     }
24 }
```

（2）在 src 中编写配置文件 applicationContext. xml。

【源码】applicationContext. xml

```
1  <? xml version = "1.0" encoding = "UTF – 8"?  >
2  <! DOCTYPE beans PUBLIC " – //SPRING//DTD BEAN//EN"
3  "http://www.springframework.org/dtd/spring – beans.dtd" >
4  < beans >
5      .....
6      < bean id = "studentc" class = "ch09.StudentC" >
7          < constructor – arg index = "0" >
8              < value >102 < /value >
9          < /constructor – arg >
10         < constructor – arg index = "1" >
11             < value >Mike < /value >
12         < /constructor – arg >
13         < constructor – arg index = "2" >
```

```
14            <list>
15                <value>高等数学</value>
16                <value>数据结构</value>
17                <value>Java 程序设计</value>
18                <value>JSP 设计与开发</value>
19            </list>
20        </constructor-arg>
21        <constructor-arg index="3">
22            <ref bean="school"/>
23        </constructor-arg>
24    </bean>
25 </beans>
```

【代码说明】

第 7 ~ 23 行：通过构造器注入依赖与赋值方法注入依赖非常类似，不同之处在于通过构造器注入依赖的时候需要使用 < constructor – arg > 标签而不是 < property > 标签，当构造器有多个参数的时候，需要在 < constructor – arg > 中用 index 属性表明参数的顺序，index 的起始值是 0，Spring 会根据 index 的值把对应的值传递给对应的参数。

测试程序与案例二类似，不再赘述。

10.2.4　两种注入方式的对比

1. 赋值注入的优点

（1）与传统的 JavaBean 的写法更相似，程序员更容易理解、接受，通过 setter 方式设定依赖关系显得更加直观、明显。

（2）对于复杂的依赖关系，如果采用构造注入，会导致构造器过于臃肿，难以阅读。Spring 在创建 Bean 实例时，需要同时实例化其依赖的全部实例，因而导致系统性能下降。而可以使用赋值注入，则可以避免这些问题。

（3）尤其在某些属性可选的情况下，多参数的构造器更加笨拙。

2. 构造注入的优点

（1）构造注入可以再构造器中决定依赖关系的注入顺序，优先依赖的优先注入。

（2）对于依赖关系无须变化的 Bean，构造注入更有用处；因为没有 setter 方法，所有的依赖关系全部在构造器内设定，因此，不用担心后续代码对依赖关系的破坏。

（3）依赖关系只能在构造器中设定，则只有组件的创建者才能改变组件的依赖关系。对组件的调用者而言，组件内部的依赖关系完全透明，更符合高内聚的原则。

10. 3　在 Spring 中实现 MVC

在 Spring 中可以非常方便地与其他 MVC 框架集成，如 Struts、WebWork 等都可以集成在 Spring 中，而且在 Spring 中也实现了自身的 MVC 框架。在 Spring 的 MVC 框架中，可以透明地将 Web 参数绑定到业务对象中，同时，在 Spring 中还可以使用现存的多种视图技术，Spring 解决了传统 MVC 框架中的不足。

10.3.1　Spring 中 MVC 的实现原理

在 Spring MVC 中，通过 DispatcherServlet 接收用户的请求，接收到用户的请求后，就会在配置文件中查询 HandlerMapping，HandlerMapping 负责把 URL 映射到控制器中，当 DispatcherServlet 在 HandlerMapping 中查询到控制器对象之后，就会把这个用户请求分派给这个控制器，控制器根据用户的请求执行不同的业务逻辑。当控制器完成业务逻辑以后，会返回一个 ModelAndView 对象，然后由 DispatcherServlet 把这个返回的 ModelAndView 对象分派给 ViewResolver 对象，ViewResolver 对象负责解析 ModelAndView 对象，把解析的视图结果返回给用户。到这里为止，Spring 完成了一次用户的请求。Spring 中 MVC 的实现原理如图 10 – 7 所示。

简单地说，在 Spring MVC 中，处理用户请求的基本流程如下。

（1）编写请求的控制器。

（2）在 DispatcherServlet 的上下文配置文件中把用户请求映射到控制器中。

（3）通过视图解析器解析控制器返回的视图对象，从而把结果展示给用户。

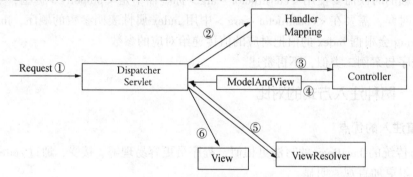

图 10 – 7　Spring 中 MVC 的实现原理

10.3.2　案例四：在 Spring 中实现简单 MVC

【案例功能】实现页面信息输出。

【案例目标】掌握在 Spring 框架下实现 MVC 的流程。

【案例要点】使用 DispatcherServlet 配置文件把用户请求映射到控制器，并配置视图解析器把结果展示给用户。

案例视频扫一扫

【案例步骤】

（1）在 web. xml 中配置 DispatcherServlet。

【源码】web. xml

```
1    ⋮
2    < servlet >
3      < servlet – name >springMVC < /servlet – name >
4      < servlet – class >
5        org.springframework.web.servlet.DispatcherServlet
6      < /servlet – class >
7    < /servlet >
```

```
8      :
9          < servlet – mapping >
10             < servlet – name > springMVC < /servlet – name >
11             < url – pattern > * . do < /url – pattern >
12          < /servlet – mapping >
13      :
```

【代码说明】

第 2 ~ 12 行：配置了一个名为 springMVC 的 DispatcherServlet，并且把所有 *. do 后缀的请求都映射到这个 Servlet 中（用户可以选择任何后缀）。这样当 URL 是后缀名为 *. do 的请求时，就会通过一个名为 "springMVC – servlet. xml" （在 Spring 中，这个配置文件的默认名称就是 "DispatcherServlet 的名称 – servlet. xml"，需要在 WEB – INF 目录中创建）的配置文件将客户请求映射到控制器。

（2）在 ch10 目录下编写请求控制器 IndexController. java。

【源码】 IndexController. java

```
1   package ch10;
2   import javax. servlet. http. HttpServletRequest;
3   import javax. servlet. http. HttpServletResponse;
4   import org. springframework. web. servlet. ModelAndView;
5   import org. springframework. web. servlet. mvc. Controller;
6   public class IndexController implements Controller
7   {
8       private String message;
9       public String getMessage()
10      {
11          return message;
12      }
13      public void setMessage(String message)
14      {
15          this. message = message;
16      }
17      public ModelAndView handleRequest(HttpServletRequest arg0,
18              HttpServletResponse arg1)throws Exception
19      {
20          return new ModelAndView("index", "output", message);
21      }
22  }
```

【代码说明】

第 17 ~ 21 行：在上面这个控制器中，接收用户的请求，然后返回一个 ModelAndView 对象，在 Spring 中 ModelAndView 对象保存了视图的相关信息，通过合适的视图解析器就可以从中取出结果，然后展示给用户。在这个控制器中，返回了一个名称为 "index" 的 ModelAndView 对象，在这个对象中有一个名为 "output" 的属性，这个属性的值就是 message 属性的值。

（3）在 WEB – INF 中创建配置文件 springMVC – servlet. xml。

```
1    <? xml version = "1.0" encoding = "UTF-8"?>
2    <! DOCTYPE beans PUBLIC "-//SPRING//DTD BEAN//EN"
3    "http://www.springframework.org/dtd/spring-beans.dtd">
4    <beans>
5    <bean name = "/index.do" class = "ch09.IndexController">
6        <property name = "message">
7            <value>Hello Spring MVC! </value>
8        </property>
9    </bean>
10   <bean id = "viewResolver"
11   class = "org.springframework.web.servlet.view.InternalResourceViewResolver">
12       <property name = "prefix">
13           <value>/</value>
14       </property>
15       <property name = "suffix">
16           <value>.jsp</value>
17       </property>
18   </bean>
19   </beans>
20
```

【代码说明】

● 第 6～10 行：这个 bean 配置把 "/index.do" 这个 URL 映射到 IndexController 控制器中，其中 <property> 标签指定待注入的属性 message，<value> 标签指定注入 message 的值为 Hello Spring MVC 字符串。

● 第 11～19 行：在前面的 IndexController 控制器的代码中可以看到，这个控制器会把处理的结果用 ModelAndView 对象的形式返回，这样的对象当然不可能直接显示在页面提供给用户，只有通过特殊的视图解析器，从这个 ModelAndView 对象中提取出相关信息，然后再把这些信息展示给用户。id 为 "viewResolver" 的 bean 就是一个视图解析器，本例中的这个 org.springframework.web.servlet.view.InternalResourceViewResolver 视图解析器是最简单的一种。当 InternalResourceViewResolver 被请求解析一个视图的时候，会在得到的视图名称前面添加前缀 "/"（表示项目根目录）和后缀 ".jsp"。因此需要在相应目录下准备对应的 jsp 模板文件，InternalResourceViewResolver 会把解析出来的信息填充到这个 jsp 模板中，本例通过 IndexController 控制器传递 output 属性到/index.jsp 模板文件中。

（4）在 WebRoot 中创建 index.jsp 模板文件。

```
1    <%@ page language = "java" contentType = "text/html; charset = ISO-8859-1"
2        pageEncoding = "GB2312"%>
3    <! DOCTYPE html PUBLIC "-//W3C//DTD HTML 4.01 Transitional//EN"
4    "http://www.w3.org/TR/html4/loose.dtd">
5    <html>
6        <head>
7            <title>Spring MVC--index</title>
8        </head>
```

```
9      < body >
10        ${output}
11     < /body >
12   < /html >
```

【代码说明】

第 10 行：output 属性是在 IndexController 中返回的 ModelAndView 对象中对应的属性，视图解析器会把 ModelAndView 中这个属性的值取出，填充到这个 jsp 模板中，从而可以把这个处理结果显示给用户。

（5）部署并启动 Tomcat 服务器后，在浏览器地址栏输入 "http://localhost：8080/JSP-Class/index.do"，运行结果如图 10－8 所示。

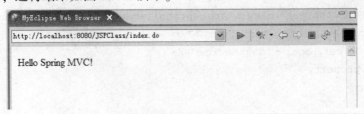

图 10－8　Spring MVC 简单案例程序运行结果

10.4　Spring 中的数据库操作

数据库操作是 Spring 独具特色的地方，在 Spring 的数据库操作中，不用再担心数据库资源释放的问题，Spring 中提供了常用的数据库操作模板，用户可以专注于书写自己的数据库操作业务代码，而不再过多考虑数据库链接的取得与释放。

10.4.1　在 Spring 中配置数据源

在对数据库进行操作的时候，首先需要取得一个 Connection 对象，即需要首先取得与数据库的链接。在 Spring 中，是从 DataSource 中获得 Connection 对象的，通过下面的配置文件就完成了对数据源 DataSource 的配置。

【源码】 /WEB－INF/applicationContext. xml

```
1    <? xml version = "1.0" encoding = "UTF－8"? >
2    < beans xmlns = "http://www. springframework. org/schema/beans"
3        xmlns:xsi = "http://www. w3. org/2001/XMLSchema－instance"
4        xsi:schemaLocation = "http://www. springframework. org/schema/beans
5    http://www. springframework. org/schema/beans/spring－beans－2.0. xsd" >
6        ⋮
7        <! －－配置数据源－－>
8        < bean id = "dataSource"
9    class = "org. springframework. jdbc. datasource. DrivermanagerDataSource" >
10       < property name = "driverClassName" >
11           < value >com. microsoft. sqlserver. jdbc. SQLServerDriver < /value >
```

```
12          < /property >
13          < property name = "url" >
14
15          <value >jdbc:sqlserver://127.0.0.1:1433; DatabaseName =ClassDB < /value >
16          < /property >
17          < property name = "username" >
18              <value >数据库登录名 < /value >
19          < /property >
20          < property name = "password" >
21              < value >数据库登录密码 < /value >
22          < /property >
23      < /bean >
24      < bean id = "dbTest" cass = "org.springframework.jdbc.core.JdbcTemplate" >
25          < property name = "dataSource" >
26              < ref local = "dataSource" />
27          < /property >
28      < /bean >
29  < /beans >
```

在上面这个配置文件中，配置了一个 id 为 "dataSource" 的数据源，在这里使用的是 Spring 自身提供的 DriverManagerDataSource 来创建一个新的 DataSource，其他的配置信息和一般的数据源配置并没有什么区别。当 Spring 加载这个配置文件之后，就能创建一个新的 DataSource。

10.4.2　使用 JdbcTemplate 进行数据库的 CRUD 操作

虽然 Spring 可以很好地和其他 ORM 工具整合（如 Hibernate、Entity EJB、iBATIS 等），但是普通的 JDBC 操作还是大部分开发人员的首选，所以，在 Spring 中提供了很好的 JDBC 支持，Spring 中的 JDBC 框架承担了资源管理和错误处理的任务，从而使数据库操作的代码非常简洁。Spring 的这些功能可以用 JdbcTemplate 类来完成，可以用下面的代码创建 Jdbc-Template 对象。

```
1   ServletContext servletContext = request.getSession().getServletContext();
2   ApplicationContext ctx =
3   WebApplicationContextUtils.getWebApplicationContext(servletContext);
4   JdbcTemplate template =(JdbcTemplate)ctx.getBean("dbTest");
```

【代码说明】
第 1 ~ 4 行：获取默认路径（/WEB – INF/applicationContext. xml）下的配置文件 applicationContext. xml，根据配置文件中的 id 为 "dbTest" 的 bean 标签，获得在配置文件中注入的 DataSource 实例，进而创建所需的 JdbcTemplate 对象。

创建好 JdbcTemplate 对象后就可以调用其中的方法对数据库进行 CRUD（Create、Retrieve、Update、Delete，即对数据库的增、删、改、查）操作了。在设计中，一般都将对数据库的 CRUD 操作封装在 DAO（Data Access Object）对象中。

下面的代码是使用 JdbcTemplate 对象向 ClassDB 数据库中的 courses 表插入数据。

```
1   public void add( String name, int mark, String dep,
2           HttpServletRequest request )throws Exception {
3   String sql = "insert into courses(name,mark,dep)
4   values('" + name + "','" + mark + "','" + dep + "')";
5   ServletContext servletContext = request.getSession().getServletContext();
6   ApplicationContext ctx =
7   WebApplicationContextUtils.getWebApplicationContext(servletContext);
8   JdbcTemplate template = (JdbcTemplate)ctx.getBean("dbTest");
9   template.execute(sql);
10  }
```

下面的代码是使用 JdbcTemplate 对象删除 ClassDB 数据库中的 courses 表中指定数据。

```
1   public void delete( int id, HttpServletRequest request )throws Exception {
2       String sql = "delete from courses where id = ";
3       ServletContext servletContext = request.getSession().getServletContext();
4       ApplicationContext ctx =
5   WebApplicationContextUtils.getWebApplicationContext(servletContext);
6       JdbcTemplate template = (JdbcTemplate)ctx.getBean("dbTest");
7       template.execute(sql + id);
8       }
```

下面的代码是使用 JdbcTemplate 对象修改 ClassDB 数据库中的 courses 表中指定数据。

```
1   public void update( int id, String name, int mark, String dep,
2           HttpServletRequest request )throws Exception {
3   ServletContext servletContext = request.getSession().getServletContext();
4   ApplicationContext ctx =
5   WebApplicationContextUtils.getWebApplicationContext(servletContext );
6   JdbcTemplate template = (JdbcTemplate)ctx.getBean("dbTest");
7   String sql = "update courses set name = ?, mark = ?,dep = ? where id = ?";
8   template.update(sql,new Object[]{name, mark, dep,id});
9   }
```

下面的代码是使用 JdbcTemplate 对象罗列出 ClassDB 数据库中的 courses 表中所有数据。

```
1   public List listAllCourses(HttpServletRequest request)throws Exception {
2   ServletContext servletContext = request.getSession().getServletContext();
3   ApplicationContext ctx =
4   WebApplicationContextUtils.getWebApplicationContext(servletContext );
5       JdbcTemplate template = (JdbcTemplate)ctx.getBean("dbTest");
6       final List < CourseInfo > list = new ArrayList < CourseInfo >();
7       template.query("select * from courses",new RowCallbackHandler(){
8           public void processRow(ResultSet rs)throws SQLException{
9               CourseInfo courseInfo = new CourseInfo();
10              courseInfo.setId(rs.getInt("id"));
11              courseInfo.setName(rs.getString("name"));
12              courseInfo.setMark(rs.getInt("mark"));
13              courseInfo.setDep(rs.getString("dep"));
```

```
14          list.add(courseInfo);
15      }
16   });
17       return list;
18   }
```

【代码说明】

第 7~16 行：实现了一个 RowCallbackHandler 接口的匿名类，被实现的 processRow 方法，可以将 "select * from courses" 语句查询出的每条数据库记录转化为具体的 JavaBean 对象 courseInfo，并添加到 List 对象中。

下面的代码是使用 JdbcTemplate 对象按课程代码查出 ClassDB 数据库中的 courses 表内数据。

```
1   public CourseInfo findById(int id, HttpServletRequest request)
2           throws Exception {
3   ServletContext servletContext = request.getSession().getServletContext();
4   ApplicationContext ctx =
5   WebApplicationContextUtils.getWebApplicationContext(servletContext);
6       JdbcTemplate template = (JdbcTemplate)ctx.getBean("dbTest");
7       final CourseInfo courseinfo = new CourseInfo();
8       String sql = "select * from courses where id = ?";
9       final Object[] params = new Object[]{id};
10      template.query(sql, params, new RowCallbackHandler(){
11          public void processRow(ResultSet rs)throws SQLException{
12              CourseInfo courseInfo = new CourseInfo();
13              courseInfo.setId(rs.getInt("id"));
14              courseInfo.setName(rs.getString("name"));
15              courseInfo.setMark(rs.getInt("mark"));
16              courseInfo.setDep(rs.getString("dep"));
17          }
18      });
19      return userinfo;
20   }
```

下面的代码是使用 JdbcTemplate 对象按课程名称查出 ClassDB 数据库中的 courses 表内数据。

```
1   public List findByName(String name, HttpServletRequest request)
2           throws Exception {
3   ServletContext servletContext = request.getSession().getServletContext();
4   ApplicationContext ctx =
5   WebApplicationContextUtils.getWebApplicationContext(servletContext);
6       JdbcTemplate template = (JdbcTemplate)ctx.getBean("dbTest");
7       final List <CourseInfo> list = new ArrayList <CourseInfo>();
8       String sql = "select * from courses where name like ?";
9       final Object[] params = new Object[] {"% " + name + "% "};
```

```
10      template.query(sql,params, new RowCallbackHandler(){
11          public void processRow(ResultSet rs)throws SQLException{
12              CourseInfo courseInfo = new CourseInfo();
13              courseInfo.setId(rs.getInt("id"));
14              courseInfo.setName(rs.getString("name"));
15              courseInfo.setMark(rs.getInt("mark"));
16              courseInfo.setDep(rs.getString("dep"));
17              list.add(courseInfo);
18          }
19      });
20          return list;
        }
```

10.4.3　案例五：应用 Spring 查看课程信息

【案例功能】罗列出课绩管理系统中所有的课程信息。

【案例目标】掌握在 Spring 框架使用 JdbcTemplate 对象进行数据库的访问。

【案例要点】在配置文件中编写数据库连接代码，DAO 类的编写。

【案例步骤】

(1) 在 web. xml 中添加 listener 标签。

【源码】web. xml

```
1   ⋮
2   < listener >
3       < listener – class >
4           org.springframework.web.context.ContextLoaderListener
5       < /listener – class >
6   < /listener >
    ⋮
```

【代码说明】

第 4 行：ContextLoaderListener 预设会读取默认路径下的 applicationContext. xml 配置文件 /WEB – INF/applicationContext. xml。

(2) 编写配置文件/WEB – INF/applicationContext. xml，参考 9.4.2 节。

(3) 编写配置文件 springMVC – servlet. xml 配置文件。

【源码】/WEB – INF/springMVC – servlet. xml

```
1   ⋮
2       < bean id = "courseinfoDao"
3           class = "com.myclover.test.dao.impl.CourseInfoDaoImpl" >
4       < /bean >
5       < bean id = "courseinfoService"
6           class = "com.myclover.test.service.impl.CourseInfoServiceImpl" >
7           < property name = "courseinfoDao" >
8               < ref bean = "courseinfoDao" />
```

```
9          < /property >
10       < /bean >
11    <! --控制层 -- >
12    <! --请求处理单元的关系映射 -- >
13    < bean id = "urlMapping"
14    class = "org.springframework.web.servlet.handler.SimpleUrlHandlerMapping" >
15       < property name = "mappings" >
16          < props >
17             <! --key 对应的是相应的 Action,value 对应的相应的处理 -- >
18             < prop key = "/listAllCourses.do" >listAllCourses < /prop >
19          < /props >
20       < /property >
21    < /bean >
22    <! --id 对应的是 urlMapping 中配置的 value 的值,逻辑单元的具体实现 -- >
23    < bean id = "listAllCourses"
24       class = "com.myclover.test.web.ListAllCoursesAction" >
25       < property name = "allCourses_view" >
26          < value >listAllCourses < /value >
27       < /property >
28       < property name = "courseinfoService" >
29          < ref bean = "courseinfoService" />
30       < /property >
31    < /bean >
32 < /beans >
```

【代码说明】

● 第 13 行：id 为"urlMapping"的 bean 是一个 SimpleUrlHandlerMapping 映射处理器。在这个 bean 的 mappings 属性中，提供了 URL 映射的列表。即将把"/listAllCourses. do"这个用户请求映射到 listAllCourses 控制器中。

● 第 23 ~ 31 行：定义 id 为"listAllCourses"的控制器 bean，将其中的 allCourses_ view 属性注入值 listAllCourses，引用的 courseinfoService 类在第 5 ~ 10 行定义。

（4）在 ch09. web 中编写控制器代码 ListAllCoursesAction. java。

【源码】 ListAllCoursesAction. java

```
1  package ch09.web;
2  import java.util.ArrayList;
3  import java.util.HashMap;
4  import java.util.List;
5  import java.util.Map;
6  import javax.servlet.http.HttpServletRequest;
7  import javax.servlet.http.HttpServletResponse;
8  import org.springframework.web.servlet.ModelAndView;
9  import org.springframework.web.servlet.mvc.Controller;
10 import ch09.service.CourseInfoService;
11 public class ListAllCoursesAction implements Controller
```

```
12  {
13      private String allCourses_view;
14      private CourseInfoService courseinfoService;
15      public String getAllCourses_view()
16      {
17          return allCourses_view;
18      }
19      public void setAllCourses_view(String allCourses_view)
20      {
21          this.allCourses_view = allCourses_view;
22      }
23      public CourseInfoService getCourseinfoService()
24      {
25          return courseinfoService;
26      }
27      public void setCourseinfoService(CourseInfoService courseinfoService)
28      {
29          this.courseinfoService = courseinfoService;
30      }
31      public ModelAndView handleRequest(HttpServletRequest request,
32              HttpServletResponse response)throws Exception
33      {
34          Map map = new HashMap();
35          List list = new ArrayList();
36          System.out.println(" = = = = = = = = = = = = = = = = = listAllCourses = =
    = = = = = = = ");
37          list = this.courseinfoService.listAllCourseInfo(request);
38          System.out.println(" = = = = = = = = = = = = = = = = = listAllCourseInfo
    = = = = = = = = = = ");
39          map.put("allCourses", list);
40          return new ModelAndView(this.allCourses_view, map);
41      }
42  }
```

【代码说明】

● 第 37 行：调用 CourseInfoService 接口的对象 CourseInfoService 中的 listAllCourseInfo（request）方法将从数据库中查询出的课程信息封装在 courseInfo 对象中并付给 list。

● 第 39 ~ 40 行：将 list 对象赋予键值 allCourses 存入 map 对象中，并作为参数通过返回的 ModelAndView 对象传递给 allCourses_ view 属性所制定的页面，allCourses_ view 属性已在配置文件 springMVC - servlet. xml 中注入了值 listAllCourses，即将把 map 对象传递给页面 listAllCourses. jsp。

（5）在 ch09. dao. bean 中编写 JavaBean。

【源码】CourseInfo. java

```
1   package ch09.bean;
2   public class CourseInfo
3   {
4       private int id;
5       private String name;
6       private int mark;
7       private String dep;
8       public String getDep()
9       {
10          return dep;
11      }
12      public void setDep(String dep)
13      {
14          this.dep = dep;
15      }
16      public int getId()
17      {
18          return id;
19      }
20      public void setId(int id)
21      {
22          this.id = id;
23      }
24      public int getMark()
25      {
26              return mark;
27      }
28      public void setMark(int mark)
29      {
30          this.mark = mark;
31      }
32      public String getName()
33      {
34              return name;
35      }
36      public void setName(String name)
37      {
38          this.name = name;
39      }
40  }
```

（6）在 ch10. dao. impl 中编写接口 CourseInfoDao 的实现类 CourseInfoDaoImpl。

【源码】CourseInfoDaoImpl. java

```
1   package ch010.dao.impl;
2   import java.sql.ResultSet;
3   import java.sql.SQLException;
4   import java.util.ArrayList;
5   import java.util.List;
6   import javax.servlet.ServletContext;
7   import javax.servlet.http.HttpServletRequest;
```

```
8    import org.springframework.context.ApplicationContext;
9    import org.springframework.jdbc.core.JdbcTemplate;
10   import org.springframework.jdbc.core.RowCallbackHandler;
11   import org.springframework.web.context.support.WebApplicationContextUtils;
12   import ch10.bean.CourseInfo;
13   import ch10.dao.CourseInfoDao;
14   public class CourseInfoDaoImpl implements CourseInfoDao {
15       HttpServletRequest request;
16       public CourseInfoDaoImpl(){
17       }
18       public CourseInfoDaoImpl(HttpServletRequest request){
19           this.request = request;
20       }
21       public List listAllCourses(HttpServletRequest request)throws Exception {
22       ServletContext servletContext = request.getSession().getServletContext();
23       ApplicationContext ctx =
24   WebApplicationContextUtils.getWebApplicationContext(servletContext );
25       JdbcTemplate template = (JdbcTemplate)ctx.getBean("dbTest");
26       final List < CourseInfo > list = new ArrayList < CourseInfo >();
27       template.query( "select * from courses",new RowCallbackHandler(){
28           public void processRow(ResultSet rs)throws SQLException{
29               CourseInfo courseInfo = new CourseInfo();
30               courseInfo.setId(rs.getInt("id"));
31               courseInfo.setName(rs.getString("name"));
32               courseInfo.setMark(rs.getInt("mark"));
33               courseInfo.setDep(rs.getString("dep"));
34               list.add(courseInfo);
35           }
36       });
37       return list;
38       }
39   }
```

（7）在 ch10. dao 中编写接口 CourseInfoDao。

【源码】CourseInfoDao. java

```
1    package ch10.dao;
2    import java.util.List;
3    import javax.servlet.http.HttpServletRequest;
4    public interface CourseInfoDao {
5    public List listAllCourses(HttpServletRequest request)throws Exception;
6    }
```

（8）在 ch10. service. impl 中编写接口 CourseInfoService 的实现类 CourseInfoServiceImpl。

【源码】CourseInfoServiceImpl. java

```
1    package ch10.service.impl;
2    import java.util.List;
```

```
3    import javax.servlet.http.HttpServletRequest;
4    import ch09.dao.CourseInfoDao;
5    import ch09.service.CourseInfoService;
6    public class CourseInfoServiceImpl implements CourseInfoService
7    {
8        HttpServletRequest request;
9        private CourseInfoDao courseinfoDao;
10       public CourseInfoServiceImpl()
11       {
12       }
13       public CourseInfoDao getCourseinfoDao()
14       {
15           return courseinfoDao;
16       }
17       public void setCourseinfoDao(CourseInfoDao courseinfoDao)
18       {
19           this.courseinfoDao = courseinfoDao;
20       }
21       public CourseInfoServiceImpl(HttpServletRequest request)
22       {
23           this.request = request;
24       }
25       public List listAllCourseInfo(HttpServletRequest request)throws Exception
26       {
27           return this.courseinfoDao.listAllCourses(request);
28       }
29   }
```

【代码说明】

第 25 ~ 28 行：调用 ch10. dao. CourseInfoDao 接口中的 listAllCourses 方法来实现接口 CourseInfoService 中的抽象方法 listAllCourseInfo。

（9）在 ch10. service 中编写接口 CourseInfoService。

【源码】 CourseInfoService. java

```
1    package ch10.service;
2    import java.util.List;
3    import javax.servlet.http.HttpServletRequest;
4    public interface CourseInfoService {
5    public List listAllCourseInfo(HttpServletRequest request)throws Exception;
6    }
```

（10）部署。

（11）启动 Tomcat 服务器后，在浏览器中输入 "URL：http://localhost：8080/JSPClass/ listAllCourses. do"，运行结果如图 10 - 9 所示。

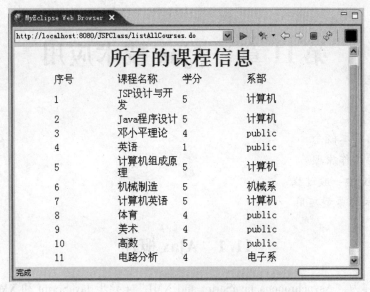

图 10 – 9 应用 Spring 查看课程信息运行结果

10.5 上机实训

1. 实训目的

（1）掌握 Spring 框架的控制反转机制。

（2）掌握 Spring 中 MVC 的实现技术。

（3）掌握 Spring 中的数据库访问技术

2. 实训内容

（1）使用 Spring 框架实现学生课绩管理系统中课程信息数据的 CRUD 操作。

（2）使用 Spring 框架实现学生课绩管理系统中学生信息数据的 CRUD 操作。

（3）使用 Spring 框架实现学生课绩管理系统中教师信息数据的 CRUD 操作。

10.6 本章习题

1. 简述 Spring 工作原理。

2. Spring 框架的特点。

3. Spring 里面如何配置数据库驱动？

4. 解释一下 Dependency Injection（DI，依赖注入）和 IoC（Inversion of control，控制反转）。

5. 如何在 web. xml 中配置 applicationContext. xml 文件（提示：listener 标签）？

第 11 章　Ajax 技术应用

【学习要点】
- Spring 的基本概念
- Spring 的工作原理
- 编写 Ajax 的一般过程
- Ajax 技术的典型应用

11.1　Ajax 概述

Ajax 的全称为"Asynchronous JavaScript and XML"（异步 JavaScript 和 XML），是指一种创建交互式网页应用的网页开发技术，在现在的 Web 应用系统中得到了广泛的应用。从本质上讲，Ajax 并不是一种全新的技术，它只是综合利用已经存在的各种技术，从而生成一种全新的应用。

11.1.1　Web 开发技术演变过程

Web 应用程序发展至今大体经历了 3 个阶段，第一个阶段使用的是简单的静态页面，第二个阶段使用的是 ASP、JSP 和 PHP 等动态脚本语言，第三个阶段是 Web 2.0 阶段，而 Ajax 就是 Web 2.0 中的核心技术。

在 Web 应用程序发展的第一个阶段中，只能使用静态的 HTML 页面来开发 Web 应用程序，这个阶段的 Web 应用程序不能与客户产生任何互动，所实现的功能仅仅是信息的展示。但是客户的需求总是不断提高的，客户希望能够与 Web 应用产生互动，从而得到自己需要的信息。这种简单的静态 Web 应用已经不能满足客户日益提高的需求。这就促使了动态脚本语言的出现，是 Web 应用程序的开发进入第二个阶段。

在 Web 应用程序开发的第二个阶段，出现了各种各样的动态脚本语言，如 JSP、ASP 和 PHP 等，开发人员可以使用这些动态的脚本语言开发出具有交互功能的 Web 应用程序。在这种 Web 应用程序中，客户可以通过表单提交自己的输入信息，服务器端的程序接收客户提交的表单以后，根据表单的内容进行处理，然后把处理结果返回给用户，这样就完成了一个简单的交互。这种 Web 应用程序的出现，大大提高了 Web 应用程序的交互性能，从而使 Web 应用程序的开发进入了一个繁荣的阶段，各种各样的 Web 应用程序都采用了这样的开发模式。但是这种开发模式并不完善，在 Web 应用中，客户段依赖于通用的浏览器软件，而 HTML 语言中用来开发用户界面的标签是有限的，从而导致了 Web 应用程序的用户界面变得非常单调，缺少类似桌面应用程序丰富的界面元素。而且在这种 Web 应用程序中，每次用户与服务器的交互都需要重新刷新页面，虽然其优势是很明显的，但是这些缺陷仍然会导致用户的不满，这就促使了 Ajax 技术的出现。

在使用 Ajax 开发的 Web 程序中，可以模拟出类似传统桌面应用程序丰富的界面元素，还可以选择局部刷新页面，从而减小了用户与服务器交互的通信量。由于 Ajax 的这些特性，在其推出的短短几年中，已经在很多 Web 应用中得到了广泛的应用。

11.1.2　什么是 Ajax

随着 Ajax 被广泛应用，现在 Ajax 所包含的范围已经非常广泛，所有的实现浏览器与服务器异步交互的技术都可以归入 Ajax 的范围，即无须刷新当前页面就可以实现与服务器的交互的技术，这种技术就是 Ajax。与 Java、JSP 等是一种单独的技术不同，Ajax 是一系列技术的集合，例如，在时下与服务器的异步通信需要用到 XML、JavaScript 和 XMLHttpRequest 等，Ajax 是这几种技术的综合体。

传统的 Web 应用程序中，每个用户的请求都会重新刷新整个页面，而采用 Ajax 以后，只需要刷新局部的页面即可。实现与服务器的异步通信，这就是 Ajax 技术的核心所在。

Ajax 作为新近流行的技术，有优势也有劣势。其优势主要体现在以下几点。

（1）Ajax 可以在静态页面上动态地调用服务器的资源，大大减少了用户的等待时间，使界面更加友好。

（2）Ajax 允许用户的操作与服务器的操作异步进行，在服务器响应用户操作的同时，用户可以执行其他操作。

（3）Ajax 允许一些常规操作在客户端进行，有利于减轻服务器的负担。

（4）使用 Ajax 技术，不必更新全部网页，只需要更新需要更新的内容或部分页面。大大减少了用户的等待时间，使界面更加友好。

Ajax 的劣势主要体现在以下几点。

（1）由于 Ajax 是在客户端执行的，所以在编程时必须考虑客户可能用到的所有浏览器的类型。

（2）由于 Ajax 需要在客户端执行一些操作，所以会在客户端占用更多的资源。

（3）由于 Ajax 的脚本语言是直接存放在页面的 HTML 中的，所以不利于项目代码的保密。

（4）由于 Ajax 可以不刷新页面就更新数据，通常会导致浏览器的"后退"功能失效。

Ajax 不需要任何浏览器插件，但需要用户允许 JavaScript 在浏览器上执行。就像 DHTML 应用程序那样，Ajax 应用程序必须在众多不同的浏览器和平台上经过严格的测试。同时，一些手持设备（如手机、PDA 等）现在还不能很好地支持 Ajax。

Ajax 的无刷新技术被认为是 Web 技术上的一大突破，开发人员在使用 Ajax 技术时，不需要学习一种新的语言，也不必完全丢掉原先掌握的服务器端技术。因为 Ajax 是一个客户端技术，不论现在使用何种服务器技术（Java、.NET、Ruby、PHP 等），都能使用 Ajax。

11.1.3　案例一：应用 Ajax 局部刷新显示用户姓名

【案例功能】局部刷新显示用户姓名。

【案例目标】体验 Ajax 技术的应用并了解 Ajax 程序的基本框架。

【案例要点】Ajax 程序的基本框架、Ajax 技术在 JSP 中使用的一般形式、Ajax 技术在 JSP 中的应用。

【案例步骤】

案例视频扫一扫

（1）创建 JSP 页面。

【源码】AjaxShow. jsp

```
1   < % @  page language = "java" import = "java.util. * " pageEncoding = "GB2312"%  >
2   < html >
3       < head >
4           < title > Say Hello - - Ajax 请求响应方式 < / title >
5           < script language = "javascript" >
6       //创建 XMLHttpReques 对象
7       var XMLHttpReq = false;
8       function createXMLHttpRequest(){
9           if(window.XMLHttpRequest){
10              //Mozilla 浏览器
11              XMLHttpReq = new XMLHttpRequest();
12              if(XMLHttpReq.overrideMimeType)
13              {
14                  XMLHttpReq.overrideMimeType('text/xml');
15              }
16          }else{
17              //IE 浏览器
18              if(window.ActiveXObject){
19                  try {
20                      XMLHttpReq = new ActiveXObject("Msxml2.XMLHTTP");
21                  }catch(e){
22                      try {
23                          XMLHttpReq = new ActiveXObject("Microsoft.XMLHTTP");
24                      }catch(e){ }
25                  }
26              }
27          }
28      }
29      //处理服务器响应结果
30      function handleResponse(){
31      //判断对象状态
32      if(XMLHttpReq.readyState = = 4){
33          //信息已经成功返回,开始处理信息
34          if(XMLHttpReq.status = = 200){
35              var out = "";
36              var res = XMLHttpReq.responseXML;
37  var response = res.getElementsByTagName("response")[0].firstChild.nodeValue;
38              document.getElementById("hello").innerHTML = response;
39          }
40      }
41      }
42      //发送客户端的请求
43      function sendRequest(url){
```

```
44              createXMLHttpRequest();
45              XMLHttpReq.open("GET", url, true);
46              //指定响应函数
47              XMLHttpReq.onreadystatechange = handleResponse;
48              // 发送请求
49              XMLHttpReq.send(null);
50          }
51          //开始调用 Ajax 的功能
52          function sayHello()
53          {
54              var name = document.getElementById("name").value;
55              //发送请求
56              sendRequest("SayHello? name = " + name);
57          }
58      < /script >
59      < /head >
60      < body >
61          < font size = "1" > 姓名：< input type = "text" id = "name" /> < input
62              type = "button" value = "提交" onclick = "sayHello()" />
63              < div id = "hello" > < /div > < /font >
64      < /body >
65  < /html >
```

【代码说明】

在上面这个 JSP 页面中，使用 JavaScript 创建了 XMLHttpRequest 对象，通过这个对象把用户的输入信息作为参数传递给服务器。而且在 JSP 页面中，还接收服务器返回的处理结果，并在制定的区域中显示处理结果。下一节将对这些代码进行详细解释。

（2）编写 Servlet 用于接收来自客户端的请求。

【源码】SayHello. java

```
1   package servlets;
2   import java.io.IOException;
3   import java.io.PrintWriter;
4   import javax.servlet.ServletException;
5   import javax.servlet.http.HttpServlet;
6   import javax.servlet.http.HttpServletRequest;
7   import javax.servlet.http.HttpServletResponse;
8   public class SayHello extends HttpServlet {
9       public void doPost(HttpServletRequest request, HttpServletResponse
10  response)
11              throws ServletException, IOException {
12          //设置生成文件的类型和编码格式
13          response.setContentType("text /xml; charset = GB2312");
14          response.setHeader("Cache - Control", "no - cache");
15          PrintWriter out = response.getWriter();
```

```
16        String output = "";
17        //处理接收到的参数,生成响应的 XML 文档
18        if(request.getParameter("name")! = null
19              && request.getParameter("name").length() > 0)
20          output = " < response > Hello " + request.getParameter("name")
21              + " < /response > ";
22        out.println(output);
23        out.close();
24      }
25      public void doGet(HttpServletRequest request, HttpServletResponse
26    response)
27            throws ServletException, IOException {
28        doPost(request, response);
      }
    }
```

【代码说明】

在 Servlet 中，接收 XMLHttpRequest 对象传递过来的参数，并且根据处理的结果生成 XML 文档，然后把这个 XML 文档返回给 JSP 页面。

（3）修改配置文件 web. xml。

【源码】web. xml

```
1   < ? xml version = "1.0" encoding = "UTF - 8"? >
2   < web - app version = "2.4" xmlns = "http://java.sun.com/xml/ns/j2ee"
3       xmlns:xsi = "http://www.w3.org/2001/XMLSchema - instance"
4       xsi:schemaLocation = "http://java.sun.com/xml/ns/j2ee
5   http://java.sun.com/xml/ns/j2ee/web - app_2_4.xsd" >
6    <! - - SayHello 配置开始 - - >
7    < servlet >
8    < servlet - name > SayHello < /servlet - name >
9      < servlet - class > servlets.SayHello < /servlet - class >
10     < /servlet >
11   < servlet - mapping >
12     < servlet - name > SayHello < /servlet - name >
13     < url - pattern > /SayHello < /url - pattern >
14   < /servlet - mapping >
15   <! - - SayHello 配置结束 - - >
16  < /web - app >
```

（4）部署。

（5）启动 Tomcat，在浏览器中输入"http://127.0.0.1：8080/ch10/AjaxShow.jsp"，运行结果如图 11 - 1 所示。

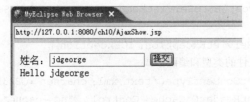

图 11 - 1　应用 Ajax 局部刷新显示用户运行结果

11.2　Ajax 的工作原理

Ajax 作为 JavaScript 和 XML 等技术的结合体，通过页面与后台处理的异步进行来减少用户的等待时间和服务器的负担。基于这一特性，Ajax 可以在普通的 HTML 页面上实现类似于软件界面的操作，在现代 Web 应用中逐渐流行起来。

如图 11-2 所示，在一般的 Web 应用程序中，用户填写表单字段并单击"提交"按钮。然后整个表单发送到服务器，服务器将它转发给处理表单的脚本（通常是 PHP 或 Java，也可能是 CGI 进程或者类似的东西），脚本执行完成后再发送回全新的页面。该页面可能是带有已经填充某些数据的新表单的 HTML，也可能是确认页面，或者是具有根据原来表单中输入数据选择的某些选项的页面。当然，在服务器上的脚本或程序处理和返回新表单时用户必须等待。屏幕变成一片空白，等到服务器返回数据后再重新绘制。这就造成了交互性比较差，用户得不到立即反馈，因此感觉不同于桌面应用程序。

Ajax 把 JavaScript 技术和 XMLHttpRequest 对象放在 Web 表单和服务器之间。当用户填写表单时，数据发送给一些 JavaScript 代码而不是直接发送给服务器。相反，JavaScript 代码捕获表单数据并向服务器发送请求。同时用户屏幕上的表单也不会闪烁、消失或延迟。换句话说，JavaScript 代码在幕后发送请求，用户甚至不知道请求的发出。请求是异步发送的，也就是说 JavaScript 代码（和用户）不用等待服务器的响应。因此用户可以继续输入数据、滚动屏幕和使用应用程序。

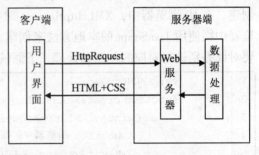

图 11-2　传统 Web 应用模型

然后，服务器将数据返回 JavaScript 代码（仍然在 Web 表单中），后者决定如何处理这些数据。它可以迅速更新表单数据，让人感觉应用程序是立即完成的，表单没有提交或刷新，而用户得到了新数据。JavaScript 代码甚至可以对收到的数据执行某种计算，再发送另一个请求，完全不需要用户干预，这就是 XMLHttpRequest 的强大之处。它可以根据需要自行与服务器进行交互，用户甚至完全不知道幕后发生的一切。

Ajax 是通过 Ajax 引擎来实现 Web 页面与服务器的交互，达到客户端与服务器端的透明交互的，如图 11-3 所示。

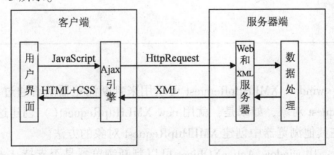

图 11-3　基于 Ajax 的 Web 应用模型

在基于 Ajax 的 Web 应用模型中，用户在页面上获得的数据是通过 Ajax 引擎提供的。由于页面不需要直接与服务器进行交互，因此，客户端浏览器不需要刷新页面就能获得服务器的信息，大大提高了相应速度和页面的友好度。

Ajax 实质上也遵循 Request/Server 模式，所以这个框架基本的流程如下。

（1）创建 XMLHttpRequest 对象。

（2）使用 XMLHttpRequest 对象发送请求。

（3）服务器端处理用户请求。

（4）客户端处理服务器相应。

只不过这个过程是异步的。

11.2.1　创建 XMLHttpRequest 对象

XMLHttpRequest 对象在 Ajax 中占据十分重要的地位，Ajax 中的客户端就是通过 XMLHttpRequest 对象实现与服务器通信的。XMLHttpRequest 对象需要在发送请求和接收响应之前创建。在 IE 浏览器中，XMLHttpRequest 对象是以 ActiveX 组建的形式提供的；而在其他浏览器中则使用 JavaScript 的本地方法来创建。所以，在创建 XMLHttpRequest 对象的时候，需要对此差别进行对应的判断和处理。下面的代码就是创建 XMLHttpRequest 对象的通用代码。

```
1       var XMLHttpReq;
2       function createXMLHttpRequest(){
3           if(window.XMLHttpRequest){
4               //Mozilla 浏览器
5               XMLHttpReq = new XMLHttpRequest();
6           } else{
7               //IE 浏览器
8               if(window.ActiveXObject){
9                   try {
10                      XMLHttpReq = new ActiveXObject("Msxml2.XMLHTTP");
11                  }catch(e){
12                      try {
13                          XMLHttpReq = new ActiveXObject("Microsoft.XMLHTTP");
14                      }catch(e){ }
15                  }
16              }
17          }
18      }
```

【代码说明】

● 第 3 ~ 5 行：window. XMLHttpRequest 可以用来判断浏览器是否通过 JavaScript 本地方法支持 XMLHttpRequest 对象，如果是，就用 new XMLHttpRequest( ) 创建这个对象，这就是除 IE 浏览器外，在其他浏览器中创建 XMLHttpRequest 对象的方法。

● 第 8 ~ 14 行：用 window. ActiveXObject 可以判断浏览器是否支持 ActiveX，在 IE 浏览器中是通过 ActiveX 组件来支持 XMLHttpRequest 对象的，如果浏览器支持 ActiveX，就可以使用 new ActiveXObject 方法来创建 XMLHttpRequest 对象。在不同版本的 IE 浏览器中，对

XMLHttpRequest 对象的支持方法有所不同，可以通过代码中的判断来适应不同版本的 IE 浏览器。

在 XMLHttpRequest 对象创建以后，就可以对这个对象进行各种不同的操作，从而完成和服务器的通信。XMLHttpRequest 对象的常用方法见表 11 – 1。

表 11 – 1　XMLHttpRequest 对象的常用方法

序号	方法	功能
1	Abort( )	停止当前异步请求
2	getAllResponseHeader( )	以字符串形式返回完整的 HTTP 头信息
3	getResponseHeader( )	以字符串形式返回指定的 HTTP 头信息
4	open（" method"，" URL"，［，ascycFlag ［，" userName" ［，" password"］］］）	设置异步请求目标的 URL、请求方法以及其他参数信息
5	void destory( )	当 servlet 将要卸载时由 Servlet 引擎调用

其中，open 方法的参数见表 11 – 2。

表 11 – 2　open 方法参数说明

序号	参数	功能
1	method	用于指定请求的类型，一般为 get 或 post
2	URL	用于指定请求地址，可以使用绝对地址或者相对地址，并且可以传递查询字符串
3	ascycFlag	可选，用于指定请求方式，异步请求为 True，同步请求为 False，默认是异步访问
4	userName	可选，用于指定请求用户名，没有时可以省略
5	password	可选，用于指定请求密码，没有时可以省略

在使用 XMLHttpRequest 对象时，需要通过属性获得其状态和信息。XMLHttpRequest 对象的常用属性见表 11 – 3。

表 11 – 3　HMLHttp Request 对象的常用属性

序号	属性	功能
1	onreadystatechange	每个状态改变时都会触发这个事件处理器，通常会调用一个 JavaScript 函数
2	readyState	对象状态值： 0 = 未初始化（uninitialized） 1 = 正在加载（loading） 2 = 加载完毕（loaded） 3 = 交互（interactive） 4 = 完成（complete）
3	responseText	从服务器进程返回的 DOM 兼容的文档数据对象
4	Status	从服务器返回的 HTTP 状态码： 200 = 成功 202 = 请求被接收，但尚未成功 400 = 错误的请求 404 = 文件未找到 500 = 内部服务器错误
5	statusText	返回 HTTP 状态码对应的文本信息

11.2.2　客户端向服务器发送请求

在 Ajax 中，向服务器端发送请求使用的是 XMLHttpRequest 对象，在 XMLHttpRequest 对象成功创建以后，就可以通过这个对象与服务器进行通信。

在向服务器发送请求之前，首先使用 XMLHttpRequest 对象的 open 方法建立对服务器的调用，然后才能向服务器发送请求信息。

在成功创建 XMLHttpRequest 对象以后，可以使用下面的 JavaScript 代码向服务器发送请求。

```
1    function sendRequest(url){
2        createXMLHttpRequest();
3        XMLHttpReq.open("GET", url, true);
4        //指定响应函数
5        XMLHttpReq.onreadystatechange = handleResponse;
6        //发送请求
7        XMLHttpReq.send(null);
8    }
```

【代码说明】

● 第 2 行：调用 11.2.1 节介绍的 createXMLHttpRequest() 方法来创建 XMLHttpRequest 对象。新创建的 XMLHttpRequest 对象的名称为 "XMLHttpReq"，在后面的程序中可以通过这个名称来访问 XMLHttpRequest 对象。

● 第 3 行：调用 XMLHttpRequest 对象的 open 方法向服务器发送请求。url 是访问服务器资源的位置，例如，本例访问的服务器资源是 "http://localhost：8080/ch10/SayHello"，那么就需要在 url 中填入上面这个 Servlet 的访问路径。

● 第 5 行：但是当 Ajax 发送一个请求后，客户端无法确定什么时候会完成这个请求，所以需要用事件机制来捕获请求的状态，XMLHttpRequest 对象提供了 onreadyStateChange 事件实现这一功能。这类似于回调函数的做法。onreadyStateChange 事件可指定一个事件处理函数来处理 XMLHttpRequest 对象的执行结果。handleResponse 是自定义的一个事件处理函数，用于处理服务器的响应内容，通常在事件中判断 readyState 的值是在请求完毕时才做处理的。handleResponse 11 函数功能在 11.2.4 节做详细介绍。

● 第 7 行：在传统的 Web 应用中，需要通过表单向服务器提交自己的输入信息，但是这种提交方式会刷新整个页面，而在 Ajax 中要实现的就是与服务器端的异步通信，所以不能使用表单向服务器发送请求信息。当请求内容比较少时，可以使用显式传参的方式，例如 "http://localhost：8080/ch10/SayHello? name = jdgeorge"，访问的是 SayHello 这个 Servlet，而且在经历服务器调用的同时传递了一个 name = jdgeorge 的参数。这种传值方式和一般 Web 页面中通过超链接传值方式的原理是一样的。在使用这种方式像服务器发送信息时，将 "http://localhost：8080/ch10/SayHello? name = jdgeorge" 赋给第 3 行代码中 open 方法的 url 参数即可，send 方法中的参数可以用 null 代替。当向服务器发送的内容比较多而且格式比较复杂时，使用显式传参的方式就不现实了。在这种情况下，可以把要发送的内容组织成 XML 文档，然后通过 send（"content"）就可以把参数的内容发送到服务器，其中 content 参数就是 XML 文档的内容。

11.2.3　服务器端处理用户请求

在 Ajax 中，服务器接收到用户的请求以后，可以根据请求的内容进行相应的操作，然后把操作以合适的格式返回给客户端。服务器端的处理方式有很多种选择，可以选择 JSP、ASP、CGI 和 Servlet 中的任意一种作为相应客户端请求的服务程序，在本例中选择 Servlet 来实现服务器端逻辑处理的功能。

由于客户端想服务器发送信息的时候，可以选择多种方式进行发送，所以服务器端就需要根据客户端发送信息的方式，对接收到的信息进行分析，从而取出进一步操作所需要的信息。

当客户端使用超链接传递参数的时候，服务器端的处理比较简单，仅仅通过 request. getParameter（"参数名称"）就可以取出对应参数的值，然后根据取得的值进行相应的逻辑操作。

当客户端使用 XML 格式发送请求信息的时候，在服务器端就需要对接收的 XML 文档进行分析，可以使用 DOM 或者 SAX 从这个 XML 文档中取出需要的信息，然后才能进行相应的逻辑操作。

在服务器端完成用户需要的逻辑处理后，需要把处理的结果返回给用户，在这种情况下，一般是把处理的结果组织成 XML 的格式，然后把这个 XML 文档返回给客户端。

本例通过 Servlet 处理客户端的请求，在 Servlet 中可以完成对用户请求的处理，然后通过 Servlet 把处理的结果以 XML 的格式返回给客户端，Servlet 代码如下。

```
1    .....
2      public void doPost(HttpServletRequest request, HttpServletResponse
3   response)
4          throws ServletException, IOException {
5        //设置生成文件的类型和编码格式
6        response.setContentType("text/xml; charset = UTF - 8");
7        response. setHeader("Cache - Control", "no - cache");
8        PrintWriter out = response.getWriter();
9        String output = "";
10       //处理接收到的参数,生成响应的 XML 文档
11       if(request. getParameter("name")! = null&&
12                     request. getParameter("name").length( ) >0)
13       output = "< response >Hello " + request.getParameter("name") +"</response >";
14       out.println(output);
15       out.close();
16       }
```

【代码说明】
* 第 13 行：生成 XML 文档内容。
* 第 14 行：把生成的内容放在 PrintWriter 对象中返回给用户。

11.2.4　客户端处理服务器响应

当服务器端结束对用户请求的处理以后，会把处理的结果返回给用户，在客户端对返回

的内容进行处理，然后根据其处理结果对页面的内容进行调整，到这一步为止，客户端对服务器端的异步通信就完成了。

当服务器端用 PrintWriter 对象返回一般字符串时，在客户端可以通过 XMLHttpRequest 对象的 responseText 属性取出服务器返回的内容。

更多时候，服务器会用 XML 文档返回逻辑处理的结果，在客户端可以通过 XMLHttpRequest 对象的 responseXML 属性取出服务器返回的响应文档。在 JavaScript 中，可以用 DOM 方式分析这个 XML 文档，从而取出用户需要的内容。

在对服务器返回的响应文档而解析结束以后，就可以根据解析的结果来调整页面的内容，从而把服务器的处理结果表现在页面上。通常情况下会使用 JavaScript 来完成这个任务，通过使用 innerText 或者 innerHTML 可以设置 HTML 页面元素内的显示内容；通过 DOM 操作，可以动态创建 HTML 元素；通过 CSS 可以控制页面 HTML 元素的显示风格。通过这些操作把服务器返回的处理结果充分展现在页面上，从而最终完成客户端和服务器的异步通信，这种处理方式不会对整个页面进行刷新。

下面的案例代码展示了如何在客户端处理服务器的响应信息。

```
1        function handleResponse(){
2          //判断对象状态
3          if(XMLHttpReq.readyState = = 4){
4            //信息已经成功返回,开始处理信息
5            if(XMLHttpReq.status = = 200){
6              var out = "";
7              var res = XMLHttpReq.responseXML;
8  var response = res.getElementsByTagName("response")[0].firstChild.nodeValue;
9              document.getElementById("hello").innerHTML = response;
10           }
11         }
12       }
```

【代码说明】

- 第 3 行：当 XMLHttpRequest 的 readyState 属性为 4 时，说明请求的处理已经完成。
- 第 5 行：当 XMLHttpRequest 对象的 status 属性为 200 时，说明服务器的处理信息已经成功返回，可以取出返回的信息进行分析处理了。
- 第 7 行：使用 XMLHttpRequest 对象的 responseXML 属性取出 XML 响应文档。
- 第 8 行：使用 DOM 方式解析文档。
- 第 9 行：把解析的结果展示在 HTML 页面中。

11.3　Ajax 的典型应用

11.3.1　案例二：注册用户身份验证

【案例功能】验证用户注册身份的有效性。

【案例目标】掌握使用 Ajax 技术检测用户身份的方法。

【案例要点】用户注册功能的设计、身份验证功能的实现、Ajax 技术在验证注册用户身份功能中的应用。

案例视频扫一扫

【案例步骤】

（1）创建 JSP 页面。

【源码】UserCheck. jsp

```
1    <%@ page language = "java" import = "java.util. * " pageEncoding = "gb2312"% >
2    <html >
3       <head >
4          <title >异步身份验证 </title >
5          <script language = "javascript" >
6          //创建 XMLHttpReques 对象
7          var XMLHttpReq;
8          function createXMLHttpRequest(){
9              if(window.XMLHttpRequest){
10                 //Mozilla 浏览器
11                 XMLHttpReq = new XMLHttpRequest();
12             } else{
13                 //IE 浏览器
14                 if(window.ActiveXObject){
15                     try {
16                         XMLHttpReq = new ActiveXObject("Msxml2.XMLHTTP");
17                     }catch(e){
18                         try {
19                             XMLHttpReq = new ActiveXObject("Microsoft.XMLHTTP");
20                         }catch(e){ }
21                     }
22                 }
23             }
24         }
25         //处理服务器响应结果
26         function handleResponse(){
27         //判断对象状态
28         if(XMLHttpReq.readyState = = 4){
29             //信息已经成功返回,开始处理信息
30             if(XMLHttpReq.status = = 200)
31                 {var out = "";
32                 var res = XMLHttpReq.responseXML;
33  var response = res.getElementsByTagName("response")[0].firstChild.nodeValue;
34                 document.getElementById("result").innerHTML = response;
35                 }
36             }
37         }
38         //发送客户端的请求
39         function sendRequest(url){
```

```
40        createXMLHttpRequest();
41        XMLHttpReq.open("GET", url, true);
42        //指定响应函数
43        XMLHttpReq.onreadystatechange = handleResponse;
44        // 发送请求
45        XMLHttpReq.send(null);
46      }
47      //开始调用 Ajax 的功能
48      function userCheck(){
49        var name = document.getElementById("name").value;
50        //发送请求
51        sendRequest("UserCheck? name = " + name);
52      }
53    < /script >
54    < /head >
55    < body >
56      < font size = "1" > 请输入注册用户名 < br >
57        姓名:< input type = "text"id = "name" /> < br >
58        < input type = "submit" value = "提交"onclick = "userCheck()" />
59        < input type = "reset" value = "取消" />
60        < div id = "result" > < /div > < /font >
61    < /body >
62  < /html >
63
```

【代码说明】

- 第 8 ~ 24 行：createXMLHttpRequest() 函数内容，创建 XMLHttpRequest 对象。
- 第 26 ~ 37 行：handleResponse() 函数内容，客户端处理服务器相应，根据 Servlet 处理结果，输出信息。
- 第 39 ~ 46 行：sendRequest() 函数内容，客户端向服务器端发送请求。

（2）在 ch10 中编写连接数据库的代码。

【源码】beans. ConnDB. java

```
1   package beans;
2   import java.sql. * ;
3   import java.io. * ;
4   import java.util. * ;
5   public class ConnDB
6   {
7       public Connection conn = null;
8       public Statement stmt = null;
9       public ResultSet rs = null;
10      private static String dbDriver =
11  "com.microsoft.sqlserver.jdbc.SQLServerDriver";
12      private static String dbUrl = "jdbc:sqlserver://127.0.0.1:1433;
```

```
13    DatabaseName = ClassDB";
14        private static String dbUser = "sa";
15        private static String dbPwd = "198221";
16        //打开数据库连接
17        public static Connection getConnection()
18        {
19            Connection conn = null;
20            try
21            {
22                Class.forName(dbDriver);
23                conn = DriverManager.getConnection(dbUrl, dbUser, dbPwd);
24            } catch(Exception e)
25            {
26                e.printStackTrace();
27            }
28            if(conn = = null)
29            {
30                System.err.println("警告:数据库连接失败!");
31            }
32            return conn;
33        }
34        //读取结果集
35        public ResultSet doQuery(String sql)
36        {
37            try
38            {
39            conn = ConnDB.getConnection();
40            stmt = conn.createStatement(ResultSet.TYPE_SCROLL_INSENSITIVE,
41                ResultSet.CONCUR_READ_ONLY);
42            rs = stmt.executeQuery(sql);
43            } catch(SQLException e)
44            {
45                e.printStackTrace();
46            }
47            return rs;
48        }
49        //更新数据
50        public int doUpdate(String sql)
51        {
52            int result = 0;
53            try
54            {
55                conn = ConnDB.getConnection();
56                stmt = conn.createStatement(ResultSet.TYPE_SCROLL_INSENSITIVE,
57                    ResultSet.CONCUR_READ_ONLY);
```

```
58              result = stmt.executeUpdate(sql);
59          } catch(SQLException e)
60          {
61              result = 0;
62          }
63          return result;
64      }
65      //关闭数据库连接
66      public void closeConnection()
67      {
68          try
69          {
70              if(rs ! = null)
71                  rs.close();
72          } catch(Exception e)
73          {
74              e.printStackTrace();
75          }
76          try
77          {
78              if(stmt ! = null)
79                  stmt.close();
80          } catch(Exception e)
81          {
82              e.printStackTrace();
83          }
84          try
85          {
86              if(conn ! = null)
87                  conn.close();
88          } catch(Exception e)
89          {
90              e.printStackTrace();
91          }
92      }
93 }
```

（3）在 ch10 中编写 Servlet 代码。

【源码】servlets. UserCheck. java

```
1  package servlets;
2  import java.io.IOException;
3  import java.io.PrintWriter;
4  import java.sql. * ;
5  import javax.servlet.ServletException;
6  import javax.servlet.http.HttpServlet;
7  import javax.servlet.http.HttpServletRequest;
```

```
8    import javax.servlet.http.HttpServletResponse;
9    import beans.ConnDB;
10   public class UserCheck extends HttpServlet
11   {
12       public void doPost(HttpServletRequest request, HttpServletResponse
13   response)
14              throws ServletException, IOException
15       {
16           //设置生成文件的类型和编码格式
17           response.setContentType("text/xml; charset = UTF - 8");
18           response.setHeader("Cache - Control", "no - cache");
19           PrintWriter out = response.getWriter();
20           String output = "";
21           //处理接收到的参数,生成响应的 XML 文档
22           String name = request.getParameter("name");
23           String sql = "select * from admin where name = '" + name + "'";
24           try
25           {
26               ConnDB db = new ConnDB();
27               Connection conn = db.getConnection();
28               Statement stmt = conn.createStatement(
29                       ResultSet.TYPE_SCROLL_INSENSITIVE,
30                       ResultSet.CONCUR_READ_ONLY);
31               ResultSet rs = stmt.executeQuery(sql);
32               if(name.length() > 0)
33               {
34                   //下面对用户的身份进行判断
35                   if(rs.next())
36                       output = " < response >用户名已经存在 < /response > ";
37                   else
38                       output = " < response >恭喜您,该用户名可以注册 < /response > ";
39               }
40           } catch(Exception e)
41           {
42               //TODO: handle exception
43           }
44           out.println(output);
45           out.close();
46       }
47   public void doGet(HttpServletRequest request, HttpServletResponse response)
48              throws ServletException, IOException
49       {
50           doPost(request, response);
51       }
52   }
```

(4) 修改配置文件 web. xml。

【源码】web. xml

```
1    .....
2    < servlet >
3        < servlet – name >UserCheck < /servlet – name >
4        < servlet – class > servlets. UserCheck < /servlet – class >
5    < /servlet >
6    < servlet – mapping >
7        < servlet – name >UserCheck < /servlet – name >
8        < url – pattern > /UserCheck < /url – pattern >
9    < /servlet – mapping >
10   .....
```

（5）部署。

（6）启动 Tomcat，在浏览器中输入"http://localhost：8080/ch10/UserCheck. jsp"，运行结果如图 11 – 4 和图 11 – 5 所示。

图 11 – 4　注册用户身份验证失败　　　　　图 11 – 5　注册用户身份验证成功

11.3.2　案例三：输入提示和自动完成

【案例功能】输入用户姓名，自动弹出与输入关键字相匹配的提示（例如"在 Google 中查询"）。

【案例目标】掌握使用 Ajax 技术实现关键字提示的方法。

【案例要点】List 对象的使用、使用 JavaScript 在表格中添加记录的方法。

案例视频扫一扫

【案例步骤】

（1）创建 JSP 页面。

【源码】Suggest. jsp

```
1    < % @ page language = "java" import = "java.util. * " pageEncoding = "GB2312"% >
2    < html >
3        < head >
4            < title >输入提示示例 < /title >
5            < style >
6                TD {FONT – SIZE: 12px}
7            < /style >
8            < script language = "javascript" >
9                //创建 XMLHttpReques 对象
10               function createXMLHttpRequest(){
11                   if(window.XMLHttpRequest){
12                       //Mozilla 浏览器
13                       XMLHttpReq = new XMLHttpRequest();
```

```
14                        }else{
15                            //IE 浏览器
16                            if(window.ActiveXObject){
17                                try {
18                                    XMLHttpReq = new ActiveXObject("Msxml2.XMLHTTP");
19                                }catch(e){
20                                    try {
21                                        XMLHttpReq = new ActiveXObject("Microsoft.XMLHTTP");
22                                    }catch(e){ }
23                                }
24                            }
25                        }
26                    }
27    //处理服务器响应结果
28    function handleResponse(){
29        //判断对象状态
30        if(XMLHttpReq.readyState = = 4){
31            //信息已经成功返回,开始处理信息
32            if(XMLHttpReq.status = = 200){
33                clearTable();
34                var out = "";
35                var res = XMLHttpReq.responseXML;
36                var items = res.getElementsByTagName("item");
37                for(var i = 0;i < items.length;i + +)
38                {
39                    addRow(items(i).firstChild.nodeValue);
40                }
41                setDivStyle();
42            }
43        }
44    }
45    //清除表格中的结果
46    function clearTable()
47    {
48        var content = document.getElementById("content");
49        while(content.childNodes.length > 0)
50        {
51            content.removeChild(content.childNodes[0]);
52        }
53
54    }
55    //向输入提示的表格中添加一行记录
56    function addRow(item)
57    {
58        var content = document.getElementById("content");
59        var row = document.createElement("tr");
60        var cell = document.createElement("td");
61        cell.appendChild(document.createTextNode(item));
62        cell.onmouseover = function(){this.style.background = "blue"};
63        cell.onmouseout = function(){this.style.background = "#f5f5f1"};
64        cell.onclick = function(){
```

```
65          document.getElementById("key").value = this.innerHTML;
66          document.getElementById("suggest").style.visibility = "hidden"};
67          row.appendChild(cell);
68          content.appendChild(row);
69
70        }
71      //发送客户端的请求
72      function sendRequest(url){
73          createXMLHttpRequest();
74          XMLHttpReq.open("GET", url, true);
75          //指定响应函数
76          XMLHttpReq.onreadystatechange = handleResponse;
77          // 发送请求
78          XMLHttpReq.send(null);
79        }
80      //调用 Ajax 自动提示功能
81      function suggest()
82      {
83          var key = document.getElementById("key").value;
84          sendRequest("Suggest? key = " + key);
85      }
86      //设置输入提示框的位置和风格
87      function setDivStyle()
88      {
89          var suggest = document.getElementById("suggest");
90          suggest.style.border = "black 1px solid";
91          suggest.style.left = 62;
92          suggest.style.top = 50;
93          suggest.style.width = 150;
94          suggest.style.backgroundColor = "#f5f5f1"
95          document.getElementById("suggest").style.visibility = "visible"
96      }
97      </script>
98    </head>
99    <body>
100   <font size = "1" >
101   输入提示示例(可以输入字母 a 开头的字符串进行测试) <br >
102   请输入: <input type = "text" id = "key" name = "key" onkeyup = "suggest()"/>
103   <div id = "suggest" style = "position:absolute" >
104      <table >
105         <tbody id = "content" > </tbody >
106      </table >
107   </div >
108   </font >
109   </body >
110 </html >
```

（2）在 ch10 中编写 Servlet 代码。

【源码】servlets. Suggest. java

```
1   package servlets;
2   import java.io.IOException;
```

```
3    import java.io.PrintWriter;
4    import java.util.ArrayList;
5    import javax.servlet.ServletException;
6    import javax.servlet.http.HttpServlet;
7    import javax.servlet.http.HttpServletRequest;
8    import javax.servlet.http.HttpServletResponse;
9    import beans.ConnDB;
10   import java.sql.*;
11   public class Suggest extends HttpServlet
12   {
13       private ArrayList lib = new ArrayList();
14       //初始化数据集合,可以在这个字库中添加更多词条
15       public void init()throws ServletException
16       {
17           ConnDB c = new ConnDB();
18           String sql = "select name from admin";
19           ResultSet rs = c.doQuery(sql);
20           try
21           {
22               while(rs.next())
23               {
24                   lib.add(rs.getString(1));
25               }
26           } catch(SQLException e)
27           {
28               //TODO Auto-generated catch block
29               e.printStackTrace();
30           }
31       }
32   public void doPost(HttpServletRequest request, HttpServletResponse response)
33           throws ServletException, IOException
34       {
35           //设置生成文件的类型和编码格式
36           response.setContentType("text/xml; charset = UTF-8");
37           response.setHeader("Cache-Control", "no-cache");
38           PrintWriter out = response.getWriter();
39           String output = "";
40           //处理接收到的参数
41           String key = request.getParameter("key");
42           ArrayList matchList = getMatchString(key);
43           if(! matchList.isEmpty())
44           {
45               output += "<response>";
46               for(int i = 0; i < matchList.size(); i++)
47               {
```

```
48              String match = matchList.get(i).toString();
49              output += "<item>" + match + "</item>";
50          }
51          output += "</response>";
52      }
53      out.println(output);
54      out.close();
55  }
56  public void doGet(HttpServletRequest request, HttpServletResponse response)
57          throws ServletException, IOException
58  {
59      doPost(request, response);
60  }
61  //取得所有匹配的字符串
62  public ArrayList getMatchString(String key)
63  {
64      ArrayList result = new ArrayList();
65      if(! lib.isEmpty())
66      {
67          for(int i = 0; i < lib.size(); i++)
68          {
69              String str = lib.get(i).toString();
70              if(str.startsWith(key))
71                  result.add(str);
72          }
73      }
74      return result;
75  }
76 }
```

（3）修改配置文件 web. xml。

【源码】web. xml

```
1  ⋮
2  <servlet>
3  <servlet-name>Suggest</servlet-name>
4  <servlet-class>servlets.Suggest</servlet-class>
5  </servlet>
6  <servlet-mapping>
7      <servlet-name>Suggest</servlet-name>
8      <url-pattern>/Suggest</url-pattern>
9      </servlet-mapping>
10 ⋮
```

（4）部署。

（5）启动 Tomcat，在浏览器中输入"http://localhost：8080/ch10/UserCheck. jsp"，运行结果如图 11 - 6 所示。

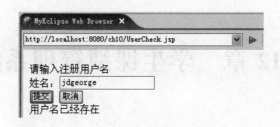

图 11 - 6　输入提示和自动完成运行效果

11.4　上机实训

1. 实训目的

（1）熟悉 Ajax 框架。

（2）熟悉 Ajax 工作原理。

（3）掌握 Ajax 技术在客户端的应用。

2. 实训内容

（1）使用 Ajax 技术改造注册页面。

（2）使用 Ajax 技术改造查询功能页面。

（3）使用 Ajax 技术改造学生选课功能页面。

11.5　本章习题

一、选择题

1. 以下哪个技术不是 Ajax 技术体系的组成部分？（　　　）

A. XMLHttpRequest　　　　　B. DHTML　　　　　C. CSS　　　　　D. DOM

2. XMLHttpRequest 对象有几个返回状态值？（　　　）

A. 3　　　　　　　　　　B. 4　　　　　　　　C. 5　　　　　　D. 6

3. 下列哪些方法或属性是 Web 标准中规定的？（　　　）

A. all( )　　　　　　　　　　　　　　　B. innerHTML

C. getElementsByTagName( )　　　　　　D. innerText

二、填空题

1. Ajax 实际上不是一种新技术，而是已有的多种技术的融合，其中_____是 Ajax 技术体系中最为核心的技术。

2. 使用 Ajax 进行异步方式通信是，需要设置一个回调函数，当数据返回时系统会调用这个回调函数，这个函数可以通过 XMLHttpRequest 对象的_____属性赋值来设置。

三、问答题

1. Ajax 应用和传统 Web 应用有什么不同？

2. Ajax 主要包含了哪些技术？

3. Ajax 都有哪些优点和缺点？

第 12 章　学生课绩管理系统

【学习要点】
●模块设计
●数据库设计
●页面之间的关系
●功能实现的关键代码

12.1　系统概述

学生课绩管理系统是一个 B2C 模式的管理系统，该系统要求能够对用户进行分级管理并为不同角色提供不同的服务。系统的角色包括学生、教师和管理员。

12.1.1　系统总体设计

本系统采用 Servlet + JSP + JavaBean + SQL 2005 Express 设计方式，其中 Servlet 担当主要逻辑控制，通过接收 JSP 传来的用户请求，调用以及初始化 JavaBean，再通过 JSP 传到客户端，本系统中，SqlBean 主要担当与数据库的连接与通信，JavaBean 在本系统中主要担当配合 JSP 以及 Servlet 来完成用户的请求，而 JSP 主要担当接收与响应客户端，具体设计如图 12 – 1 所示。

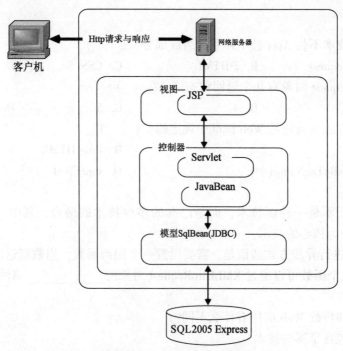

图 12 – 1　系统总体设计图

12.1.2 系统模块设计

学生课绩管理系统由登录模块、学生模块、教师模块和管理员模块 4 部分组成。其功能如下。

1. 登录模块

系统的任何角色使用系统，都必须要从系统的登录入口进入。管理员、学生和教师在登录的时候，先选定角色，然后输入用户名和密码，登录系统，具体流程如图 12 - 2 所示。

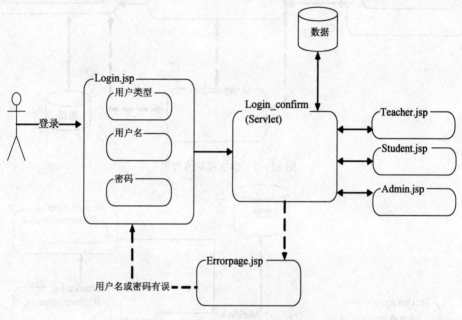

图 12 - 2　登录模块流程图

2. 学生模块

学生登录以后，可以选报课程。系统会根据学生所在系及课程的预修课判断（课程有系别，预修课等属性）。首先，系统会列出所有满足该生性别以及该生还未选报的课程，或者其预修课为 "public" 的课程。如果该生选报了未满足预修课要求的课程，系统会有相关的错误提示。其次，学生可以查看自己的成绩，包括该生已选课程的名称，学分以及该生的总分。如果教师还未给出成绩，则系统会有相关提示。再次，该生可以更改自己的个人信息，包括密码、电话号码等，其中要求密码不能为空，具体流程如图 12 - 3 所示。

3. 教师模块

教师在本系统中拥有是否接受学生所选课程，以及给学生打分的权力，只有先接受学生，才能给该生打分。首先，系统要求教师选择学生，然后系统会列出该教师所代课程的班级，其次系统会列出选择了该课程的所有学生（其中包括了该生的一些详细情况），在教师选择了接受以后，就可以给该生的这门课打分，在这之后系统会分析教师的输入是否正确（即是否为阿拉伯数字），否则会有提示。其次，在教师给出了学生成绩之后，系统会根据成绩来判断该生是否通过了考试，如果该成绩大于或等于 60，则在该生的学分上加上该课程的学分。具体流程如图 12 - 4 所示。

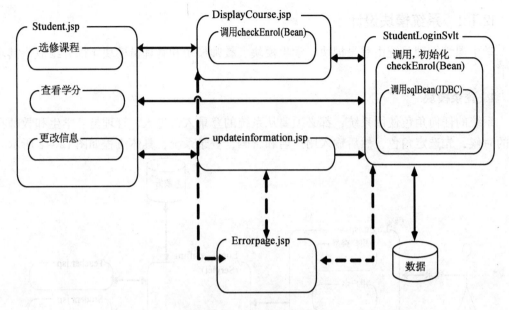

图 12 – 3　学生模块流程图

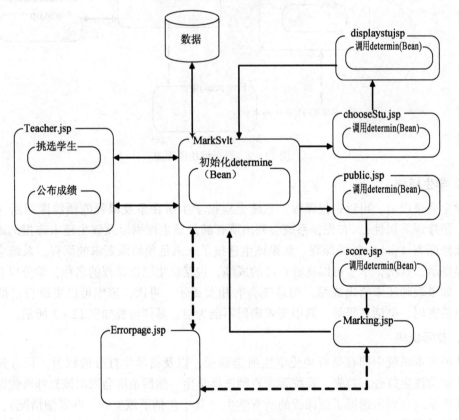

图 12 – 4　教师模块流程图

4. 管理员模块

管理员在本系统中有着最高的权力，包括新增、更改、删除学生、教师、课程以及班级。其中，"班级"是本系统中关键的环节，同样也是数据库中的关键。它直接与课程、教师、上课时间、地点联系，学生所选的课程也要具体到某一个班级，所以，首先班级号不能为空，其次要保证同一教师在同一时间不能同时上两门课程。在新增"课程"时，要求决定课程所在系以及其预修课（系统会动态列出现有的课程），其中课程所在系必须与预修课所在系一致（或者选择无预修课，再或者预修课属性为"public"），否则系统会有错误提示。除此之外，在更改或新增时，名称、ID 或者密码不可为空，否则系统会有相关提示。具体流程如图12－5所示。

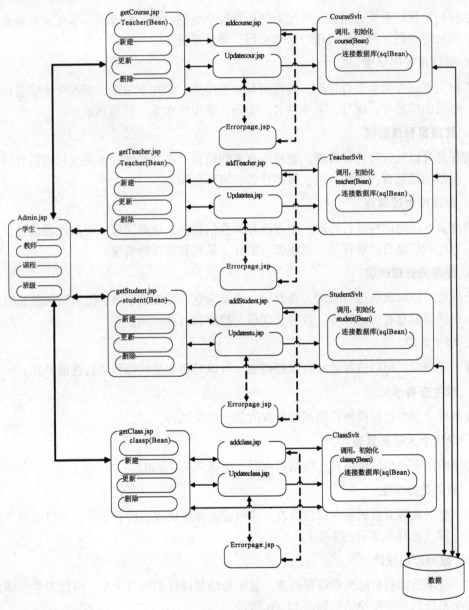

图 12－5　管理员模块流程图

12.1.3　系统功能描述

学生课绩管理系统的角色可以划分为 3 类。

（1）管理员：负责对学生、教师、课程、和班级信息的管理。

（2）学生：选课、查看学分、修改个人信息。

（3）教师：选择学生、公布成绩。

1. 登录

系统初始化好系统管理员，系统管理员添加学生和教师。管理员、学生和教师在登录的时候，先选定角色，然后输入用户名和密码，登录系统。

2. 管理员管理学生

管理员可以对学生进行管理，查看所有学生信息、添加新学生、更改学生信息以及删除学生。包括的信息有：学号、学生姓名、密码、学生所在系、性别和籍贯。

3. 管理员管理教师

管理员可以对教师进行管理，查看所有教师信息、添加新教师、更改教师信息以及删除教师。包括的信息有：教师号码、教师姓名、密码和职称。

4. 管理员管理课程

管理员可以对课程进行管理，查看所有课程信息、添加新课程、更改课程信息以及删除课程。包括的信息有：课程号、课程名、学分、系别和预选修情况。

5. 管理员管理班级

管理员可以对班级进行管理，查看所有班级信息、添加新班级、更改班级信息以及删除班级。包括的信息有：课程号、教师、课程、教师和上课时间。

6. 学生选课

显示登录学生可以选择的所有课程列表，可以对想要选的课程进行选课操作。

7. 学生查看学分

显示登录学生选择的所有课程和对应的学分以及总分。

8. 学生个人信息管理

登录学生更改自己的信息，包括新密码、电话和 E – mail。

9. 教师选择学生

显示登录教师所教的所有课程列表，显示要选择某课程的所有学生，可以对学生进行接受操作（接受选择此课程的学生）。

10. 教师公布成绩

显示登录教师所教的所有课程列表，显示选修某课程的所有学生，可以对学生评分。

整个系统的功能模块结构如图 12 –6 所示。

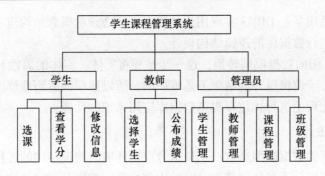

图 12 - 6　系统模块结构图

12.2　数据库设计

数据库在一个信息管理系统中占有非常重要的地位，数据库结构化设计的好坏将直接对应用系统的效率以及实现的效果产生影响。好的数据库结构设计可以提高数据存储的效率，减少数据库的存储量，保证数据的完整性和一致性。本节将详细讲述如何根据需求来设计一个数据库。

12.2.1　数据库设计步骤

按照数据库设计理论的要求，学生课绩管理系统数据库的设计需要遵循一定的步骤。

1. 取定需求

数据库设计的第一个阶段是需求分析。需求分析的任务就是通过详细调查要处理的对象来明确用户的各种需求。并且通过调查、收集和分析信息，以了解在数据库中需要存储哪些数据，要完成什么样的数据处理功能。这一过程是数据库设计的起点，它将直接影响到后面各个阶段的设计，并影响到设计结果是否合理和实用。

需求分析的重点是调查、收集与分析用户在数据管理中的信息要求、处理要求、安全性与完整性要求。

需求分析时，先要调查清楚用户的实际需求并进行初步分析，与用户达成共识，再进一步分析与表达这些需求。

2. 概念结构设计

准确抽象出现实世界的需求后，就应该考虑如何实现用户的这些需求。概念结构独立于数据库逻辑结构，也独立于支持数据库的 DBMS。它是现实世界与机器世界的中介，一方面能够充分反映现实世界，包括实体和实体之间的关系，另一方面又易于向关系、网状、层次等模型转换。所以概念结构设计是整个数据为设计的关键所在。

先根据应用的需求，画出能反映每个应用需求的 E - R 图，其中包括确定实体、属性和联系的类型。然后优化初始的 E - R 图，消除冗余和可能存在的矛盾。概念模型是对用户需求的客观反映，并不涉及具体的计算机软、硬件环境。因此，在这一阶段中将注意力集中在怎样表达出用户对信息的需求，而不考虑具体实现问题。

3. 逻辑结构设计

概念结构是各种数据库模型的共同基础，它比数据模型更独立于机器，更抽象，从而更加稳定。但为了满足用某一 DBMS 实现用户的需求，还必须将概念结构进一步转化为相应的数据模型，即是要进行数据库的逻辑结构设计。

首先要将 E - R 图向数据模型转换，这一步是要将实体、实体的属性和实体之间的联系转化为关系模式。由于逻辑设计的结果不是唯一的，所以还应该适当地修改、调整数据模型的结构，即以规范化理论进行优化以提高数据库应用系统的性能。

4. 数据库物理设计

为一个给定的逻辑数据模型选取一个最适合应用环境的物理结构的过程即为数据库的物理设计。这个阶段要充分了解所用的 DBMS 的内部特征，特别是存储结构和存取方法；要充分了解应用环境，特别是应用的处理频率、响应时间要求和外存设备的特性等。

设计数据库的物理结构，就要是确定数据的存储结构、存取路径、存放位置和系统配置（包括同时使用数据库的用户数，同时打开数据库对象数，使用缓冲区大小、个数，时间片大小，数据库大小，装载因子，锁的数目等）。

设计好后，要根据时间效率、空间效率、维护代价和各种用户要求进行比较分析评价，从中选择一个较优的方案作为数据库的物理结构。

5. 数据库的实施、运行和维护

最后一个阶段是实施与维护数据库。完成数据模型的建立后，我们就必须对字段进行命名，确定字段的类型和宽度，并利用数据库管理系统或数据库语言创建数据库结构、输入数据和运行等，因此数据库的实施是数据库设计过程的"最终实现"。以后的重点就是数据库的维护工作，包括做好备份工作、数据库的安全性和完整性调整、改善数据库性能等。

12.2.2 数据库结构设计

1. 数据库逻辑结构设计

根据功能模块的划分的结果可知，本系统的用户有 3 类：管理员、学生和教师。由于管理员、学生和教师的权限和操作功能大不相同，因此在本系统中我们需要分别进行数据记录所需要的数据实体有以下 5 个。

（1）管理员数据实体：只需要记录管理员的登录名、姓名和密码，其中登录名和密码是管理功能模块登录验证时所必需的。

（2）学生数据实体：包括学生号、密码、学生姓名、性别、学生所在系、籍贯、联系电话、电子邮件。这些信息中，密码、联系电话和电子邮件由学生自己进行维护，管理员在学生入学时根据填写的信息初始化学生信息，在以后的维护过程中，仅在特殊情况下对信息进行修改操作。

（3）教师数据实体：包括教师号、密码、教师姓名、职称。这些信息由管理员初始化，如果有所改动都要由管理员维护。

（4）课程数据实体：用于一记录所有课程的基本信息，包括课程的课程号、课程名、学分、系别和预选修情况。这些信息由学校的工作人员以管理员身份登录后进行维护。

（5）班级数据实体：用于记录班级的基本信息，包括班级号、教师、课程、教室和上课时间。这些数据由管理员进行录入和维护（如果与学校排课系统等结合，数据就由那些系统来提供）。

　　以上的 5 个实体都是基本的数据实体。作为学生课绩管理系统，还要记录学生选课和学分情况，因此又有如下的实体。

　　学生课绩数据实体：包括学生号、所上课班级、是否被老师接收和所给学分。以下是这 6 个数据实体的关联关系，如图 12 – 7 所示。

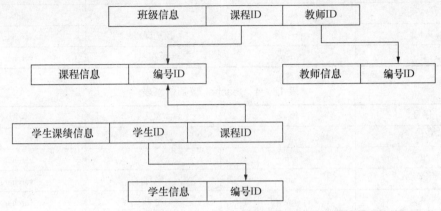

图 12 – 7　数据实体关系

2. 数据库的创建

在这个数据库管理系统中，要建立 6 张数据表。见表 12 – 1 ～ 表 12 – 6。

（1）管理员表（admin）：用于存放管理员用户的数据记录。

（2）班级信息表（classes）：用于存放所有与班级相关的信息。

（3）课程信息表（course）：用于存放所有开课课程的基本信息。

（4）教师信息表（teacher）：用于存放所有上课教师的基本信息。

（5）学生信息表（student）：用于存放所有学生的基本信息。

（6）学生课绩信息表（enrol）：用于存放所有学生课绩信息。

表 12 – 1　admin 管理员表

序号	字段	含义	类型
1	id	管理员编号	varchar
2	name	姓名	varchar
3	password	密码	varchar

表 12 – 2　classes 班级信息表

序号	字段	含义	类型
1	id	班级编号	varchar
2	tea_ id	教师编号	varchar
3	cour_ id	课程编号	varchar
4	room_ id	教室编号	varchar
5	cour_ time	上课时间	varchar

表 12 – 3　course 课程信息表

序号	字段	含义	类型
1	id	课程编号	varchar
2	name	课程名	varchar
3	mark	学分	int
4	prepare	预选课程	varchar
5	dep	所在系	varchar

表 12 – 4　teacher 教师信息表

序号	字段	含义	类型
1	id	教师编号	varchar
2	name	姓名	varchar
3	title	职称	varchar
4	password	密码	varchar

表 12 – 5　student 学生信息表

序号	字段	含义	类型
1	id	学生编号	varchar
2	name	姓名	varchar
3	password	密码	varchar
4	jiguan	籍贯	varchar
5	department	所在系	varchar
6	sex	性别	varchar
7	mark	学分	int
8	tel	联系电话	varchar
9	E – mail	电子邮箱	varchar

表 12 – 6　enrol 学生课绩信息表

序号	字段	含义	类型
1	stu_ id	学生编号	varchar
2	class_ id	班级编号	varchar
3	accept	是否被接受	varchar
4	score	成绩	varchar

12.3　系统的实现

12.3.1　系统界面的设计

在本系统中，其界面共分为如下 4 个大的模块。

（1）登录模块：此模块用于不同系统角色的登录，也是系统的唯一入口。

（2）管理员模块：此模块用于管理员对学生、教师、课程和班级等基本信息的管理和维护，包括如下的几个部分。

- 学生管理：新增、更改、删除学生。
- 教师管理：新增、更改、删除学生。
- 课程管理：新增、更改、删除学生。
- 班级管理：新增、更改、删除学生。

（3）学生模块：此模块是学生管理操作界面，包括如下的几个部分。

- 选报课程：查看可选课程、选课。
- 查看成绩：查看自己的成绩。
- 个人信息：修改。

（4）教师模块：此模块是教师管理操作界面，包括如下的几个部分。

- 接受学生选课：查看、接受学生。
- 打分：查看、打分。

1. 登录界面

系统的任何用户使用系统，都必须要从系统的登录入口进入，这是任何一个系统管理功能保密性的需要。根据前面的需求分析和设计可知，系统角色包括管理员、学生和教师 3 类，这就要求为这 3 类用户都提供登录的界面。而根据数据库部分的设计我们可知，管理员用户存放在数据表 admin 中，初始化填入了一个管理员的用户记录，管理员编号为 1，密码为 1；学生存放在数据表 student 中；教师存放在数据表 teacher 中。

为了给系统的 3 类用户提供共同的登录界面，在登录界面中，提供了选择登录用户类型的单选按钮。而且登录名和密码的输入框是必不可少的，还要包括"确定登录"和"取消登录"按钮。其界面设计结果如图 12 - 8 所示。

图 12 - 8　系统登录界面设计

2. 管理员管理首页

管理员登录后，首先提示登录成功，如果登录失败，则会有错误提示信息。然后管理员就可以进行自己的工作操作了。因为管理员要维护的信息有学生、教师、课程和班级，所以在管理首页上提供了维护这些信息的链接入口。管理员的管理界面设计如图 12 - 9 所示。

图 12 - 9　管理员管理首页

3. 管理员管理学生界面

当管理员进行学生管理操作时，首先要显示所有学生列表，为此，我们设计了学生列表的界面。在该界面中，需要包括如下的信息：编号、学生学号（这一段的值从 1 自动增长，以避免数据重复，当然在实际使用中，如果学生的学号已分配好，那么就可将这一字段改为手动录入。后面的教师编号、课程编号、班级编号都如此）、姓名、密码、籍贯、系别、性别、学分、电话和电子邮件。还应该提供对学生管理操作的入口，包括增加学生、修改学生和删除学生。界面设计如图 12 - 10 所示。

所有学生

新加学生

学生号	姓名	密码	籍贯	系别	性别	学分	电话	E_mail	删除	更新
1	韩博	1	山东	机械系	女	9	没有	没有	删除	更新
2	王强		陕西	机械系	男	5	没有	没有	删除	更新
3	张永	1	河南	电子系	男	0	没有	没有	删除	更新
4	王宁	1	陕西	数理系	女	0	没有	没有	删除	更新

<<Back

图 12 - 10　显示学生列表界面

管理学生时，首先要添加学生，因此我们先设计添加学生的界面。根据数据库设计部分可知，学生信息表为 student。根据学生信息表的设计，我们的界面中需要包括学生姓名、登录密码、学生籍贯、联系电话和电子邮件的文本输入框，而学生所在系是数据列表，因此需要使用下拉列表的控件。填写完信息之后，还要进行数据保存，添加学生界面设计如图 12 - 11所示。

图 12 - 11　添加学生界面设计

修改学生信息的界面和添加新学生界面类似，只不过缺少编号的文本输入框而已。至于删除操作，在显示学生列表界面中就可以实现，这里就不需要单独的界面了。

4. 管理员管理教师界面

当管理员进行教师管理操作的时候，要先显示所有教师的列表。为此，我们设计了教师列表的界面。该界面中，需要包括如下的信息：编号、教师编号、姓名、职务、密码。还应该提供对教师管理操作的入口，包括新增教师、修改教师和删除教师。界面设计如图 12 – 12所示。

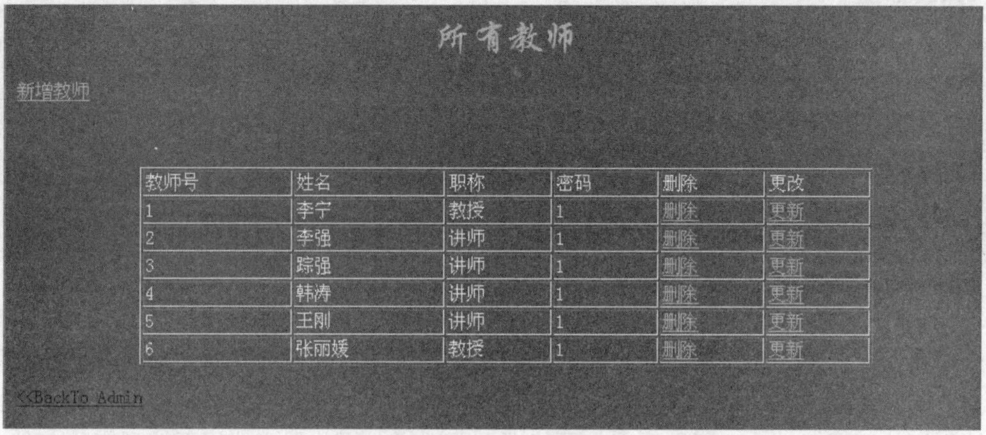

图 12 – 12　显示教师列表界面

管理教师时，首先要添加教师，因此我们首先设计添加教师的界面。根据数据库设计部分可知，教师信息表为 teacher。根据教师信息表的设计，其界面中应该包括教师姓名、登录密码和教师职务的文本输入框。填写完信息之后，还要进行数据保存。界面设计如图 12 – 13所示。

图 12 – 13　添加新教师界面设计

5. 管理员管理课程界面

当管理员进行课程管理操作的时候，要先显示所有课程的列表。为此，我们设计了课程列表的界面。该界面中，需要包括如下的信息：编号、课程编号、课程名称、学分、预修课和所在系。还应该提供对课程管理操作的入口，包括新增课程、修改课程和删除课程。界面设计如图 12 – 14 所示。

图 12 - 14　显示课程列表界面

　　管理课程时，首先要添加课程。因此我们首先设计添加课程的界面。根据数据库设计部分可知，课程信息表为 course。根据课程信息表的设计。我们的界面中应该包括课程名称的文本输入框，而课程学分、所属系别和预修课需要选择，因此需要使用下拉列表的控件。填写完信息后，还要进行数据保存。界面设计如图 12 - 15 所示。

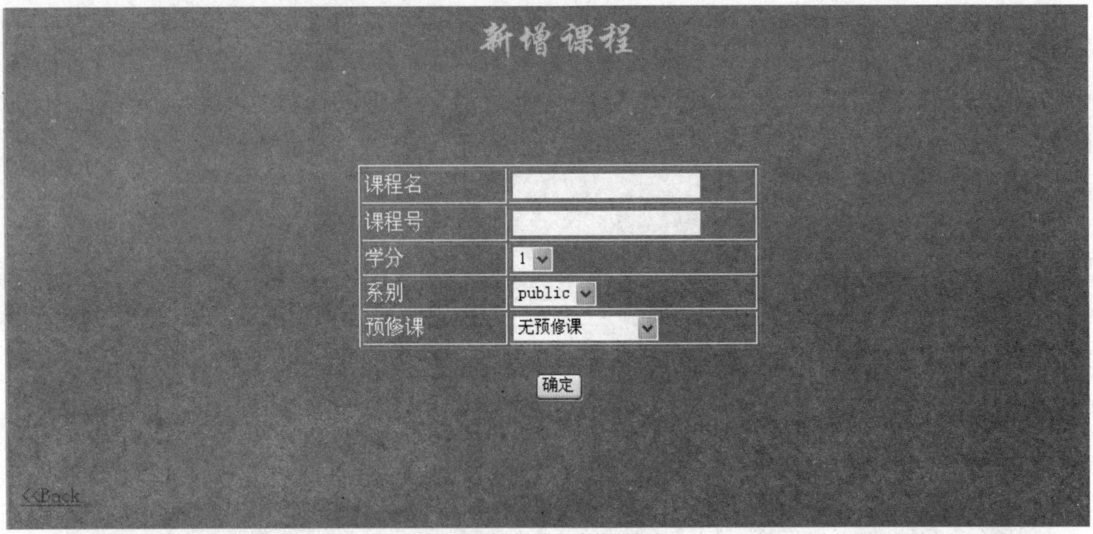

图 12 - 15　添加新课程界面

6. 管理员管理班级界面

　　当管理员进行班级管理操作的时候，要先显示所有班级的列表。为此，我们设计了班级列表的界面。该界面中，需要包括如下的信息：编号、班级编号、教师姓名、课程名称、上课教室和上课时间。还应该提供对班级管理操作的入口，包括新增班级、修改班级和删除班级。界面设计如图 12 - 16 所示。

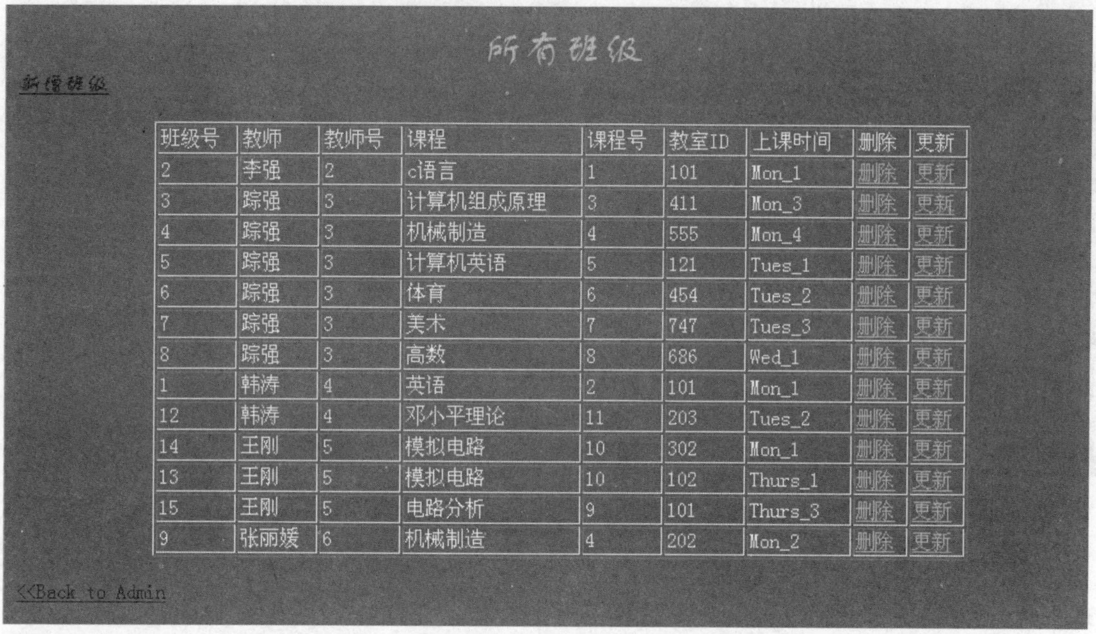

班级号	教师	教师号	课程	课程号	教室ID	上课时间	删除	更新
2	李强	2	c语言	1	101	Mon_1	删除	更新
3	踪强	3	计算机组成原理	3	411	Mon_3	删除	更新
4	踪强	3	机械制造	4	555	Mon_4	删除	更新
5	踪强	3	计算机英语	5	121	Tues_1	删除	更新
6	踪强	3	体育	6	454	Tues_2	删除	更新
7	踪强	3	美术	7	747	Tues_3	删除	更新
8	踪强	3	高数	8	686	Wed_1	删除	更新
1	韩涛	4	英语	2	101	Mon_1	删除	更新
12	韩涛	4	邓小平理论	11	203	Tues_2	删除	更新
14	王刚	5	模拟电路	10	302	Mon_1	删除	更新
13	王刚	5	模拟电路	10	102	Thurs_1	删除	更新
15	王刚	5	电路分析	9	101	Thurs_3	删除	更新
9	张丽媛	6	机械制造	4	202	Mon_2	删除	更新

图 12－16　显示班级列表界面

管理班级时，首先要添加班级。因此我们首先设计了添加班级的界面。根据数据库设计部分可知，班级信息表为 classes。根据班级信息表的设计，我们的界面中应该包括上课教室和上课时间的文本输入框，而上课教师姓名和所上课程需要选择，因此需要使用下拉列表的控件。填写完信息后，还要进行数据保存。界面设计如图 12－17 所示。

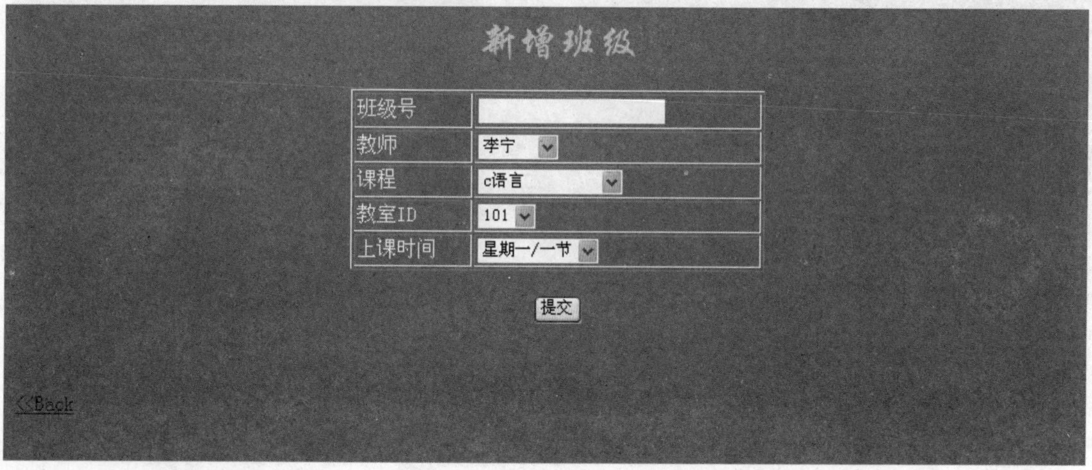

图 12－17　添加新班级界面

7. 学生选课界面

学生通过登录界面进入系统之后，和管理员登录系统的界面类似，首先也是显示学生所能做的操作的导航链接。这个界面的设计与管理员管理首页类似。当学生进行选课操作的时候，要先显示所有能够选择的课程列表。为此，我们设计了显示课程列表的界面。该界面中，需要包括如下的信息：课程编号、课程名称、预修课、系别、班级号、上课教室、上课时间和教师。还应该提供对课程管理操作的入口，包括注册操作，即所说的选课。界面设计如图 12 - 18 所示。

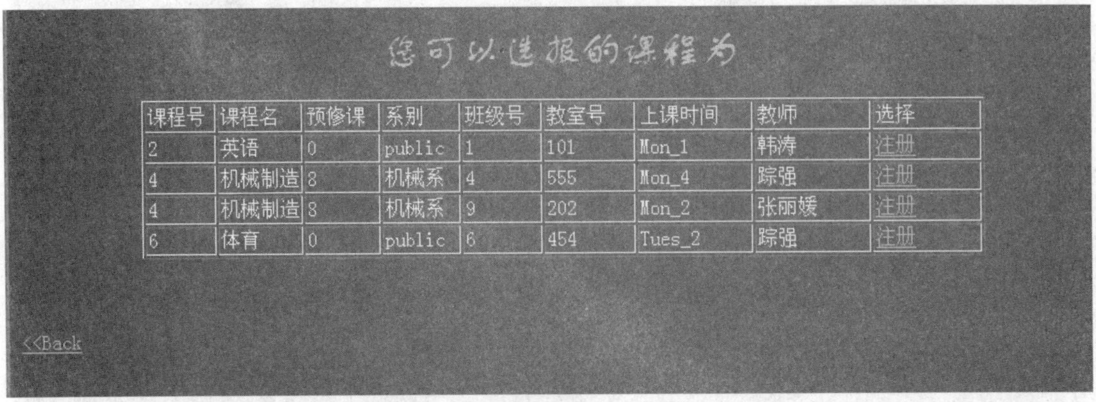

图 12 - 18　学生选课列表界面设计

显示完课程信息之后，主要还是进行选课的操作。而选课操作在选课列表界面就可以实现，就不需要单独的界面了。

8. 学生查看成绩界面

学生进行查看操作的时候，需要查看的信息包括该生已选课程的名称、课程学分以及该生所得的总学分。当然还需要课程的成绩，如果教师还未给出成绩，系统会有相关提示。界面设计如图 12 - 19 所示。

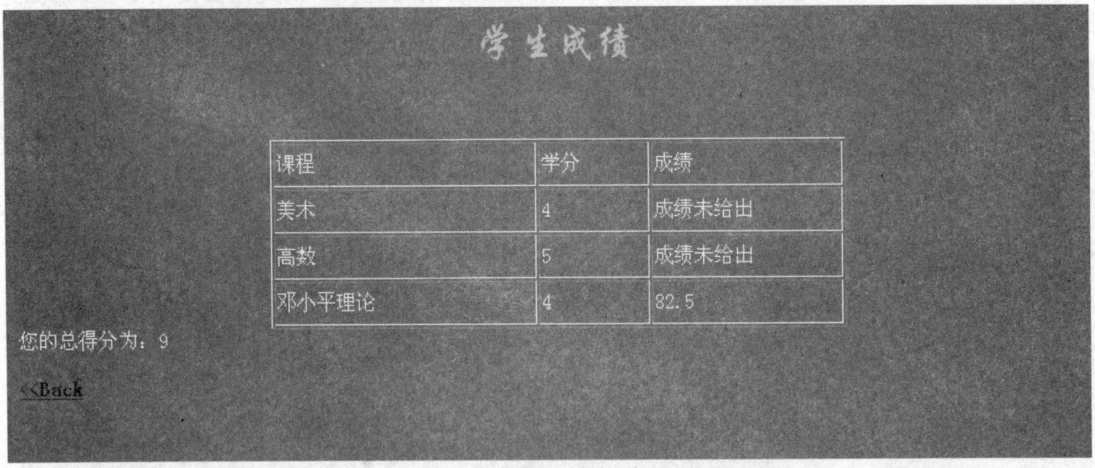

图 12 - 19　学生查看成绩界面

9. 教师查看选课学生的界面

教师通过登录界面进入系统之后，和管理员登录系统的界面类似，首先也是显示教师所能做的功能导航链接。这个界面的设计与管理员管理首页类似。

当教师在查看选课学生的时候，要先显示所带的所有班级和课程列表。为此，我们设计了显示班级和课程列表的界面。该界面中，需要包括如下的信息：班级编号、课程名称，并提供了查看注册该课程学生的操作。界面设计如图 12 - 20 所示。

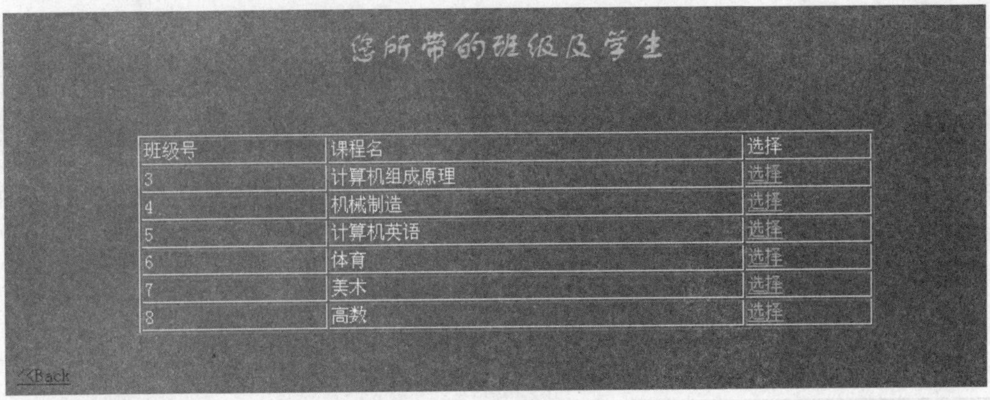

图 12－20　教师所带班级和课程列表界面

当教师针对某课程，查看选该课程学生的时候，要先显示所有选报该课程的学生列表。为此，我们设计了显示学生注册列表的界面。该界面中，需要包括如下信息：学生学号、学生姓名、系别、性别、学分、电话和电子邮件。界面设计如图 12－21 所示。

学生姓名	所在系	性别	学分	Email	Tel	成绩
韩博	机械系	女	9			score

图 12－21　选择某课程的学生列表界面

10. 教师公布成绩界面

当教师公布操作的时候，要先显示所教的所有班级和课程列表，为此，我们设计了显示班级和课程列表的界面，并且对某一班级可以查看对应学生的列表信息界面。这两个界面的设计分别与教师所带班级和课程列表界面设计和选择某课程的学生列表界面设计类似。下面设计教师给学生打分的界面。要给学生打分，界面上首先要显示学生姓名、系别、性别，提供学生成绩和本科所得学分的输入框，以及进行提交操作的"提交"按钮。界面设计如图 12－22所示。

图 12－22　教师打分界面设计

12.4　系统关键代码实现

　　界面的设计是系统实现的骨架，数据库的连接与封装构成了填写动态代码的基础。因此，编写基本的功能代码的基础已经准备好了，接下来，就是在这些骨架中根据数据库的连接和封装来填写内容。

1. 登录

　　系统用户登录使用的类有：类 login_ confirm 和类 SqlBean。

　　参数传递通过 login_ confirm 类来验证传递。验证过程的代码如下。

```java
public void doPost(HttpServletRequest req, HttpServletResponse res)
        throws ServletException, IOException
{
    String message = null;
    String id = null;
    id = req.getParameter("id");
    HttpSession session = req.getSession(true);
    session.setAttribute("id", String.valueOf(id));
    String password = null;
    password = req.getParameter("password");
    String kind = null;
    kind = req.getParameter("kind");
    String temp = getPassword(req, res, id, kind);
    if(password.equals(temp))
        goo(req, res, kind);
    else
    {
        message = "用户名或密码有误!";
        doError(req, res, message);
    }
}
public void goo(HttpServletRequest req, HttpServletResponse res, String kind)
        throws ServletException, IOException
{
    if(kind.equals("student"))
    {
        RequestDispatcher rd = getServletContext().getRequestDispatcher(
            "/student.jsp");
        rd.forward(req, res);
    }
    if(kind.equals("teacher"))
    {
        RequestDispatcher rd = getServletContext().getRequestDispatcher(
            "/teacher.jsp");
```

```
            rd.forward(req, res);
        }
        if(kind.equals("admin"))
        {
            RequestDispatcher rd = getServletContext().getRequestDispatcher(
                    "/admin.jsp");
            rd.forward(req, res);
        }
    }

    public String getPassword(HttpServletRequest req, HttpServletResponse res,
        String id, String kind)throws ServletException, IOException
    {
        sqlBean db = new sqlBean();
        String pw = "";
        String sql = "select password from " + kind + " where id ='" + id + "'";
        try
        {
            ResultSet rs = db.executeQuery(sql);
            if(rs.next())
            {
                pw = rs.getString("password");
            }
        } catch(Exception e)
        {
            System.out.print(e.toString());
        }
        return pw;
    }

    public void doError(HttpServletRequest req, HttpServletResponse res,
        String str)throws ServletException, IOException
    {
        req.setAttribute("problem", str);
        RequestDispatcher rd = getServletContext().getRequestDispatcher(
                "/errorpage.jsp");
        rd.forward(req, res);
    }
```

2. 管理员管理学生

管理员管理学生时，主要使用的是类 StudentSvlt、类 Student 和类 SqlBean。在 StudentSvlt 这个类中主要是封装了对学生信息表（student）操作的业务逻辑（updateToTable），表操作主要分为 3 种：添加、修改和删除。

```
public void doGet(HttpServletRequest req, HttpServletResponse res)
throws ServletException, IOException {
```

```
String stu_id = req.getParameter("id");
int success = 0;
String action = action = req.getParameter("action");
student stu = null;
String message = "";

if("new".equalsIgnoreCase(action)){
    stu = doNew(req,res);

    sendBean(req, res, stu, "/getStudent.jsp");
}
if("update".equalsIgnoreCase(action)){
try{
    stu = doUpdate(req,res, stu_id);
    sendBean(req,res,stu,"/getStudent.jsp");
        }

        catch(SQLException e){}
}
if("delete".equalsIgnoreCase(action)){
try{
    success = doDelete(stu_id);
        }
        catch(SQLException e){}
if(success != 1){
    doError(req, res, "StudentSvlt: Delete unsuccessful. Rows affected: " +
success);
    } else {
    res.sendRedirect("http://localhost:8080/test/getStudent.jsp");
}


    }
    }


public student doNew(HttpServletRequest req,HttpServletResponse res )
                throws ServletException,IOException{
    student stu = new student();
    String stu_id = req.getParameter("id");
    String name = new String(req.getParameter("name").getBytes("ISO-8859-1"));
    String password = req.getParameter("password");
    String dep = new String(req.getParameter("dep").getBytes("ISO-8859-1"));
    String sex = new String(req.getParameter("sex").getBytes("ISO-8859-1"));
    String jiguan = new String(req.getParameter("jiguan").getBytes("ISO-8859-1"));
    if(isTrue(req,res,stu_id,name,password)&& hasLogin(req,res,stu_id)){

    stu.setId(stu_id);
```

```
        stu.setName(name);
        stu.setPassword(password);
        stu.setDep(dep);
        stu.setSex(sex);
        stu.setJiguan(jiguan);
        stu.addStudent();}
        return stu;
                            }

public student doUpdate(HttpServletRequest req,HttpServletResponse res , String id)
                        throws ServletException,IOException,SQLException {
        student stu = new student();
        String name = new String(req.getParameter("name").getBytes("ISO-8859-1"));


        String password = req.getParameter("password");
        String dep = new String(req.getParameter("dep").getBytes("ISO-8859-1"));
        String sex = new String(req.getParameter("sex").getBytes("ISO-8859-1"));
        String jiguan =new String(req.getParameter("jiguan").getBytes("ISO-8859-1"));
        if(isTrue(req,res,id,name,password)){
        stu.setId(id);
        stu.setName(name);
        stu.setPassword(password);
        stu.setDep(dep);
        stu.setSex(sex);
        stu.setJiguan(jiguan);
        stu.updateStudent();}
            return stu;
        }

public int doDelete(String id)throws SQLException {
        int num = 0;
        student stu = new student();
        num = stu.deleteStudent(id);
        return num;
}
```

3. 教师给学生打分

使用的是 determine.java 中的 marking 方法。

```
public int marking(String stu_id,String class_id,String score){
        int num = 0;
        String sql = "update enrol " +
                "set score ='" + score + "' " +
                "where stu_id ='" + stu_id + "' " +
```

```
          "and class_id = '" + class_id + "' ";
      sqlBean db = new sqlBean();
      num = db.executeInsert(sql);
      return num;

  }
```

4. 某课程下学生的注册列表

这个业务逻辑我们把它封装在 determine. java，使用的方法是 public ResultSet getStudents（String class_ id）。通过课程号查看选择注册下的学生列表。在这个模块中，重点是写好 sql 语句，代码如下。

```
  public ResultSet getStudents(String class_id){
      String sql = "select student.id,name ,department,sex,mark,e_mail,tel " +
              "from student,enrol,classes " +
              "where student.id = enrol.stu_id " +
              "and enrol.accept = '0' " +
              "and classes.id = enrol.class_id " +
              "and classes.id = '" + class_id + "' ";
      sqlBean sqlbean = new sqlBean();
      ResultSet rs = sqlbean.executeQuery(sql);
      return rs;

  }
```

本章通过一个课绩管理系统开发实例，从需求分析、系统设计、数据库设计与实现等内容，展示了如何在 Java 平台上开发 Web 应用的各项相关技术，对 JSP、Javabean 和 Jervlet 等技术的应用进行了比较详细的讲解。通过本章的学习，应当理解并掌握实体层、业务逻辑层和数据库访问的实现技术，掌握 JSP 在 Web 应用开发中的使用。

参 考 文 献

[1] Sathya Narayana Panduranga, Vikram Goyal, Peter De Haan, Lance Lavandowska, Krishnaraj Perrumal. Beginning JSP 2: From Novice to Professional [M]. USA: Apress, 2004.

[2] Bruce W. Perry. Java Servlet & JSP Cookbook [M]. USA: O'Reilly Media, Inc, 2004.

[3] Karl Avedal. Professional JSP [M]. UK: WROX Press Ltd, 2001.

[4] Budi Kurniawan. Java Web Development With Servlets, Jsp, and Ejb [M]. USA: Sams, 2004.

[5] 埃史尔. Java 编程思想 (第 4 版) [M]. 北京: 机械工业出版社, 2007.

[6] 鲍格斯坦. JSP 设计 (第 3 版) [M]. 北京: 科学出版社, 2014.

[7] James Weaver, Kevin Mukhar, James Crume. Beginning J2EE 1.4: From Novice to Professional [M]. USA: Apress, 2014.

[8] William C.R. Crawford, Jonathan Kaplan. J2EE Design Patterns [M]. USA: O'Reilly Media, Inc, 2003.

[9] Rod Johnson. Expert One-on-One J2EE Design and Development [M]. UK: WROX PR/ PEER INFORMATION INC, 2002.

[10] 蒲子明, 许勇, 王黎, 等. Struts 2 + Hibernate + Spring 整合开发技术详解 [M]. 北京: 清华大学出版社, 2010.

[11] 高洪岩. Java EE 核心框架实战 [M]. 北京: 人民邮电出版社, 2014.

参考文献

[1] Shilpa Nataraja Padmanabhan, Vivian C. well, Peter De Haan, Lance Frombowska, Kirshnal, Poonam. Beginning ISP 2. from Novice to Professional[M]. USA, Apress 2004.
[2] Wilson W. Building a Serious ISP Cookbook. [M]. USA, O'Reilly Media, Inc. 2004.
[3] Kudarauskas. Professional ISP[M]. UK, WROX Press Ltd. 2001.
[4] Bull Laurence. Java Web Development With Servlets, Java and JSP[M]. USA, Apress. 2009.
[5] 陈子青. Java 编程基础[M]. 北京邮电大学出版社, 2007.
[6] 张晓蕾. JSP 语言[M]. 第3版[M]. 北京, 科学出版社, 2014.
[7] James N Avery, Karin Murray, James Crane. Beginning J2EE 1.4: From Novice to Professional[M]. USA, Apress 2015.
[8] William C R Cranford, Jonathan Kaplan. J2EE Design Patterns[M]. USA, O'Reilly Media, Inc. 2002.
[9] Joe Johnson, Kevin Greenan. One J2EE Design and Development[M]. USA, WROX, BP, DEVELOPMENT INC. 2002.
[10] 李宁. J2EE 开发. Struts2 + Spring3 + Hibernate + Spring 整合开发技术详解[M]. 北京, 清华大学出版社, 2010.
[11] 陈天华. Java EE 应用开发实用教程[M]. 北京, 人民邮电出版社, 2014.